工业和信息化普通高等教育
"十四五"规划教材立项项目

信息技术应用
新形态系列教材

微课版

# 网页设计与制作

## JavaScript+jQuery
## 标准教程

叶丽萍 陈蒋◎主编

向宁 王顺利 李小玺◎副主编

# Web Design
## and Production

人民邮电出版社

北 京

**图书在版编目（ＣＩＰ）数据**

网页设计与制作：JavaScript+jQuery标准教程：微课版 / 叶丽萍，陈蒋主编. -- 北京：人民邮电出版社，2023.8

信息技术应用新形态系列教材
ISBN 978-7-115-61753-8

Ⅰ. ①网… Ⅱ. ①叶… ②陈… Ⅲ. ①网页制作工具－高等学校－教材 Ⅳ. ①TP393.092.2

中国国家版本馆CIP数据核字(2023)第081584号

## 内 容 提 要

本书以 HTML、CSS、JavaScript 和 jQuery 框架为基础，围绕网页设计与制作技术展开深入讲解，主要内容包括网页设计基础、使用 JavaScript 实现动态网页、使用 jQuery 框架实现动态网页等几个部分。本书在内容讲解过程中穿插了大量的示例，帮助读者理解和掌握各个知识点。同时，每章结尾都配有相关的习题，以帮助读者自测和练习。

本书共 12 章，主要内容包括网页设计基础、JavaScript 基础、数组和函数、类和对象、文档对象模型和事件、jQuery 基础、jQuery 页面操作、jQuery 动画、jQuery 的工具函数、jQuery 插件，以及开发网络相册、开发汽车销售门户网页 2 个综合实训。

本书可作为高等院校网络与新媒体、数字媒体技术、计算机科学与技术、电子商务等专业相关课程的教材，也可作为从事网页设计与制作相关工作的人员的参考书。

◆ 主　编　叶丽萍　陈　蒋

　　副 主 编　向　宁　王顺利　李小玺

　　责任编辑　孙燕燕

　　责任印制　李　东　胡　南

◆ 人民邮电出版社出版发行　　北京市丰台区成寿寺路 11 号
　　邮编　100164　　电子邮件　315@ptpress.com.cn
　　网址　https://www.ptpress.com.cn
　　固安县铭成印刷有限公司印刷

◆ 开本：787×1092　1/16

　　印张：13.25　　　　　　　　　2023 年 8 月第 1 版

　　字数：372 千字　　　　　　　2025 年 1 月河北第 2 次印刷

定价：52.00 元

读者服务热线：**(010)81055256**　印装质量热线：**(010)81055316**
反盗版热线：**(010)81055315**
广告经营许可证：京东市监广登字 20170147 号

前　言

随着计算机网络的不断发展，网页设计与制作技术作为专业的计算机技术受到越来越多的重视。在众多网页设计与制作技术中，HTML、CSS、JavaScript和jQuery间的配合使用是比较经典的一套组合形式。使用这套经典组合不仅可以高效地搭建出布局精美、功能完善的网页，还可以使每个页面具有丰富的交互效果。

本书以HTML+CSS为基础讲解网页样式设计，使用JavaScript以及jQuery框架实现动态网页，最后讲解开发网络相册和开发汽车销售门户网页2个综合实训。本书注重基础理论与实际开发相结合，突出应用编程思想与开发方法的讲解，所选案例均有较强的概括性和实际应用价值。

本书是在编者多年从事网页设计与制作工作的经验和讲授计算机专业相关课程的教学实践的基础上编写而成的。本书内容充实，循序渐进，案例选择上注重系统性、先进性和实用性；内容上注重实践性，精选大量例题，且增加注释，所有例题不仅可直接引用，读者也可按照书中提示步骤自己动手练习。

本书特点如下。

1. 知识体系完备，内容框架合理

除综合实训的2个章节，本书每章都按照"学习目标+导引示例+知识讲解+案例分析+疑难解读+课后习题"的结构编写，知识体系完备，基本覆盖了网页设计与制作技术中关于JavaScript与jQuery的所有知识点。内容由浅入深，层层递进，框架设置合理。每章末均设置有疑难解读以及课后习题模块，可加深读者对章节知识的理解与思考，从根本上解决网页设计"学不会、学不懂、学不透"的问题。

2. 丰富案例贯穿全文，赋能课堂教学实践

本书提供充足的实战案例，从章前的导引示例到章中的课堂案例分析，贯穿全文，实战性与应用性并重，完整代码呈现，案例操作图文并茂，细致切入教学核心知识点，

赋能课堂教学实践。

### 3. 定位零基础人群，强化混合式教学

本书定位于JavaScript与jQuery的零基础人群，内容讲解浅显易懂，知识阐述逻辑清晰，采用"一个知识点对应一个案例"的模式，打造一站式混合教学体系，力求通过网页设计、特效制作的学习路径，帮助读者实现JavaScript与jQuery从入门到精通。

### 4. 贯彻立德树人，强化综合素质培养

本书深入贯彻落实"党的二十大精神进教材"的指示，力求培养德智体美劳全面发展的社会主义建设者和接班人。每章设置素养课堂模块，对网页设计与制作人才培养涉及的综合素质、职业规划等内容进行深入讲解，从而打造新时代网页设计人才综合素养提升的全方位教学体系。

### 5. 教学资源丰富，纸数融合创新

为了方便教师教学，本书提供丰富的数字化教学配套资源，包括教学大纲、电子教案、课后习题答案、案例源代码、PPT课件、微课视频等，用书教师可到人邮教育社区（www.ryjiaoyu.com）免费下载和使用。

本书由叶丽萍、陈蒋担任主编，向宁、王顺利、李小玺担任副主编。由于编者水平有限，书中难免存在疏漏之处，希望广大读者批评指正。

编　者

2023年2月

< 02 >

# 目 录

## 第 1 章
## 网页设计基础

【学习目标】..................................................01
【导引示例】..................................................01
1.1 网页设计概述.........................................01
  1.1.1 网页设计常用技术.......................02
  1.1.2 网页设计工具..............................02
  1.1.3 网页展示工具..............................02
1.2 HTML和CSS..........................................02
  1.2.1 HTML基础..................................03
  1.2.2 HTML常用标签..........................03
  1.2.3 CSS基础语法..............................04
  1.2.4 CSS选择器..................................04
  1.2.5 CSS常用样式属性.......................04
1.3 初识JavaScript.......................................05
  1.3.1 JavaScript发展史.........................05
  1.3.2 引入方式....................................05
  1.3.3 输出语句....................................06
  1.3.4 注释..........................................06
  【案例分析1-1】Hello，JavaScript！程序...07
1.4 初识jQuery...........................................07
  1.4.1 jQuery发展史..............................07
  1.4.2 引入jQuery................................08
  1.4.3 jQuery基础语法..........................08
  【案例分析1-2】Hello，jQuery！程序.......08
1.5 思考与练习...........................................09
  1.5.1 疑难解读....................................09
  1.5.2 课后习题....................................10

## 第 2 章
## JavaScript基础

【学习目标】..................................................11
【导引示例】..................................................11
2.1 变量....................................................11
  2.1.1 定义变量....................................11
  2.1.2 关键字........................................12

【案例分析2-1】数据交换编程思想............13
2.2 数据类型..............................................13
  2.2.1 数据类型分类..............................13
  2.2.2 数值类型....................................14
  2.2.3 字符串类型................................14
  2.2.4 布尔类型....................................15
  2.2.5 其他基本数据类型.......................15
  2.2.6 数据类型转换..............................16
  【案例分析2-2】输出多种类型变量的值...18
2.3 运算符.................................................18
  2.3.1 运算符概述................................18
  2.3.2 运算规则....................................18
  2.3.3 运算符优先级..............................20
  【案例分析2-3】连接并输出多个变量的
               内容......................21
2.4 分支结构..............................................21
  2.4.1 if语句........................................21
  2.4.2 if...else语句................................22
  2.4.3 if...else if语句............................23
  2.4.4 switch语句.................................24
  【案例分析2-4】根据分数输出等级评价.....24
2.5 循环结构..............................................25
  2.5.1 for循环......................................25
  2.5.2 while循环..................................26
  2.5.3 do...while循环............................26
  【案例分析2-5】控制台输出九九乘法表...27
2.6 跳转结构..............................................27
  2.6.1 continue语句..............................28
  2.6.2 break语句..................................28
  【案例分析2-6】当累加和大于100时跳出
               循环......................28
  【案例分析2-7】根据用户输入的层数绘制
               金字塔..................28
2.7 思考与练习...........................................29
  2.7.1 疑难解读....................................29
  2.7.2 课后习题....................................30

## 第 3 章
## 数组和函数

【学习目标】..................................................31

【导引示例】.......................................31
3.1 初识数组.......................................32
   3.1.1 创建数组.................................. 32
   3.1.2 访问数组元素........................... 33
   3.1.3 数组遍历.................................. 33
   【案例分析3-1】获取数组元素中的
               最大值 ............ 34
3.2 数组元素操作..................................34
   3.2.1 修改数组元素........................... 34
   3.2.2 数组元素排序........................... 36
   【案例分析3-2】对数组元素进行排序后
               输出 ............ 36
3.3 初识函数.......................................37
   3.3.1 函数定义.................................. 37
   3.3.2 函数的参数.............................. 38
   3.3.3 函数的返回值........................... 38
   3.3.4 自调用函数.............................. 39
   【案例分析3-3】利用函数判断闰年 .......... 39
3.4 作用域.........................................40
   3.4.1 作用域的分类........................... 40
   3.4.2 访问父级作用域变量................... 40
   3.4.3 闭包函数.................................. 41
   【案例分析3-4】求任意两个数的和 .......... 42
   【案例分析3-5】输出杨辉三角 .......... 42
3.5 思考与练习....................................44
   3.5.1 疑难解读.................................. 44
   3.5.2 课后习题.................................. 44

# 第 4 章
# 类和对象

【学习目标】.......................................46
【导引示例】.......................................46
4.1 面向对象.......................................47
   4.1.1 自定义对象.............................. 47
   4.1.2 访问对象的属性和方法................ 47
   4.1.3 对象构造器.............................. 48
   4.1.4 定义类.................................... 48
   4.1.5 实例化对象.............................. 49
   4.1.6 内置对象.................................. 49
   【案例分析4-1】根据输入内容输出员工
               工资信息 ............ 50
4.2 初识浏览器对象模型.........................51
   4.2.1 初识BOM.................................. 51
   4.2.2 BOM结构.................................. 51
4.3 window对象....................................52
   4.3.1 window对象的属性和方法............. 52
   4.3.2 窗口加载事件........................... 53
   【案例分析4-2】根据需求修改窗口尺寸 ... 54

4.4 BOM中的其他对象.............................54
   4.4.1 location对象............................. 54
   4.4.2 navigator对象........................... 55
   4.4.3 history对象.............................. 56
   4.4.4 screen对象.............................. 57
   【案例分析4-3】定时切换诗句............. 58
4.5 思考与练习....................................59
   4.5.1 疑难解读.................................. 59
   4.5.2 课后习题.................................. 59

# 第 5 章
# 文档对象模型和事件

【学习目标】.......................................61
【导引示例】.......................................61
5.1 初识DOM.......................................62
   5.1.1 DOM树.................................... 62
   5.1.2 document对象........................... 62
5.2 对元素的操作..................................63
   5.2.1 查找元素.................................. 63
   5.2.2 设置元素的文本内容和属性值........ 65
   5.2.3 设置元素样式........................... 66
   【案例分析5-1】侧边栏折叠效果 .......... 67
5.3 事件...........................................68
   5.3.1 事件概述.................................. 68
   5.3.2 鼠标事件.................................. 68
   5.3.3 键盘事件.................................. 69
   5.3.4 表单事件.................................. 70
   【案例分析5-2】图片交互效果 .......... 71
5.4 DOM节点.......................................72
   5.4.1 节点基础.................................. 72
   5.4.2 创建节点.................................. 73
   5.4.3 添加和删除节点........................ 73
   5.4.4 替换节点.................................. 75
   【案例分析5-3】添加快捷方式 .......... 76
   【案例分析5-4】图片移动到鼠标指针所在
               位置 ............ 77
5.5 思考与练习....................................78
   5.5.1 疑难解读.................................. 78
   5.5.2 课后习题.................................. 79

# 第 6 章
# jQuery基础

【学习目标】.......................................80
【导引示例】.......................................80
6.1 jQuery选择器..................................81

< 02 >

6.1.1 元素选择器 .................................... 81
6.1.2 属性选择器 .................................... 82
6.1.3 关系选择器 .................................... 82
6.1.4 过滤器 .......................................... 83
6.1.5 表单过滤器 .................................... 85
【案例分析6-1】选项卡 ...................... 85
6.2 jQuery事件 ........................................... 86
6.2.1 事件方法的基础语法 ................... 86
6.2.2 绑定事件 ...................................... 87
6.2.3 注销事件 ...................................... 89
【案例分析6-2】使用on()方法实现文本交互
效果 .................................... 91
6.3 jQuery中的交互事件方法 ..................... 91
6.3.1 鼠标事件 ...................................... 91
6.3.2 键盘事件 ...................................... 92
6.3.3 页面事件 ...................................... 93
6.3.4 表单事件 ...................................... 94
6.3.5 event对象的方法和属性 ............. 95
【案例分析6-3】调用自定义事件方法切换
文本样式 ........................... 96
【案例分析6-4】商品展示栏的交互效果 ..... 97
6.4 思考与练习 ........................................... 98
6.4.1 疑难解读 ...................................... 98
6.4.2 课后习题 ...................................... 98

# 第 7 章
# jQuery页面操作

【学习目标】............................................. 100
【导引示例】............................................. 100
7.1 HTML元素操作 .................................. 101
7.1.1 获取和设置元素内容 ................. 101
7.1.2 操作元素属性 ........................... 102
7.1.3 创建元素 .................................... 103
7.1.4 添加元素 .................................... 104
7.1.5 替换和克隆元素 ....................... 106
7.1.6 删除元素 .................................... 107
7.1.7 包裹元素 .................................... 109
7.1.8 DOM树操作 .............................. 110
【案例分析7-1】购物车 .................... 111
7.2 CSS类操作 ......................................... 112
7.2.1 添加CSS类 ................................ 112
7.2.2 删除CSS类 ................................ 113
7.2.3 动态切换CSS类 ........................ 113
7.2.4 获取和设置CSS样式 ................. 114
7.2.5 元素尺寸操作 ........................... 115
【案例分析7-2】下拉菜单效果 ........ 115
【案例分析7-3】多图片商品展示框 ..... 117
7.3 思考与练习 ......................................... 118

7.3.1 疑难解读 .................................... 118
7.3.2 课后习题 .................................... 118

# 第 8 章
# jQuery动画

【学习目标】............................................. 120
【导引示例】............................................. 120
8.1 基础动画效果 ..................................... 121
8.1.1 隐藏元素 .................................... 121
8.1.2 显示元素 .................................... 121
8.1.3 状态切换 .................................... 122
【案例分析8-1】侧边栏 .................... 123
8.2 淡入/淡出动画效果 ............................. 124
8.2.1 淡入显示元素 ........................... 124
8.2.2 淡出隐藏元素 ........................... 125
8.2.3 淡入/淡出切换元素 ................... 125
8.2.4 精准控制淡入/淡出动画效果 ..... 126
【案例分析8-2】补全古诗并显示和隐藏
译文 .................................... 127
8.3 滑动动画效果和自定义动画效果 ......... 127
8.3.1 滑动显示和隐藏匹配的元素 ..... 127
8.3.2 滑动切换元素的可见性 ............. 129
8.3.3 自定义动画效果 ....................... 129
8.3.4 停止动画 .................................... 131
【案例分析8-3】实现下拉菜单左右抖动后的
隐藏和显示 ..................... 132
【案例分析8-4】图片顺序切换效果 ..... 132
8.4 思考与练习 ......................................... 134
8.4.1 疑难解读 .................................... 134
8.4.2 课后习题 .................................... 134

# 第 9 章
# jQuery的工具函数

【学习目标】............................................. 136
【导引示例】............................................. 136
9.1 工具函数概述与数组操作 ..................... 137
9.1.1 工具函数概述 ........................... 137
9.1.2 获取数组元素 ........................... 137
9.1.3 数组操作 .................................... 139
【案例分析9-1】将数组数据添加到
表格中 .......................... 140
9.2 字符串操作函数 ................................. 141
9.2.1 字符串空格处理 ....................... 141
9.2.2 JSON字符串格式处理 ............. 141
【案例分析9-2】登录数据处理 ......... 142

< 03 >

9.3　测试操作函数...................142
　　9.3.1　判断对象是否为空..............142
　　9.3.2　判断参数类型................143
　　【案例分析9-3】判断参数的类型..............143
9.4　函数扩展....................144
　　9.4.1　合并对象函数................144
　　9.4.2　扩展属性和方法函数..............145
　　【案例分析9-4】扩展一个求和方法..........146
9.5　其他工具函数..................146
　　9.5.1　元素操作函数................146
　　9.5.2　获取时间函数................148
　　9.5.3　判断对象类型函数..............148
　　【案例分析9-5】将用户输入的内容存储到
　　　　　　元素......................149
　　【案例分析9-6】模拟用户注册和登录.........150
9.6　思考与练习...................151
　　9.6.1　疑难解读.................151
　　9.6.2　课后习题.................152

# 第 10 章
# jQuery插件

【学习目标】.....................153
【导引示例】.....................153
10.1　jQuery插件基础................154
　　10.1.1　jQuery插件概述..............154
　　10.1.2　jQuery插件的使用方式...........154
10.2　常用的jQuery插件...............154
　　10.2.1　Validate插件...............154
　　10.2.2　Cookie插件................157
　　10.2.3　Growl插件................158
　　10.2.4　EasyZoom插件..............159
　　【案例分析10-1】带状缩略图放大..........160
10.3　jQuery UI插件.................162
　　10.3.1　jQuery UI插件基础............162
　　10.3.2　交互....................162
　　10.3.3　小部件..................166
　　10.3.4　效果...................170
　　【案例分析10-2】选项卡..............172
　　【案例分析10-3】菜单..............173
10.4　思考与练习...................174
　　10.4.1　疑难解读.................174
　　10.4.2　课后习题.................175

# 第 11 章
# 综合实训：开发网络相册

【学习目标】.....................176

11.1　分析页面...................176
　　11.1.1　设计分析................176
　　11.1.2　功能分析................176
11.2　模块拆分...................177
　　11.2.1　相册列表................177
　　11.2.2　标准相片展示框.............178
　　11.2.3　相片缩略图列表............178
11.3　交互效果设计.................179
　　11.3.1　相册排序效果.............179
　　11.3.2　相片轮播效果.............180
　　11.3.3　切换缩略图效果............181
　　11.3.4　相片切换和局部放大效果........182
11.4　网络相册效果展示..............183
11.5　思考与练习.................186
　　11.5.1　疑难解读...............186
　　11.5.2　课后习题...............187

# 第 12 章
# 综合实训：开发汽车
# 销售门户网页

【学习目标】.....................188
12.1　网页分析...................188
　　12.1.1　首页布局分析..............188
　　12.1.2　详情页面布局分析............188
12.2　网页结构设计.................189
　　12.2.1　首页元素布局..............189
　　12.2.2　首页样式添加..............191
　　12.2.3　详情页面元素布局............193
　　12.2.4　详情页面样式添加............194
12.3　首页交互效果设计...............195
　　12.3.1　下拉菜单自动显示效果..........195
　　12.3.2　汽车信息列表切换效果..........196
　　12.3.3　点击按钮关闭下拉菜单效果........196
　　12.3.4　广告图片自动轮播效果..........196
　　12.3.5　点击列表切换广告图片效果........197
　　12.3.6　图片放大和文字显示效果.........197
　　12.3.7　按钮交互效果..............198
12.4　详情页面交互效果设计.............199
　　12.4.1　滚动页面切换导航栏效果.........199
　　12.4.2　点击元素滚动页面效果..........199
　　12.4.3　滚动页面显示相应元素效果........200
　　12.4.4　表格交互效果..............200
12.5　汽车销售网页效果展示.............201
12.6　思考与练习.................203
　　12.6.1　疑难解读...............203
　　12.6.2　课后习题...............204

< 04 >

# 第1章 网页设计基础

网页设计包括静态页面布局、CSS定位以及动态交互效果设计等多个方面的内容，需要使用到HTML、CSS、JavaScript和jQuery框架。本章将详细讲解网页设计基础内容。

【学习目标】
- 掌握HTML标签。
- 掌握CSS的使用。
- 初步了解JavaScript。
- 初步了解jQuery框架。

【导引示例】

在网页设计中，使用jQuery框架可以实现更加丰富的网页交互效果。例如，通过按钮控制切换指定元素的显示和隐藏，并为其赋予淡入/淡出动画效果。代码如下所示。

```
<title>导引示例</title>
<style>
#Div1{ height:100px; width:100px; background:#FF0000;}
</style>
<script src="../jQ/jquery-3.6.0.min.js"></script>
<script>
$(document).ready(function(){
    $("button").click(function(){
        $("#Div1").fadeToggle(3000);            //切换div元素的隐藏和显示状态
    });
});
</script>
</head>
<body>
<div id="Div1"></div>
<button>点击显示或隐藏方块</button>
</body>
```

扫一扫

导引示例

运行程序，页面中会显示一个红色div元素和一个按钮元素。当点击按钮之后，红色div元素就会以淡出动画效果隐藏，再次点击按钮，红色div元素又会以淡入动画效果显示，效果如图1.1所示。

图 1.1　切换元素的显示与隐藏状态

## 1.1　网页设计概述

网页设计是使用对应的计算机语言创建网页前端页面将内容呈现给用户的过程。网页包括表现层和结构层两部分，表现层由美工或开发者实现，负责网页前端的平面视觉设计。结构层由开发者实现，负责使用网页设计技术实现网页中各种元素的结构搭建及网页功能的实现。本章将详细讲解网页设计的相关内容。

### 1.1.1　网页设计常用技术

扫一扫

网页设计概述

网页设计主要使用的技术有HTML、CSS、JavaScript以及JavaScript的扩展框架，如jQuery。在进行网页设计时，HTML用于实现网页元素的定义，CSS用于实现网页元素的定位和排版，JavaScript及其框架用于实现网页特效和交互效果。这几种技术互相配合使用，最终可以实现功能丰富、外观绚丽多彩的网页。

在进行网页设计前，首先需要考虑用户的需求，确定好网页的定位以及设计风格，然后由美工人员通过作图软件实现网页的外观设计，最后由开发者使用代码创建对应的网页。

> **注意**
>
> 在日常开发中，如果没有美工人员配合，开发者有时也需要兼任网页的外观设计工作。

### 1.1.2　网页设计工具

对网页设计工具的要求十分简单，只需要可以编写代码即可。最基础的网页设计工具为Windows系统自带的记事本软件，但是用记事本编写网页代码对于初学者来说是十分困难的，并不推荐。推荐的工具包括Sublime Text、VS Code和Dreamweaver。

其中，作为专业的网页设计工具，Dreamweaver对初学者最为友好。该工具不仅支持使用HTML、CSS实现静态页面的编写，还支持使用JavaScript、ASP、JSP等实现动态页面的编写与调试，最主要的是该工具提供了网页设计语言的代码提示功能，对网页设计初学者十分友好。

### 1.1.3　网页展示工具

网页展示工具的作用是对编写的网页文件进行解析，将其转换为普通用户可以看懂的网页内容。网页展示工具默认是浏览器。开发者可以将编写好的网页内容上传到网页服务器中。当普通用户通过域名访问对应网页时，用户的浏览器就会从网页服务器解析对应的网页文件，将其转换为普通用户看到的带有各种样式以及效果的网页内容。

目前常用的浏览器包括火狐浏览器（Firefox）、欧朋浏览器（Opera）、谷歌浏览器（Chrome）、苹果官方浏览器（Safari）、Windows 10自带的浏览器（Edge）和IE浏览器，如图1.2所示。

Firefox　Opera　Chrome　Safari　Edge　IE

图1.2　常用的浏览器

在开发过程中，由于不同浏览器的内核不同，所以网页文件的解析方式有所区别。因此，在编写网页时，要注意同一网页在不同浏览器的兼容问题，避免网页展示效果出现偏差。

## *1.2* HTML和CSS

HTML和CSS用于实现网页的静态布局。使用这两种语言可以为普通的文字、图片、视频等元素添加对应的样式，进行定位、排版等操作。本节将详细讲解HTML和CSS的相关内容。

< 02 >

## 1.2.1　HTML基础

HTML是一种用来描述网页的语言，全称为HyperText Markup Language（超文本标记语言）。该语言的主体包括标签和内容两部分。其中，标签是HTML规定的一种语法形式，标签的功能是为内容添加固定的样式。内容是网页中要展示的文本、图片以及视频等信息。

扫一扫

HTML 基础知识

HTML标签由关键字和一对角括号（<>）组成，被称为双标签。其语法形式如下所示。

```
<标签>内容</标签>
```

其中，第一个标签为开始标签，第二个标签为闭合标签，这两个标签使用相同的关键字，闭合标签需要使用斜杠（/）表示闭合。"内容"是网页中要展示文本、图片、视频。内容和标签组合起来被称为网页元素。例如，一个p元素的代码如下所示。

```
<p>内容</p>
```

在HTML中，还有一种标签被称为单标签，它只需要单独一个标签即可实现其功能，这类标签内容为空，其语法形式如下所示。

```
<标签 />
```

HTML的每个标签都有默认的样式，通过标签可以为内容添加对应的样式。例如，<p>标签的样式是首位空一行的段落样式，而通过<b>标签可以让内容以加粗形式显示。

如果开发者需要对标签的默认样式进行修改，可以通过修改标签的属性实现。每个标签都有固定的可以修改的属性，修改标签属性一般在开始标签内完成，其语法形式如下所示。

```
<标签 属性="value">内容</标签>
```

例如，修改<p>标签宽度的代码如下所示。

```
<p width="30px">内容</p>
```

## 1.2.2　HTML常用标签

通过HTML的标签可以实现最基础的静态页面布局，其中常用标签如表1.1所示。

表1.1　常用的HTML标签

| 标签 | 描述 | 标签 | 描述 |
|---|---|---|---|
| <!--...--> | 定义注释 | <html> | 定义HTML文档 |
| <!DOCTYPE> | 定义文档类型 | <img> | 定义图像 |
| <a> | 定义超文本链接 | <input> | 定义输入控件 |
| <audio> | 定义音频内容 | <li> | 定义列表的项目 |
| <b> | 定义文本粗体 | <link> | 定义文档与外部资源的关系 |
| <body> | 定义文档的主体 | <meta> | 定义关于HTML文档的元信息 |
| <br> | 定义换行 | <ol> | 定义有序列表 |
| <button> | 定义点击按钮 | <p> | 定义段落 |
| <caption> | 定义表格标题 | <select> | 定义选择列表 |
| <div> | 定义文档中的节 | <style> | 定义文档的样式信息 |
| <dl> | 定义列表详情 | <td> | 定义表格中的单元 |
| <dt> | 定义列表中的项目 | <th> | 定义表格中的表头单元格 |
| <font> | 定义文字的字体、尺寸和颜色 | <title> | 定义文档的标题 |
| <form> | 定义HTML文档的表单 | <tr> | 定义表格中的行 |
| <h1>...<h6> | 定义HTML标题 | <ul> | 定义无序列表 |
| <head> | 定义关于文档的信息 | <video> | 定义视频 |
| <hr> | 定义水平线 | | |

< 03 >

### 1.2.3 CSS基础语法

CSS全称为Cascading Style Sheets（串联样式表）。CSS是一种用来为结构化文档添加样式的计算机语言。简单来说，通过CSS可以为HTML元素添加样式。CSS样式主要由选择器和声明代码两部分组成，其语法形式如下所示。

选择器{属性1:属性值1;...;属性n:属性值n;}

其中，选择器用于选择要添加样式的HTML元素。属性和属性值为CSS的声明代码，用于设置对应元素的样式，包括定位、字体、颜色、行高、宽度、高度等。

### 1.2.4 CSS选择器

扫一扫

CSS基础知识

CSS选择器用于查找或者选择要设置样式的HTML元素。CSS选择器根据选择方式不同，可以分为5种，分别为基础选择器、属性选择器、关系选择器、伪类选择器和伪元素选择器。常用的CSS选择器如表1.2所示。

表1.2　常用的CSS选择器

| 选择器 | 例子 | 功能描述 |
|---|---|---|
| .class | .lf | 选择所有class="lf"的元素 |
| #id | #Div1 | 选择id=" Div1"的元素 |
| * | * | 选择所有元素 |
| element | a | 选择所有a元素 |
| element,element,... | a,p | 选择所有a元素和所有p元素 |
| element1 element2 | div p | 选择所有div元素中的所有p元素 |
| element1>element2 | div>p | 选择所有div元素子元素中的所有p元素 |
| element:hover | p:hover | 选择鼠标指针所在的p元素，可以通过该选择器动态修改元素样式 |

### 1.2.5 CSS常用样式属性

CSS可以通过样式属性控制元素的文本样式、段落样式、颜色样式以及边框样式等。CSS常用的样式属性如表1.3所示。

表1.3　常用的样式属性

| 样式属性 | 功能描述 | 样式属性 | 功能描述 |
|---|---|---|---|
| background | 设置样式的背景属性 | line-height | 设置行高 |
| border | 设置边框颜色、样式、粗细 | margin | 设置所有外边距属性 |
| clear | 清除浮动效果 | overflow | 设置溢出内容的处理方式 |
| color | 设置文本的颜色 | padding | 设置所有内边距属性 |
| cursor | 设置光标样式 | position | 设置元素定位方式 |
| display | 设置元素显示方式 | right | 设置定位元素的右侧位置 |
| float | 设置浮动效果 | text-align | 设置文本的水平对齐方式 |
| font-family | 设置字体 | top | 设置定位元素的顶端位置 |
| font-size | 设置文本的字体大小 | width | 设置元素的宽度 |
| height | 设置元素的高度 | z-index | 设置定位元素的堆叠顺序 |
| left | 设置定位元素的左侧位置 | | |

< 04 >

# *1.3* 初识JavaScript

JavaScript的缩写为JS。它是网页设计与制作中常用的脚本语言。通过JavaScript编写的代码可以嵌入HTML文档中，对浏览器的事件进行响应，实现读写HTML元素、验证表单内容、检测访客数据以及在服务器端编程等多种功能。本节将详细讲解JavaScript的相关内容。

扫一扫

初识 JavaScript

## 1.3.1　JavaScript发展史

JavaScript在1995年由Netscape（网景）公司的布兰登·艾奇（Brendan Eich）在网景导航者浏览器上首次实现。因为Netscape公司与Sun公司合作，Netscape公司的管理层希望它外观看起来像Java，所以为它取名为JavaScript。但实际上它的语法风格与Self及Scheme较为接近。

完整的JavaScript实现包含ECMAScript、文档对象模型和浏览器对象模型3个部分。Ecma国际（前身为欧洲计算机制造商协会）以JavaScript为基础制定了ECMAScript标准。JavaScript也可以用于其他场合，如服务器端编程（Node.js）。

发展初期，JavaScript的标准并未确定，同期有Netscape公司的JavaScript、微软公司的JScript。为了互用性，ECMA（European Computer Manufacturers Association，欧洲计算机制造商协会）创建了ECMA-262标准（ECMAScript），JavaScript和JScript都属于ECMAScript规范实现的语言。

2011年6月ECMAScript的5.1版发布，该版本在形式上完全与国际标准ISO/IEC 16262:2011一致。截至2012年，所有浏览器都完整地支持ECMAScript 5.1，旧版本的浏览器至少支持ECMAScript 3。

2015年6月17日，Ecma国际发布了ECMAScript的第6版，该版本的正式名称为ECMAScript 2015，但通常被称为ECMAScript 6或者ES6。最新版本是2020年6月发布的ECMAScript的第11版，称为ECMAScript 2020或ES11。

## 1.3.2　引入方式

JavaScript脚本可以嵌入HTML文档中，也可以独立地以文件形式存在。引入JavaScript脚本的方式有3种，分别为行内JavaScript脚本、内部JavaScript脚本和外部JavaScript脚本。

### 1．行内JavaScript脚本

行内JavaScript脚本主要添加在标签中，使用JavaScript脚本语句可以触发指定的交互效果。例如，在一个图片标签中添加一个弹窗效果，代码如下所示。

```
<img src="#" onclick="alert('你点击了一张图片')" />
```

其中，alert('你点击了一张图片')就是行内JavaScript脚本，当用户点击图片后，浏览器中会出现弹框，显示内容为"你点击了一张图片"的文本内容。

### 2．内部JavaScript脚本

内部JavaScript脚本是指将JavaScript代码添加在<script>与</script>标签之间。<script>标签可以添加在<head>与</head>标签之间，也可以添加在<body>与</body>标签之间，其语法形式如下所示。

```
<head>
<script type="text/JavaScript">
alert("内部JavaScript代码");
</script>
</head>
<body>
    <script type="text/JavaScript">
        alert("内部JavaScript代码");
    </script>
</body>
```

< 05 >

其中，<script>标签的type属性可以省略。如果嵌入的是用其他编程语言编写的代码，就需要添加该属性，并指明具体的属性值。

### 3．外部JavaScript脚本

外部JavaScript脚本用于将JavaScript脚本与HTML文档进行分离存放。JavaScript脚本单独存放时文件扩展名为.js，创建好脚本文件后，可以在HTML页面中使用<script>标签将外部JavaScript脚本嵌入。

例如，JavaScript脚本test.js的代码如下所示。

```
alert("外部JavaScript代码");
```

在HTML文档中嵌入JavaScript脚本的代码如下所示。

```
<!DOCTYPE html >
<html xmlns="http://www.w3.org/1999/xhtml">
<head>
<meta http-equiv="Content-Type" content="text/html; charset=utf-8" />
<title>外部JavaScript脚本</title>
<!--嵌入外部JavaScript脚本 -->
<script type="text/JavaScript" src="JavaScript/test.js"></script>
</head>
```

## 1.3.3　输出语句

输出语句是指通过特定的语法规则将指定的内容输出到指定的位置。JavaScript提供的用于实现内容输出的方法如下所示。

### 1．alert()方法

通过alert()方法可以在浏览器中以弹窗的形式输出内容，其语法形式如下所示。

```
window.alert("显示的内容")
```

由于该方法是在浏览器窗口中使用，所以可以省略window直接调用该方法。显示的内容如果为字符串，则需要用双引号引起来。

### 2．write()方法

通过write()方法可以实现将指定内容写入HTML文档中进行输出，其语法形式如下所示。

```
document.write("写入文档的内容")
```

### 3．innerHTML

innerHTML为JavaScript中的属性，通过该属性可以实现向元素中添加文本内容的效果，其语法形式如下所示。

```
document.getElementById("选择器").innerHTML= "写入元素的内容";
```

### 4．console.log()

通过console.log()方法可以将指定的文本内容输出到浏览器的控制台中，其语法形式如下所示。

```
console.log("输出的内容")
```

> **注意**
>
> 打开浏览器，按"F12"键后就可以在控制台中看到该方法输出的内容。

## 1.3.4　注释

注释可以用于解释JavaScript代码，从而增强代码的可读性。无论是编写代码还是对代码进行后期维护，合理地添加注释都是十分重要的。JavaScript的注释分为单行注释和多行注释两种。

< 06 >

单行注释以双斜杠（//）开头，在双斜杠后面的同行内容不会被执行。多行注释以斜杠和星号（/*）开头，以星号和斜杠（*/）结尾，多行注释可以跨越多行代码，在注释符号内的所有内容都不会被执行。单行注释和多行注释示例如下所示。

```
alert("显示的内容");                              //单行注释
/*多行注释
alert("显示的内容1");
alert("显示的内容2");
*/
```

## 【案例分析1-1】Hello，JavaScript！程序

扫一扫

案例分析 1-1

本案例实现通过多种方式添加JavaScript代码并通过多种方式输出文本内容，HTML文档中的代码如下所示。（注：在HTML代码中，<!-- -->表示注释；在<script></script>括起来的JavaScritp代码中，//表示注释。）

```
<!DOCTYPE html>
<html xmlns="http://www.w3.org/1999/xhtml">
<head>
<meta http-equiv="Content-Type" content="text/html; charset=utf-8" />
<title>Hello, JavaScript! 程序</title>
<script src="01.js" type="text/jscript"></script>        <!--外部JavaScript脚本-->
<script>
console.log("控制台输出: Hello, JavaScript! ");           //输出文本到控制台
document.write("通过文档输出: Hello, JavaScript! ")       //输出文本到页面
</script>
</head>
<body>
<div id="Div1"></div>
<script>
/*输出文本到元素*/
document.getElementById("Div1").innerHTML= "通过元素输出: Hello, JavaScript! ";
</script>
</body>
</html>
```

JavaScript代码如下所示。

```
// JavaScript 文本
alert("弹窗显示: Hello, JavaScript! ");
```

运行程序，浏览器首先会通过弹窗显示文本内容，关闭弹窗后页面中会显示两行文本内容，最后在控制台中也可以看到文本内容的输出，效果如图1.3所示。

图 1.3 显示 Hello，JavaScript！

# 1.4 初识jQuery

扫一扫

初识 jQuery

jQuery框架是一个JavaScript库。jQuery框架极大地简化了JavaScript，并且在网页设计过程中，通过jQuery框架可以实现丰富的网页交互效果。本节将详细讲解jQuery框架的相关内容。

## 1.4.1 jQuery发展史

jQuery是一个快速、简洁的JavaScript框架，是继Prototype之后又一个优秀的JavaScript框架。

< 07 >

jQuery设计的宗旨是"Write Less，Do More"，即倡导"写更少的代码，做更多的事情"。它封装了JavaScript常用的功能代码，提供了一种简便的JavaScript设计模式，优化了HTML文档操作、事件处理、动画设计等功能。

2006年1月，约翰·雷西格（John Resig）等人创建了jQuery；后续jQuery官方为了完善jQuery的功能并兼容旧版浏览器发布了1.x、2.x和3.x三大版本，截至写作本书时，最新的版本是jQuery 3.6.4。本书选择主流版本jQuery 3.6.0进行讲解。

## 1.4.2　引入jQuery

引入jQuery框架分为引入jQuery库文件和引入jQuery代码两部分。引入jQuery库文件十分简单，只需要将jQuery库文件作为外部JavaScript脚本使用即可。引入jQuery 3.6.0库文件的代码如下所示。

```
<script src="jQ/jquery-3.6.0.min.js"></script>
```

这种引入方式需要将jQuery库文件下载到本地，然后通过<script>标签的src属性进行引入。jQuery还提供了CDN（Content Delivery Network，内容分发网络）的引用方式。在网络通畅的情况下，只需要直接将src属性值修改为对应的CDN地址即可。

引入jQuery库文件之后，浏览器就可以识别开发者使用jQuery编写的代码。引入开发者编写的jQuery代码到HTML文档中的方式与JavaScript脚本的引入方式相同，支持使用<head>标签或<body>标签引入，以及HTML文档外部引入3种方式，这3种方式都是通过<script>标签实现引入的。

## 1.4.3　jQuery基础语法

jQuery可以通过特定语句选择HTML元素，然后使用对应的属性或方法对HTML元素值进行获取或者修改，其基础语法形式如下所示。

```
$(selector).action()
```

其中，符号$是jQuery的简写，用于指代jQuery；selector表示选择器，用于查询HTML元素；action()表示对元素执行的操作，包括获取、修改、添加、删除等操作。例如，隐藏当前div元素的代码如下所示。

```
$("Div1").hide();                                    //隐藏当前元素
```

## 【案例分析1-2】Hello，jQuery！程序

本案例实现缓慢显示一行文本内容的动画效果，代码如下所示。

扫一扫

案例分析 1-2

```
<!DOCTYPE html>
<html xmlns="http://www.w3.org/1999/xhtml">
<head>
<meta http-equiv="Content-Type" content="text/html; charset=utf-8" />
<title>Hello, jQuery! 程序</title>
<script src="../jQ/jquery-3.6.0.min.js"></script>
<style>
div{ display:none;}                                  <!--隐藏div元素-->
</style>
</head>
<body>
<div>Hello, jQuery! </div>
<script>
    $("div").show(3000);                             //显示div元素
</script>
</body>
</html>
```

< 08 >

运行程序，在浏览器页面中会从上到下以动画形式逐渐显示一行文本内容，效果如图1.4所示。

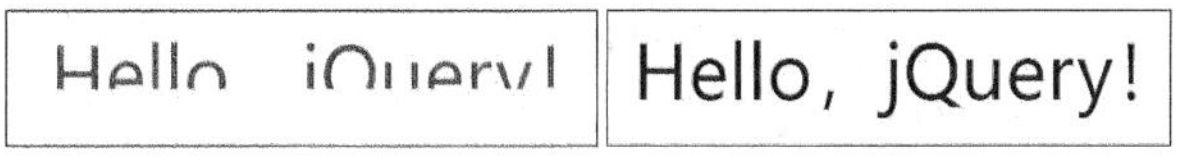

图 1.4 显示 Hello, jQuery !

**【素养课堂】**

网页设计从最初的以文字和少量图片为主的静态页面布局方式，发展到现在的以图片和视频为主的动态页面布局方式，是各方面技术累积和创新的结果。经过无数计算机开发者的努力，网页设计技术拥有了长足的发展，网页设计的交互效果丰富多彩，给用户带来了好的使用体验。

在学习和工作中如果想要成功，想要获得质的"飞跃"，需要不断地积累知识，只有持续的量变，才能最终促成质变。只有通过不断地积累知识，才能够实现远大的目标。各种成功都不是一蹴而就的，而是通过夜以继日地不断积累实现的。所以，在学习和生活中要从小事做起，对知识的掌握要做到扎实、牢靠，这样才能为日后的成功打下坚实的基础。

总而言之，不积跬步，无以至千里；不积小流，无以成江海。在学习知识时要脚踏实地，认真对待每一个知识点，从点滴做起。只有拥有坚实的基础，才能获得更高的成就。

# 1.5 思考与练习

## 1.5.1 疑难解读

### 1．CDN是什么？

CDN的全称是Content Delivery Network，即内容分发网络。通过该方式进行内容发布可以使用户就近获取所需内容，减少网络拥塞，提高用户访问的响应速度和命中率。jQuery的CDN地址在各大网页都会提供，如果你的站点用户是国内的，则建议使用百度、阿里云、新浪等国内的CDN地址，如果你的站点用户是国外的，可以使用谷歌和微软。

### 2．文档就绪事件的作用是什么？

在浏览器加载HTML文档的过程中，默认会从上到下依次加载HTML文档中的内容。JavaScript和jQuery代码如果在HTML的头部引入，则在加载HTML文档时，浏览器会解析对应的JavaScript和jQuery代码。此时文档的HTML标签内容和CSS样式内容还未完全加载完成，可能会导致JavaScript和jQuery代码的功能出错或失效。

例如，实现使用JavaScript和jQuery代码修改div元素的背景的效果。在加载代码时由于HTML标签内容和CSS样式内容还未完全加载，会出现没有找到div元素的错误，所以无法实现修改div元素背景的效果。

针对这种情况，JavaScript和jQuery都提供了对应的文档就绪事件，通过该事件可以保证浏览器在将HTML文档全部加载完成后，才会运行JavaScript和jQuery的代码。

JavaScript使用window.onload()方法实现文档加载事件。window.onload()方法用于在网页加载完毕后立刻执行操作，即当HTML文档加载完毕后，立刻执行某个方法。在编写代码时，可以将所有JavaScript代码编写在window.onload()中。其语法形式如下所示。

```
window.onload=function(){
//开始编写JavaScript代码
}
```

< 09 >

其中，window可以省略。jQuery中的文档就绪事件使用文档对象的ready()方法实现，其语法形式如下所示。

```
$(document).ready(function(){
//开始编写jQuery代码
});
```

## 1.5.2 课后习题

### 一、填空题

1. 网页设计的常用工具包括记事本、_____、_____和_____。

2. 目前常用的浏览器包括_____浏览器、_____浏览器、_____浏览器、_____浏览器、Edge浏览器和IE浏览器。

3. HTML标签由_____和一对_____组成，被称为双标签。

4. 如果开发者需要对标签的默认样式进行修改，可以通过修改标签的_____实现。

5. CSS选择器包括基础选择器、_____选择器、_____选择器、伪类选择器和伪元素选择器。

### 二、选择题

1. 下列标签中可以用于实现添加音频内容的为（　　　）。
   A. <video>　　　　　B. <audio>　　　　　C. <body>　　　　　D. <a>

2. 下列选择器中可以用于实现选择全部p元素的为（　　　）。
   A. .p　　　　　　　B. #p　　　　　　　C. div p　　　　　　D. p

3. 下列选项中可以用于将文本内容通过弹窗显示的为（　　　）。
   A. alert()　　　　　B. write()　　　　　C. innerHTML　　　　D. console.log()

4. 下列选项中可以用于实现在JavaScript代码中进行多行注释的为（　　　）。
   A. <!-- -->　　　　　B. /* */　　　　　C. //　　　　　　　D. */ /*

5. 下列选项中可以用于实现隐藏所有p元素的为（　　　）。
   A. $("p").hide()　　B. $("p").hide　　C. $(".p").hide()　　D. write()

### 三、上机实验题

1. 在网页中使用JavaScript脚本实现通过弹窗显示你的名字。

【实验目标】掌握JavaScript脚本的引入方法和alert()方法的使用方法。

【知识点】alert()方法。

2. 在网页中使用jQuery实现以动画形式缓慢显示你的名字。

【实验目标】掌握jQuery的引入方法和hide()方法的使用方法。

【知识点】hide ()方法、CSS选择器、display属性。

< 10 >

# 第2章 JavaScript基础

JavaScript的基础包括变量、数据类型和运算符3部分内容。本章将详细讲解JavaScript基础的相关内容。

**【学习目标】**

- 掌握变量的定义。
- 掌握关键字。
- 掌握数据类型分类。
- 掌握数据类型转换。
- 掌握多种运算符的使用。

扫一扫

导引示例

**【导引示例】**

在JavaScript中，可以通过变量存放多种类型的数据，还可以通过运算符实现多种数据的运算效果，代码如下所示。

```
<script>
    var str="变量";
    alert("JavaScript可以使用"+str+"动态存放多种类型的数据" );
    var sum=3+2;
    alert("表达式3+2的结果为"+sum);
</script>
```

在浏览器中打开对应HTML文档后会依次出现两个弹窗，弹窗会将str变量以及sum变量中存放的数据进行替换并显示，如图2.1所示。

图 2.1 弹出变量的值

## 2.1 变量

变量是用于在内存中存放临时数据的容器。在程序运行时，解释器会在内存中为变量申请一块空间，在该空间中可以存放不同类型的数据。通过变量名可以调用变量中存放的数据进行数据运算。本节将详细讲解变量的相关内容。

扫一扫

变量

### 2.1.1 定义变量

定义变量分为声明变量和初始化变量两个部分。这两个部分可以分开实现，也可以一次性实现。

**1．声明变量**

声明变量是指向系统申请一块内存空间。声明变量需要使用到var关键字，其语法形式如下所示。

```
var 变量名;
```

其中，变量名用于指代申请的空间，就像名字"小明"指代小明本人。此时，变量的值为默认的undefined，表示没有存放数据。

我们还可以一次性声明多个变量，每个变量之间使用逗号（,）分隔，其语法形式如下所示。

```
var 变量1,变量2,...,变量n;
```

**2．变量的命名规则**

为了保证代码的可读性和后期代码的可维护性，在命名变量时要严格遵循变量的命名规则。变量命名规则如下所示。

（1）由字母、下画线和数字组成。

（2）第一个字符必须为字母或下画线。

（3）第一个字符不能为数字，其后的字符可以为字母、数字和下画线。

（4）不能为关键字。例如，var属于关键字，不可以用于命名变量。

（5）变量推荐使用小驼峰法（camelCase）来命名。除第一个单词外，其他单词首字母大写，例如，表示学校信息的变量可以命名为schoolInfo。

（6）变量命名时要尽量做到"见名知意"，推荐使用英文单词，不推荐使用拼音。例如，表示年龄的变量命名为age要比nianLing表达的含义更加直观和准确。

**3．初始化变量**

初始化变量是指为已经存在的变量指定对应的数据，也就是将数据存放到指定变量中，也可以称为变量赋值。初始化变量需要使用到赋值运算符（=），其语法形式如下所示。

```
变量名 = 值;
```

其中，值可以为常数、表达式或其他变量。所以，可以使用变量a对变量b进行初始化。

**4．定义变量**

定义变量是指一次性实现变量的声明和初始化，其语法形式如下所示。

```
var 变量名 = 值;
```

## 2.1.2 关键字

关键字也被称为系统保留字。关键字是由JavaScript官方指定的具有特殊含义的标识符。关键字不可以用作变量名、标签名或函数名等。JavaScript的关键字如表2.1所示。

表2.1 关键字

| 关键字 | | | | |
|---|---|---|---|---|
| abstract | arguments | boolean | break | byte |
| case | catch | char | class | const |
| continue | debugger | default | delete | do |
| double | else | enum | eval | export |
| extends | false | final | finally | float |
| for | function | goto | if | implements |
| import | in | instanceof | int | interface |

< 12 >

| 关键字 | | | | |
|---|---|---|---|---|
| let | long | native | new | null |
| package | private | protected | public | return |
| short | static | super | switch | synchronized |
| this | throw | throws | transient | true |
| try | typeof | var | void | volatile |
| while | with | yield | undefined | valueOf |
| Array | Date | eval | function | hasOwnProperty |
| Infinity | isFinite | isNaN | isPrototypeOf | length |
| Math | NaN | name | Number | Object |
| prototype | String | toString | | |

JavaScript的关键字一部分有具体的语法含义，另外一部分没有具体语法含义，但是作为保留关键字。保留关键字用于JavaScript以后的扩展。

> **注意**
>
> 函数是指可以实现某个或多个功能的代码集合。

## 【案例分析2-1】数据交换编程思想

定义两个变量Num1和Num2，并将两个变量的值交换，然后通过弹窗显示，代码如下所示。

扫一扫

案例分析2-1

```html
<script>
    var Num1=20;
    var Num2=30;
    var Num3;
    Num3=Num1;                //将Num1的值暂时存放到Num3中
    Num1=Num2;                //将Num2的值存放到Num1中，Num1中原有的值会被覆盖
    Num2=Num3;                //将Num3中存放的Num1的值存放到Num2中
    alert("Num1的值为"+Num1+"。Num2的值为"+Num2+"。");
</script>
```

在浏览器中打开对应HTML文档后会出现一个弹窗，显示两个变量值交换后的结果，如图2.2所示。

在本案例中使用3个变量实现了两个变量值的交换，这是一种经典的数据交换编程思想。基于这种数据交换编程思想可以实现多个数据的排序操作，如实现按照价格从低到高显示商品的所有信息。

图 2.2　变量值交换后的结果

# 2.2　数据类型

在生活中，我们常常会将不同类型的事件或物体进行归类处理。数据类型就是一种对数据进行"归类"行为的结果。可通过数据类型根据数据占用空间的不同对数据进行分类，从而提高程序运行的效率并节省程序运行所占的空间。本节将详细讲解数据类型的相关内容。

扫一扫

数据类型分类与数值类型

## 2.2.1　数据类型分类

JavaScript本身属于弱类型语言，在定义变量时不需要指定变量的数据类型。变量的数据类型由

< 13 >

程序运行时自动确定。这也是JavaScript灵活多变、适用性强的一种具体体现。

JavaScript的数据类型分为基本数据类型、引用数据类型和特殊对象类型3种。基本数据类型包括未定义（Undefined）、空（Null）、布尔类型（Boolean）、字符串类型（String）和数值类型（Number）。引用数据类型包括对象类型（Object）、数组类型（Array）和函数类型（Function）。特殊对象类型包括正则类型（RegExp）和日期类型（Date）。

## 2.2.2 数值类型

数值类型用于表示数字。在JavaScript中，数值类型默认都使用64位浮点数进行运算，可以表示的数据包括正数、负数、小数、指数等。例如，定义数值类型变量的代码如下所示。

```
var Num1=20;                        //整数
var Num2=30.00;                     //小数
var Num3=123e5;                     //科学记数法
var Num4=123e-5;                    //科学记数法
```

### 1．进制

数值类型可以使用的进制包括十进制、二进制、八进制和十六进制。二进制数只用0和1两个数字表示；八进制数使用0～7共8个数字表示，在书写时需要添加前缀"0"；十六进制数使用数字0～9以及字符A～F共16个字符表示，其中，字母不区分大小写，在书写时需要添加前缀"0x"。例如，存储不同进制数的变量定义如下所示。

```
var Num1=1010;                      //二进制数
var Num2=30;                        //十进制数
var Num3=077;                       //八进制数
var Num4=0x5FA3;                    //十六进制数
```

### 2．范围

在JavaScript中，通过MAX_VALUE可以获取对应类型数据的最大值，通过MIN_VALUE可以获取对应类型数据的最小值。

【示例2-1】获取数值类型数据的范围。

```
<script>
console.log("Number数据类型的最大值为："+Number.MAX_VALUE);
console.log("Number数据类型的最小值为："+Number.MIN_VALUE);
</script>
```

控制台输出结果如下所示。

```
Number数据类型的最大值为：1.7976931348623157e+308
Number数据类型的最小值为：5e-324
```

## 2.2.3 字符串类型

字符串类型用于表示计算机中使用的文本内容，包括字母、符号和汉字等。字符串类型数据在书写时可以使用双引号（"）或单引号（'）引导。例如，定义两个字符串类型变量的代码如下所示。

扫一扫

字符串类型

```
var str1="字符串a";
var str2='字符串b';
```

### 1．字符串长度

字符串是由多个字符组成的，字符的个数就是字符串的长度。使用字符串类型的length属性可以返回指定字符串的长度。

< 14 >

【示例2-2】获取字符串str的长度并将结果输出到控制台。

```
<script>
var str="abcdefg";
console.log("字符串str的长度为: "+str.length);
</script>
```

控制台输出结果如下所示。

字符串str的长度为: 7

**2. 字符串拼接**

字符串与字符串之间可以通过连接符（+）进行拼接。如果数据类型不同，JavaScript会自动将非字符串类型数据转换为字符串类型数据后进行拼接。

【示例2-3】获取用户姓名并弹出对应欢迎信息。

```
<script>
    var name = prompt("请输入你的名字");           //通过输入框获取名字
    var welcome=name+", 欢迎你登录本网站! ";        //字符串实现拼接
    alert(welcome);                                //通过弹窗显示欢迎信息
</script>
```

在浏览器中打开对应HTML文档后依次出现输入框和弹窗，在输入框中输入名字，弹窗中会显示相应信息，如图2.3所示。

图 2.3　显示欢迎信息

**3. 转义符**

在使用字符串表示数据时，除了普通的字符，还可以通过转义符表示一些特殊的字符。转义符以反斜杠（\）为起始字符，可以用来表示换页、换行等特殊字符。JavaScript中常用的转义符如表2.2所示。

表2.2　常用的转义符

| 转义符 | 输出 | 转义符 | 输出 |
| --- | --- | --- | --- |
| \' | 单引号 | \r | 回车 |
| \" | 双引号 | \t | Tab（制表符） |
| \\ | 反斜杠 | \b | 退格符 |
| \n | 换行 | \f | 换页符 |

### 2.2.4　布尔类型

布尔类型数据包含true和false两个值。true表示真，转换为数值用1表示。false表示假，转换为数值用0表示。布尔类型数据多用于逻辑判断。

扫一扫

布尔类型和其他基本数据类型

### 2.2.5　其他基本数据类型

其他基本数据类型包括未定义数据类型Undefined和空数据类型Null。当变量只声明没有初始化时，变量的默认值为Undefined。Null值也可以赋值给对应的变量，但是多在指针对象中使用。

【示例2-4】在控制台输出Undefined和Null。

< 15 >

```
<script>
    var a;                                      //声明变量
    var b=null;                                 //声明并变量初始化为null
    console.log("变量a的值为: "+a);
    console.log("变量b的值为: "+b);
</script>
```

控制台输出结果如下所示。

```
变量a的值为: undefined
变量b的值为: null
```

## 2.2.6　数据类型转换

扫一扫

数据类型转换

在多种类型数据运算时会涉及数据类型不统一的情况，这会导致一部分数据运算出现错误。例如，字符串类型数据和数值类型数据相加，最后得到的会是字符串拼接。因此，可以对数据进行数据类型转换后再进行相应运算，从而保证运算结果正确。

### 1．获取数据类型

获取数据类型可以使用typeof运算符实现。

【示例2-5】获取不同数据的类型并输出。

```
<script>
    console.log("数据5的数据类型为: "+typeof(5));
    console.log("数据'5'的数据类型为: "+typeof('5'));
    console.log("数据true的数据类型为: "+typeof(true));
</script>
```

控制台输出结果如下所示。

```
数据5的数据类型为: number
数据'5'的数据类型为: string
数据true的数据类型为: boolean
```

### 2．将数据转换为字符串类型数据

将数据转换为字符串类型数据的方式有3种，具体如下。

- 将数据和字符串类型数据进行拼接，系统会自动将数据转换为字符串类型数据。
- 使用toString()函数将数据转换为字符串类型数据。
- 使用String()函数将数据转换为字符串类型数据。

【示例2-6】将数据转换为字符串类型数据。

```
<script>
    var data1=253;                              //数值类型
    var data2,data3,data4;
    data2=data1+"";                             //使用字符串拼接实现数据类型转换
    console.log("变量data2的数据类型为"+typeof(data2));
    data3=toString(data1);                      //使用toString()函数转换数据类型
    console.log("变量data3的数据类型为"+typeof(data3));
    data4=String(data1);                        //使用String()函数转换数据类型
    console.log("变量data4的数据类型为"+typeof(data4));
</script>
```

控制台输出结果如下所示。

```
变量data2的数据类型为string
变量data3的数据类型为string
变量data4的数据类型为string
```

< 16 >

### 3．将数据转换为数值类型数据

将数据转换为数值类型数据的方式有3种，具体如下。

- 使用parseInt()函数将数据转换为整数。
- 使用parseFloat()函数将据转换为浮点数。
- 使用Number()函数将字符串类型数据转换为数值类型数据。
- 使用减法、乘法和除法算术运算符在运算时将数据自动转换为数值类型数据。

不同转换方式对应的转换规则如表2.3所示。

表2.3 转换规则

| 源数据 | parseInt() | parseFloat() | Number()和运算符 |
| --- | --- | --- | --- |
| 纯数字字符串 | 对应数字 | 对应数字 | 对应数字 |
| 空字符串 | NaN | NaN | 0 |
| 以数字开头的字符串 | 开头数字 | 开头数字 | NaN |
| 非数字开头字的符串 | NaN | NaN | NaN |
| null | NaN | NaN | 0 |
| undefined | NaN | NaN | NaN |
| true | NaN | NaN | 1 |
| false | NaN | NaN | 0 |

【示例2-7】将数据转换为数值类型数据。

```
<script>
    var Num='2a';                              //字符串类型
    var Num1,Num2,Num3,Num4;
    Num1=parseInt(Num);                        //使用parseInt()函数转换数据类型
    console.log("变量Num1的值为"+Num1+"，数据类型为"+typeof(Num1));
    Num2=parseFloat(Num);                      //使用parseFloat()函数转换数据类型
    console.log("变量str2的值为"+Num2+"，数据类型为"+typeof(Num2));
    Num3=Number(Num);                          //使用Number()函数转换数据类型
    console.log("变量str3的值为"+Num3+"，数据类型为"+typeof(Num3));
    Num4=Num*2;                                //使用String()函数转换数据类型
    console.log("变量Num4的值为"+Num4+"，数据类型为"+typeof(Num4));
</script>
```

控制台输出结果如下所示。

```
变量Num1的值为2，数据类型为number
变量str2的值为2，数据类型为number
变量str3的值为NaN，数据类型为number
变量Num4的值为NaN，数据类型为number
```

### 4．将数据转换为布尔类型数据

将数据转换为布尔类型数据需要使用Boolean()函数实现。Boolean()函数会将0、NaN、Null和Undefined转换为false，将其他数据转换为true。

【示例2-8】将数据转换为布尔类型数据。

```
<script>
console.log("空数据转换后的值为"+Boolean(false)+"，类型为"+typeof(Boolean(false)));
console.log("0转换后的值为"+Boolean(0)+"，类型为"+typeof(Boolean(0)));
console.log("NaN转换后的值为"+Boolean(NaN)+"，类型为"+typeof(Boolean(NaN)));
console.log("Null转换后的值为"+Boolean(null)+"，类型为"+typeof(Boolean(null)));
console.log("Undefined转换后的值为"+Boolean(undefined)+"，类型为"+typeof(Boolean
(undefined)));
console.log("100转换后的值为"+Boolean(100)+"，类型为"+typeof(Boolean(100)));
console.log("1转换后的值为"+Boolean(1)+"，类型为"+typeof(Boolean(1)));
console.log("abc转换后的值为"+Boolean("abc")+"，类型为"+typeof(Boolean("abc")));
</script>
```

< 17 >

控制台输出结果如下所示。

```
空数据转换后的值为false, 类型为boolean
0转换后的值为false, 类型为boolean
NaN转换后的值为false, 类型为boolean
Null转换后的值为false, 类型为boolean
Undefined转换后的值为false, 类型为boolean
100转换后的值为true, 类型为boolean
1转换后的值为true, 类型为boolean
abc转换后的值为true, 类型为boolean
```

## 【案例分析2-2】输出多种类型变量的值

定义多种类型的变量，并将变量的结果输出到浏览器的控制台中，代码如下所示。

```html
<script>
    var Num=100;
    var str="Hello, 365天! ";
    var bol=true;
    var Ndefine;
    var Nnull=null;
    console.log("数值类型变量Num的值为: "+Num);
    console.log("字符串类型变量str的值为: "+str);
    console.log("布尔类型变量bol的值为: "+bol);
    console.log("未初始化变量Ndefine的值为: "+Ndefine);
    console.log("null值变量Nnull的值为: "+Nnull);
</script>
```

扫一扫

案例分析 2-2

控制台输出结果如下所示。

```
数值类型变量Num的值为: 100
字符串类型变量str的值为: Hello, 365天!
布尔类型变量bol的值为: true
未初始化变量Ndefine的值为: undefined
null值变量Nnull的值为: null
```

本案例通过使用不同类型的数据对变量进行初始化的方式，为变量确定了对应的数据类型，然后通过控制台将变量的值输出。

# 2.3 运算符

扫一扫

运算符

计算机语言处理数据最常用的方式就是运算。运算符的功能是通过不同规则实现对数据的运算。本节将详细讲解各种运算符的相关内容。

## 2.3.1 运算符概述

在JavaScript中，根据运算符的功能，可以将运算符分为算术运算符、递增/递减运算符、比较运算符、逻辑运算符、赋值运算符。根据运算符的操作数个数，可以将运算符分为单目运算符、双目运算符和三目运算符。其中，目就是操作数的个数，也可以称为"元"。

## 2.3.2 运算规则

### 1. 算术运算符

JavaScript中的算术运算符与数学中的四则运算符基本相同，包括加法运算符（＋）、减法运算符

< 18 >

（-）、乘法运算符（*）、除法运算符（/）和取模运算符（%）。算术运算符为双目运算符，其语法形式如下所示。

操作数1　算术运算符　操作数2

算术运算符如表2.4所示。

表2.4　算术运算符

| 运算符 | 描述 | 示例 |
| --- | --- | --- |
| + | 加法 | 3+5，结果为8 |
| - | 减法 | 5-3，结果为2 |
| * | 乘法 | 3*5，结果为15 |
| / | 除法 | 8/2，结果为4 |
| % | 取模（余数） | 7%3，结果为1 |

#### 2．递增/递减运算符

递增运算符（++）和递减运算符（--）都属于单目运算符。它们都只有一个操作数。递增/递减运算符根据操作数与运算符的位置可以分为前置递增/递减运算符和后置递增/递减运算符两种。

（1）前置递增/递减运算符。

前置递增/递减运算符位于操作数的前面，其语法形式如下所示。

++操作数

或

--操作数

前置递增/递减运算符会先对操作数执行加1或减1运算，然后操作数再参与其他运算。

（2）后置递增/递减运算符。

后置递增/递减运算符位于操作数的后面，其语法形式如下所示。

操作数++

或

操作数--

后置递增/递减运算符会先让操作数参与其他运算，然后再对操作数执行加1或减1运算。

【示例2-9】使用递增/递减运算符实现数据的运算。

```
<script>
    var a=20;
    console.log("++a的值为: "+(++a));
    console.log("a的值为: "+(a));
    console.log("a++值为: "+(a++));
    console.log("a的值为: "+(a));
    var b=30;
    console.log("--b的值为: "+(--b));
    console.log("b的值为: "+(b));
    console.log("b--的值为: "+(b--));
    console.log("b的值为: "+(b));
</script>
```

控制台输出结果如下所示。

```
++a的值为: 21
a的值为: 21
a++值为: 21
a的值为: 22
```

< 19 >

```
--b的值为: 29
b的值为: 29
b--的值为: 29
b的值为: 28
```

从运行结果可以看出，++a会先对值20进行加1运算，然后将结果输出到控制台。a++会先将值21输出到控制台，然后对21进行加1运算。

--b会先对值30进行减1运算，然后将值29输出到控制台；b--会先将值29输出到控制台，然后对29进行减1运算。

**3．比较运算符**

比较运算符为双目运算符，用于比较两个操作数的大小，比较运算的结果为布尔值。如果两个操作数的关系符合运算符的法则就返回true，否则返回false。常用的比较运算符如表2.5所示。

**表2.5 常用的比较运算符**

| 运算符 | 描述 | 示例 |
|---|---|---|
| > | 当左边操作数大于右边操作数时返回true，否则返回false | 5>3返回true，3>6返回false |
| < | 当左边操作数小于右边操作数时返回true，否则返回false | 4<5返回true，4<1返回false |
| >= | 当左边操作数大于或等于右边操作数时返回true，否则返回false | 3>=3返回true，3>=5返回false |
| <= | 当左边操作数小于或等于右边操作数时返回true，否则返回false | 1<=4返回true，4<=1返回false |
| == | 当左边操作数等于右边操作数时返回true，否则返回false | 1==1返回true，1==2返回false |
| != | 当左边操作数不等于右边操作数时返回true，否则返回false | 2!=3返回true，2!=2返回false |

**4．逻辑运算符**

逻辑运算符用于判断操作数之间的逻辑关系，操作数一般为布尔值true或false。逻辑运算的运算结果也为布尔值。常用的逻辑运算符如表2.6所示。

**表2.6 常用的逻辑运算符**

| 运算符 | 描述 | 示例 |
|---|---|---|
| && | 当左右两边操作数均为true时返回true，否则返回false | (1<2)&&(2>1)表示true&&true，返回true |
| \|\| | 当左右两边操作数至少有一个为true时返回true，否则返回false | (1<=2)\|\|(2<1) 表示true\|\|false，返回true |
| ! | 当操作数为true时返回false，否则返回true | !(2<1)返回true表示!false，返回true |

## 2.3.3 运算符优先级

运算符优先级是指运算符运行的优先等级。JavaScript中的所有运算符的优先级从高到低如表2.7所示。

**表2.7 运算符优先级**

| 运算符 | 描述 |
|---|---|
| 、[]、() | 字段访问、数组索引、函数调用以及表达式分组 |
| ++、--、-、~、！、delete、new、typeof、void | 一元运算符、返回数据类型、对象创建、未定义值 |
| *、/、% | 乘法、除法、取模 |
| +、-、+ | 加法、减法、字符串连接 |
| <<、>>、>>> | 移位 |
| <、<=、>、>= | 小于、小于或等于、大于、大于或等于 |
| ==、!=、===、!== | 相等、不相等、严格相等、非严格相等 |
| & | 按位与 |
| ^ | 按位异或 |
| \| | 按位或 |

< 20 >

续表

| 运算符 | 描述 |
| --- | --- |
| && | 逻辑与 |
| \|\| | 逻辑或 |
| ?: | 条件 |
| = | 赋值运算 |
| , | 多重求值 |

## 【案例分析2-3】连接并输出多个变量的内容

扫一扫

案例分析 2-3

利用输入框获取用户的信息，然后将所有信息输出到HTML页面中。代码如下所示。

```
<script>
var name = prompt("请输入你的名字");                    //名字
var age = prompt("请输入你的年龄");                     //年龄
var tel = prompt("请输入你的电话");                     //电话
var city = prompt("请输入你所在的城市");                 //城市
//字符串实现拼接
var info="请确认输入的信息"+"<br />"+"<b>姓名</b>: "+name+", <b>年龄</b>: "+age+"岁, <b>
电话</b>: "+tel+", <b>城市</b>: "+city;
document.write(info);                                //输出带标签样式的字符串内容
</script>
```

在浏览器中打开对应HTML文档后依次出现4个输入框，按照提示输入对应内容后，所有内容会被展示在HTML页面中，如图2.4所示。

图 2.4　显示个人信息

在本案例中通过输入框获取用户输入的信息，并将信息存放至对应的变量中。然后使用字符串连接符（+）将字符串、HTML标签以及变量进行连接，最后在HTML页面中显示出带样式的文本内容。

# 2.4　分支结构

分支结构是流程控制结构中的一种。通过分支结构可以为程序设置一条或多条分支，根据条件的运行结果选择要执行的分支。在JavaScript中分支结构语句包括if语句、if...else语句、if...else if语句和switch语句。

扫一扫

if 语句

## 2.4.1　if语句

if语句会提供一条分支，如果满足条件就执行该分支，如果不满条件就跳过该分支，其语法形式如下。

```
if(条件表达式)
{
```

< 21 >

```
        语句块;
    }
```

其中，if在if语句的起始位置，最后的花括号（}）在if语句的结束位置。花括号范围内的语句被称为语句块，语句块可以由一条或多条语句构成。条件表达式的值如果为true，则执行语句块中的语句，否则跳过语句块，执行if语句外的内容。

【示例2-10】使用if语句判断是否执行对应语句。

```
<script>
var a=10;
if(a>5)
{
    console.log("条件为true执行该语句1");
}
console.log("if语句外的语句1");
if(a<5)
{
    console.log("条件为true执行该语句2");
}
console.log("if语句外的语句2");
</script>
```

控制台输出结果如下所示。

```
条件为true执行该语句1
if语句外的语句1
if语句外的语句2
```

从输出结果可以看出，第1个if语句的条件表达式"a>5"的值为true，所以执行对应的语句块，在控制台输出"条件为true执行该语句1"。第2个if语句的条件表达式"a<5"的值为false，所以不会执行对应的语句块。if语句块中的其他语句不受if语句影响。

## 2.4.2 if...else语句

if...else语句提供两条分支。如果满足条件，则执行第一条分支，否则执行另一条分支。两条分支中必须有一条分支被执行。if...else语句的语法形式如下所示。

扫一扫

if...else 语句

```
if(条件表达式)
{
    语句块1;
}
else
{
    语句块2;
}
```

其中，条件表达式的值为true时，会执行语句块1，否则执行语句块2。

【示例2-11】使用if...else语句判断用户年龄是否符合上班条件。

```
<script>
var age=18;
if(age>=18)
{
    console.log("恭喜你，你已经成年，符合上班的条件！");
}
else
{
    console.log("抱歉，你未成年，不符合上班的条件！");
}
</script>
```

< 22 >

控制台输出结果如下所示。

> 恭喜你，你已经成年，符合上班的条件！

从输出结果可以看出，条件表达式"age>=18"的结果为true，所以执行语句块1，在控制台输出"恭喜你，你已经成年，符合上班的条件！"，而语句块2会被跳过，不执行。

### 2.4.3　if...else if语句

if...else if语句提供3条或3条以上的分支，该语句是if...else语句的升级语句，其语法形式如下所示。

```
if(条件表达式1)
{
    语句块1;
}
else if（表达式2）
{
    语句块2;
}
...
else if（表达式n）
{
    语句块n;
}

else{
    语句块n+1;
}
```

扫一扫

if...else if 语句

其中，else if语句可以有多个，程序运行时会依次判断表达式1、表达式2，一直到表达式n，如果某个表达式的值为true，就执行对应的语句块。如果所有表达式的值都为false，就执行else关键字后的语句块。

【示例2-12】判断考生引体向上的分数，大于等于10个表示满分15分，小于等于4个表示及格为9分。

```
<script>
var Num=8;
if(Num>=10)
{
    console.log("你的引体向上分数为15分");
}else if(Num==9)
{
    console.log("你的引体向上分数为14分");
}else if(Num==8)
{
    console.log("你的引体向上分数为13分");
}else if(Num==7)
{
    console.log("你的引体向上分数为12分");
}else if(Num==6)
{
    console.log("你的引体向上分数为11分");
}else if(Num==5)
{
    console.log("你的引体向上分数为10分");
}else
{
    console.log("你的引体向上分数为9分");
}
</script>
```

< 23 >

控制台输出结果如下所示。

你的引体向上分数为13分

由于变量Num的值为8，所以表达式"Num==8"的值为true，执行对应的语句块，在控制台输出"你的引体向上分数为13分"。

## 2.4.4 switch语句

switch语句会提供多条分支，当处理的数据分支超过3条时，推荐使用switch语句。其语法形式如下所示。

```
switch(表达式)
{
case 常量1：
    {语句块1; break;}
case常量2
    {语句块2; break;}
...
case常量n：
    {语句块n; break;}
default：
    {语句块n+1; break;}
}
```

扫一扫

switch 语句

其中，表达式的值会与所有常量进行匹配，如果表达式的值与常量的值相等，就执行对应的语句块，然后执行break语句，跳出switch语句，执行switch语句外的内容。如果表达式的值与所有常量的值都不相等，就执行default关键字后的语句块，然后执行break语句，跳出switch语句，执行switch语句外的内容。

## 【案例分析2-4】根据分数输出等级评价

通过询问学生的分数，使用switch语句对学生的分数进行等级评价。等级评价规则为，等于100分评为A+，大于或等于90分为A级，大于或等于80分为B级，大于或等于70分为C级，大于或等于60分为D级，小于60分为E级。具体代码如下所示。

```
<script>
var score=prompt("请输入你的分数！");
if(score>100||score<0)                    //判断输入的分数是否合法
    {alert("输入错误，请重新运行程序");}
else
{
//除以10，只保留整数位。100除以10的值为10，95除以10的结果为9.5，强制转换后为9
    score=parseInt(score/10);
    switch(score)                         //表达式的值为1~10
    {
        case 10: {console.log("你的等级为A+");break;}
        case 9: {console.log("你的等级为A");break;}
        case 8: {console.log("你的等级为B");break;}
        case 7: {console.log("你的等级为C");break;}
        case 6: {console.log("你的等级为D");break;}
        default: {console.log("你的等级为E");break;}
    }
}
</script>
```

扫一扫

案例分析 2-4

在浏览器中打开对应HTML文档后出现一个输入框，用户按照提示输入分数后，控制台会输出对应分数的评级。例如，输入的分数为95，输出结果如下所示。如果用户输入的分数大于100或小

< 24 >

于0，则提示用户重新运行程序。

你的等级为A

本案例中利用了将整除（/）运算的结果强制转换为整数的方法，实现了保留十位以上数字的功能。还可以通过整除100保留百位以上数字，整除1000保留千位以上数字。通过该方法可以实现对应位数字的提取操作。

# 2.5　循环结构

循环结构用于将指定的语句块重复执行指定的次数。在JavaScript中，循环结构包括for循环、while循环和do...while循环。

扫一扫

for 循环

## 2.5.1　for循环

for循环是最标准的循环语句，也是所有循环语句中执行效率最高的语句。执行for循环就像养猪，把猪放在猪圈中，不断重复吃饲料的操作，猪的体重达标，就会被卖掉，也就是出栏，这样就停止了for循环。for循环的语法形式如下所示。

```
for(初始条件;循环条件;迭代条件)
{
    语句块;
}
```

其中，初始条件是指循环的起始点，一般为初始化一个变量。循环条件为条件表达式，用于控制循环的次数，如果表达式的值为true就进入循环，否则跳出循环。迭代条件用于对变量进行迭代。3个条件之间要使用英文分号（;）分隔。

【示例2-13】使用for循环输出1到10之间所有数字的和。

```
<script>
var sum=0;
for(var i=1;i<=10;i++)
{
    sum=sum+i;
}
console.log("1到10之间所有数字的和为: "+sum);
</script>
```

控制台输出结果如下所示。

1到10之间所有数字的和为: 55

在for循环中，"var i=1"为初始条件，"i<=10"为循环条件，"i++"为迭代条件。程序首先初始化i的值为1，然后判断循环条件，循环条件的结果为true，所以执行循环体"sum=sum+i;"，执行过后sum的值为1，最后执行迭代条件，i的值变为2。此时第1轮循环执行完毕。

第2轮循环时，首先判断循环条件"2<=10"，结果为true，所以再次执行循环体，执行后sum的值变为3，最后执行迭代条件，i的值变为3。此时，第2轮循环执行完毕。第3轮到第10轮循环与第2轮循环的执行顺序相同，只是i和sum的值不断在发生变化。

第11轮循环时，i的值为11，首先判断循环条件"11<=10"，结果为false，停止循环，程序跳出for循环。执行"console.log"语句输出sum的值。

< 25 >

### 2.5.2　while循环

扫一扫

while循环的特点是先判断后执行，它是for循环的一种变形，其语法形式如下所示。

```
while(条件表达式)
{
 语句块
}
```

while 循环

其中，while循环会先判断条件表达式的值，如果值为true就执行一次语句块，执行完成后会再次判断条件表达式的值，如果值为true则再次进入循环，否则跳出循环。

从语法形式可以看出，while循环没有显示初始条件和迭代条件。其实，这两个条件并没有被省略，只是位置发生了变化。其中，初始条件位于while循环之前，迭代条件位于while循环的语句块中。

【示例2-14】使用while循环将10以内的偶数输出到控制台。

```
<script>
var i=0;                            //初始条件
console.log("10以内的偶数包括: ")
while(i<=10)
{
    if(i%2==0)
    {
        console.log(i);
    }
    i++;                            //迭代条件
}
</script>
```

控制台输出结果如下所示。

```
10以内的偶数包括: 0  2  4  6  8  10
```

在while循环中，会使用语句外的"var i=0;"语句实现循环条件的初始化，然后判断"i<=10"的结果。如果结果为true就进入循环，判断i的值是否能被2整除，如果能就输出对应i的值，如果不能就不输出i的值，最后执行"i++;"语句，实现循环条件的迭代。

后续循环会先对判断条件进行判断，然后根据结果确定是否进入循环，直到i的值为11，判断条件的结果为false，停止循环，跳出while循环。

扫一扫

### 2.5.3　do...while循环

do...while 循环

do...while循环的特点是先执行后判断，它也是for循环的一种变形，其语法形式如下所示。

```
do
{
    语句块;
}while(条件表达式);
```

在do...while循环中会先执行一遍语句块，然后判断条件表达式，如果判断循环的结果为true，就进入下一轮循环，否则跳出循环。初始条件可以在do...while循环之前添加，也可以在语句块中添加，迭代条件需要在语句块中添加。

注意

在while(条件表达式)之后要添加英文分号（;）。

【示例2-15】使用do...while循环输出10以内的所有奇数。

```
<script>
```

< 26 >

```
var i=0;                                    //初始条件
console.log("10以内的奇数包括: ")
do
{
    if(i%2==1)
    {
        console.log(i);
    }
    i++;                                    //迭代条件
}while(i<=10);
</script>
```

控制台输出结果如下所示。

10以内的奇数包括: 1　3　5　7　9

在do...while循环中首先会执行一遍语句块，由于0%2的值不为1，所以不输出内容，然后判断条件"i<=10"，结果为true，进入第2轮循环，以此类推，直到判断条件"i<=10"的值为false时，结束循环，跳出do...while循环。

## 【案例分析2-5】控制台输出九九乘法表

使用双层for循环嵌套结构可以实现九九乘法表的输出。其中，外层for循环用于控制乘法运算的第2个操作数的值，内层for循环用于控制第1个操作数与乘积的值。具体代码如下所示。

```
<script>
for(var i = 1; i <= 9;   i++)               //外层循环控制行数
{
    for(var j = 1; j <= i; j++)             //内层循环控制每行表达式个数
    {
        document.write("    " + j + "*" + i + "=" + (i * j));
    }
    document.write("<br />");                //每行结束后输入一个换行标签
}
</script>
```

在浏览器中打开对应HTML文档后会显示一个九九乘法表，如图2.5所示。

本案例使用双层for循环嵌套结构输出了九九乘法表。首先外层for循环由变量i进行控制，当i为1时，外层for循环进入第1轮循环，然后将内层for循环作为语句块执行，进入内层for循环的第1轮循环。

```
1*1=1
1*2=2  2*2=4
1*3=3  2*3=6   3*3=9
1*4=4  2*4=8   3*4=12  4*4=16
1*5=5  2*5=10  3*5=15  4*5=20  5*5=25
1*6=6  2*6=12  3*6=18  4*6=24  5*6=30  6*6=36
1*7=7  2*7=14  3*7=21  4*7=28  5*7=35  6*7=42  7*7=49
1*8=8  2*8=16  3*8=24  4*8=32  5*8=40  6*8=48  7*8=56  8*8=64
1*9=9  2*9=18  3*9=27  4*9=36  5*9=45  6*9=54  7*9=63  8*9=72  9*9=81
```

图 2.5　九九乘法表

第1轮内层循环完成后会判断内层循环的循环条件是否成立，成立就进入第2轮内层循环，不成立就返回到外层循环，执行外层循环的迭代条件。此时，第1轮外层循环完成。

第2轮外层循环首先判断外层循环条件，如果成立，则再次进入内层循环，开始第1轮内层循环，直到内层循环条件不成立时，返回外层循环，执行外层循环迭代条件。然后开始第3轮外层循环，以此类推，直到外层循环条件不成立时，终止所有循环，跳出双层for循环嵌套结构。

在实际开发中，for循环还可以与其他循环结构语句以及分支结构语句嵌套使用。在嵌套使用语句时，一定要注意各语句的执行范围，以及各语句之间的条件判断范围是否冲突。

# 2.6　跳转结构

跳转结构是指将程序的执行从一个点跳转到另外一个点的操作。跳转结构语句包

扫一扫

跳转结构

< 27 >

括continue语句、break语句和return语句。其中，return语句将在函数部分进行详细讲解。

## 2.6.1 continue语句

continue语句一般会在循环结构语句中使用。continue语句的作用是结束当前循环进入下一轮循环。

【示例2-16】输出10以内不能被3整除的整数。

```
<script>
console.log("10以内不能被3整除的整数为：");
for(var i=0;i<=10;i++)
{
    if(i%3==0)
    {
        continue;                        //如果是3的倍数就跳出当前循环，执行下一轮循环
    }
    console.log(i);
}
</script>
```

控制台输出结果如下所示。

```
10以内不能被3整除的整数为：1 2 4 5 7 8 10
```

在代码中，当"i%3==0"的值为true时，执行continue语句，跳出当前循环，执行下一轮循环，此时不会执行"console.log(i);"语句，因而不会输出对应的i值。

## 2.6.2 break语句

break语句的作用是跳出当前语句的范围，如果在循环结构中使用break语句，则可以结束循环。在switch语句中，可以使用break语句用于跳出当前语句的范围，忽略后续case语句以及default语句后的内容。

## 【案例分析2-6】当累加和大于100时跳出循环

```
<script>
var sum=10
for(var i=0;i<=1000;i++)              //循环条件为累加和小于或等于1000
{
    if(sum>100)
    {
        break;                       //跳出for循环
    }
    sum=sum+i;
}
console.log("i的值为"+i+"，sum的值为"+sum);
</script>
```

控制台输出结果如下所示。

```
i的值为14，sum的值为101
```

在代码中，当"sum>100"的值为true时，执行break语句跳出for循环，然后输出i的值为14，表示for循环只执行了14次，并没有达到1001次。

## 【案例分析2-7】根据用户输入的层数绘制金字塔

通过输入框让用户输入金字塔的层数，然后使用双层for循环实现用星号（*）输出对应层数金字塔的效果。具体代码如下所示。

扫一扫

案例分析 2-7

< 28 >

```
<script>
do{
    var floors = prompt("请输入金字塔的层数！层数请大于3小于100");
}while(floors<3||floors>100)
var i=0;
var k=0;
for(i=1; i<=floors; i++)
{
    for(j=1; j<=floors-i; j++)
    {
        document.write(" ");                //输出空格
    }
    for(k=1; k<=2*i-1; k++)
    {
        document.write("*");                     //输出星号
    }
    document.write("<br />");
}
</script>
```

在浏览器中打开对应HTML文档后会显示一个输入框，要求用户输入金字塔的层数。当用户输入的层数符合要求时，网页中会绘制出对应的金字塔图形。如果用户输入的层数不符合要求，程序会再次弹出输入框要求用户重新输入。用户输入的层数为5时，绘制的金字塔如图2.6所示。

图 2.6　绘制金字塔

在本案例中，首先使用do...while循环实现对用户输入数据的检测功能，保证用户输入的内容符合要求。然后使用双层for循环实现金字塔的绘制，其中外层for循环用于控制空格输出的次数，内层for循环用于控制星号输出的次数。

【素养课堂】

学习编程重要的是培养编程思维。编程思维就是将问题分解，使其从一个大问题变成一个个小问题，直至变成能用一行代码解决的问题。在分解问题时，我们还需要识别问题的模式，即问题的模式是选择判断问题，还是循环反复执行的问题。模式确定后就要进行抽象，取出有用信息，摒弃无用信息。最后编写程序，形成解决问题的算法。

这种编程思维不只是在计算机编程领域中使用，在生活中也广泛使用。小到个人的呼吸，大到宇宙的运行都隐含着编程思维。学习编程思维，人们可以拥有更强的逻辑思维能力。遇到问题时，我们可以使用更加科学的方式以及冷静的心态去处理，从而做出最好的选择，避免或减轻问题给人们生活带来的损失和负面影响。

在生活、学习中，利用编程思维去安排和处理事件，可以让生活、学习更有计划性，从而让生活更加顺利，学习更加高效。所以，有意识地学习编程思维并培养自身处理事情的逻辑思维能力，能帮助我们更加积极地生活和学习。

# 2.7　思考与练习

## 2.7.1　疑难解读

### 1．为什么JavaScript被称为弱类型语言？

普通的计算机语言在定义变量时会通过语法指定变量的数据类型。例如，使用C语言定义一个整型变量a的代码为"int a =10;"。而使用JavaScript定义变量时不用指定变量的数据类型，其变量的数据类型

< 29 >

由具体的值决定。这种定义变量的方式让JavaScript在使用时更加灵活、方便，但是其缺点是要时刻注意变量的具体数据类型，按照需求对数据的类型进行相应转换，否则可能会导致数据使用错误。

**2. 什么是死循环？**

死循环是编程中常见的一种错误，它在循环语句中出现。死循环的意思是程序不断地重复执行指定代码，永不停止，直到开发者强制关闭程序或程序运行到崩溃。死循环出现的原因主要包括以下几种。

丢失循环条件。当循环条件丢失之后，循环语句执行的次数不受限制，所以会导致死循环。

丢失迭代条件。当迭代条件丢失后，循环条件的结果一直为true，程序会不断执行相同的内容，导致死循环。

循环条件出错。由于人为疏忽或逻辑错误，循环条件与迭代条件背道而驰时，循环条件的限制失效，导致程序陷入死循环。例如，初始条件为"x=100"，循环条件为"x>100"，迭代条件为"++100"，此时无论程序如何迭代都无法终止循环。

## 2.7.2 课后习题

### 一、填空题

1. 定义变量分为_____变量和_____变量两个部分。
2. JavaScript本身属于_____语言，在定义变量时_____指定变量的数据类型。
3. JavaScript中的数据类型分为_____、_____和特殊对象类型3种。
4. 前置递增/递减运算符会先对_____执行_____或_____运算，然后操作数再参与其他运算。
5. if...else语句会提供_____分支。如果满足条件，则执行_____分支，否则执行_____分支。

### 二、选择题

1. 下列选项中可以用于实现取模运算的为（    ）。
   A. ++           B. --           C. /           D. %
2. 下列语句中特点为先执行后判断的为（    ）。
   A. for          B. if...else    C. do...while   D. while
3. 下列选项中可以用于实现跳出本轮循环进入下一轮循环的为（    ）。
   A. if语句       B. switch语句   C. continue语句  D. break语句
4. 在for循环中，初始条件、循环条件与迭代条件之间要使用（    ）符号分隔。
   A. ;            B. ,            C. :            D. .
5. 在switch语句中，每个case语句的末尾使用（    ）符号结束。
   A. ;            B. ,            C. :            D. .

### 三、上机实验题

1. 比较两个数字的大小。规则：通过输入框让用户输入两个数字，然后输出较大的数字。
【实验目标】熟练掌握if...else if语句的使用规则。
【知识点】变量的定义、比较运算符的使用、if...else if分支语句的使用。
2. 输出九九加法表。
【实验目标】熟练掌握for循环的使用规则。
【知识点】变量的定义、for循环的使用、for循环嵌套使用。
3. 根据年龄输出学生应该上几年级。规则：7岁上一年级，8岁上二年级，9岁上三年级，10岁上四年级，11岁上五年级。
【实验目标】熟练掌握do...while循环与switch语句的使用规则。
【知识点】变量的定义、do...while循环的使用、switch语句的使用。

< 30 >

# 第 3 章 数组和函数

数组和函数是JavaScript重要的两种集合形式。通过数组可以将多个数据集中处理；通过函数可以将多行代码封装起来，实现一次定义多次使用，提高代码可重用性。本章主要讲解数组和函数的相关内容。

【学习目标】

- 掌握数组的定义与使用。
- 掌握函数的定义与使用。
- 掌握自调函数。
- 掌握作用域。
- 掌握闭包函数。

扫一扫

导引示例

【导引示例】

在处理数据时可以通过一个数组实现多个数据的保存和使用。例如，彩虹的颜色一共有7种，每种颜色的文字和对应的属性值可以使用两个数组存放，并通过循环语句依次读取。实现的代码如下所示。

```html
<!DOCTYPE html>
<html xmlns="http://www.w3.org/1999/xhtml">
<head>
<meta http-equiv="Content-Type" content="text/html; charset=utf-8" />
<title>彩虹</title>
<script>
    var rainbow=['红','橙','黄','绿','蓝','靛','紫'];              //文字数组
    var rainColor=['red','orange','yellow','green','blue','cyan','purple'];
//颜色数组
</script>
</head>
<body>
<h1>彩虹</h1><hr/>
<script>
document.write('<p>彩虹的颜色包括: </p>');
for(var i=0; i<rainbow.length;i++)
{
    document.write(rainbow[i]+'<hr style="height:10px;
background:'+rainColor[i]+'; color:'+rainColor[i]+';"/>');
}
</script>
</body>
</html>
```

在浏览器中打开对应HTML文档后，会出现多行文本内容与对应的颜色效果，如图3.1所示。

彩虹

彩虹的颜色包括:

红

橙

黄

绿

蓝

靛

紫

图 3.1　7 种颜色

# 3.1　初识数组

普通变量可以存放单独的数据。当需要存放多个相关数据时，使用多个变量分别存放的效率较低。因此，可以将多个相关数据存放到一个数组变量中，从而方便对多个相关数据的处理和使用。本节将详细讲解数组的相关内容。

扫一扫

创建数组

## 3.1.1　创建数组

在数据处理过程中，我们常常要处理很多数据，这些数据之间往往存在关联关系。例如，个人数据包括姓名、年龄、电话、地址。如果使用普通变量存放对应数据，就需要声明4个变量，使用时需要分别借助4个变量名才能实现对个人数据的操作。

为了简化操作，编程语言引入了数组的概念。数组属于变量的一种，它可存放多个数据。创建数组的语法形式如下所示。

```
var 数组名 = ['元素1','...','元素n'];
```

其中，var为系统关键字，用于定义数组变量。数组名用于指代数组，需要符合变量命名规则。方括号用于定义存放在数组中的数据，每个数据都被称为元素。如果元素是字符串类型的，则需要使用单引号（'）引导。例如，创建一个存放个人数据的数组变量pinfo，代码如下所示。

```
var pinfo= ['张三',32,'12345678901','北京成华大道3号'];
```

数组变量pinfo可以存储个人数据的4个数据。这样，无论是在数据存放还是在后期的数据处理过程中，开发者都可以更加高效地使用数据。

在JavaScript中，所有的数据都可以被称为对象，而数组也属于对象。所以，数组可以使用JavaScript提供的数组对象Array创建，其语法形式如下所示。

```
var 数组名 = new Array( '元素1','...','元素n');
```

其中，new为系统关键字；Array对象是系统提供的对象，不能修改；其他部分与声明普通变量的部分相同。例如，使用Array对象创建一个week数组变量，代码如下所示。

```
var week = new Array('Mon','Tues','Wed','Thur','Fri','Sat','Sun');
```

⚠️ 注意

第一种数组创建方式被称为数组直接量，可以使用更少的代码实现数组的创建；第二种方式被称为实例化数组对象，需要使用到系统的数组对象Array。

< 32 >

数组中每个元素的类型可以相同，也可以不同。例如，为某一个员工建立一个数组，用于存放员工的各项数据，员工数据有多种类型，代码如下所示。

```
var staff = ['001','张三',17,'北京','12345678901',false];
```

其中，数组变量staff的元素包括字符串、数值和布尔值3种数据。

## 3.1.2　访问数组元素

扫一扫

访问数组元素

数组中的数据都被称为数组的元素。每个元素都会被数组编号，这种编号被称为索引或下标。索引用于表明数组中每个元素的位置。索引的起始值为0，索引的最大值为数组长度减1。数组的长度可以使用length属性获取，其语法形式如下所示。

```
数组名.length
```

其中，数组名与length属性之间需要使用点运算符（.）连接。访问数组元素可以使用索引实现，其语法形式如下所示。

```
数组名[索引值]
```

其中，索引值需要使用方括号（[ ]）括起来。如果省略方括号，则可以直接访问到数组中的所有元素。如果索引值超出了数组范围，则显示undefined。数组的最后一个元素的索引可以使用length-1表示。

【示例3-1】创建数组变量week并访问其中的元素。

```
<script>
var week = ['Mon','Tues','Wed','Thur','Fri','Sat','Sun']; //创建数组
console.log('数组的第1个元素为: '+week[0]);                    //访问第1个元素
console.log('数组的最后1个元素为: '+week[week.length-1]);     //访问最后1个元素
console.log('数组的第8个元素为: '+week[7]);                   //使用超出数组范围的索引访问数组元素
console.log('数组的所有元素为: '+week);                       //使用数组名访问数组中的所有元素
</script>
```

控制台输出内容如下所示。

```
数组的第1个元素为: Mon
数组的最后1个元素为: Sun
数组的第8个元素为: undefined
数组的所有元素为: Mon,Tues,Wed,Thur,Fri,Sat,Sun
```

从输出结果可以看出，使用索引可以访问数组中对应的元素。例如，使用索引week.length-1可以访问数组的最后1个元素；访问的索引超出数组范围时会返回undefined；如果使用数组名访问数组，则可以一次性访问数组中的所有元素。

## 3.1.3　数组遍历

扫一扫

数组遍历

数组遍历是指使用循环语句依次访问数组中的所有元素。一般在查询、插入、删除数据等操作中，经常需要进行数组遍历。

【示例3-2】使用for循环遍历数组。

```
<script>
var fruit = ['苹果','西瓜','梨','香蕉','葡萄','甘蔗','菠萝'];
//创建数组
for(var i=0;i<fruit.length;i++)
{
    console.log('数组的第'+(i+1)+'个元素为: '+fruit[i]);                  //依次访问元素
}
</script>
```

< 33 >

控制台输出内容如下所示。

数组的第1个元素为：苹果
数组的第2个元素为：西瓜
数组的第3个元素为：梨
数组的第4个元素为：香蕉
数组的第5个元素为：葡萄
数组的第6个元素为：甘蔗
数组的第7个元素为：菠萝

从输出结果可以看出，通过for循环依次访问了数组fruit的每个元素。

> **注意**
>
> 在进行数组遍历操作时要注意遍历越界问题。其中，循环的起始条件要设置i的值为0。另外，在设置for循环的判断条件时，如果比较运算符为小于或等于号（<=），就需要设置判断条件为"i<=fruit.length-1"；如果使用小于号（<），则需要设置判断条件为"i<fruit.length"。

## 【案例分析3-1】获取数组元素中的最大值

获取数组元素中的最大值就是通过比较和遍历的方式查询数组元素中的最大值，代码如下所示。

扫一扫

案例分析 3-1

```
<script>
var big=0;
var age=[30,18,25,17,20,35,40,33];
for(var i=0; i<=age.length-1;i++)
{
    if(age[i]>big)
    {
            big = age[i];
    }

}
console.log('数组中最大值为：'+big);
</script>
```

控制台会输出数组中值最大的元素，内容如下所示。

数组中最大值为：40

本案例使用for循环遍历数组元素，然后在if条件语句中让big变量依次与数组中的每个元素进行比较。如果数组中的元素值大于big变量值，就将元素的值赋给big变量，否则与下一个元素进行比较。最终，找出数组中值最大的元素，并输出。

# *3.2* 数组元素操作

用数组存放数据之后，可以实现各种常见的数组元素操作，如查找、添加、删除、排序等。本节将详细讲解数组元素操作的相关内容。

### 3.2.1 修改数组元素

当数组的元素需要增加或修改时，可以通过数组的索引或系统函数直接对数组的元素进行操作。

扫一扫

修改数组元素

**1．使用索引修改数据元素**

通过数组索引，可以精准地访问数组元素。如果配合赋值运算符，还可以实现数组元素的修改

< 34 >

和添加，数组索引的语法形式如下所示。

```
数组名[索引] = 值;
```

其中，如果索引值不超过数组长度，则修改对应元素的值。如果索引值超出了数组长度，则为数组添加新元素。例如，数组a有5个元素，修改数组a的第2个元素，代码如下所示。

```
a[1]=3;
```

下面在数组a末尾添加一个元素，代码如下所示。

```
a[5]=7;
```

或

```
a[a.length]=7;
```

**！注意**

　　由于JavaScript的数组长度可变，为了保证操作是添加新的元素，而不是修改现有元素，建议使用第二种方式进行操作。

### 2．使用函数添加数组元素

通过JavaScript的系统函数也可以实现数组元素的添加。常用的函数包括push()函数和unshift()函数，其中，push()函数用于向数组的尾部添加元素，unshift()函数用于向数组的头部添加元素。使用函数为数组添加元素的语法形式如下所示。

```
数组名.函数名(值);
```

其中，数组名与函数名之间使用点运算符（.）连接。值是指要插入数组中的元素。

**！注意**

　　系统函数是指JavaScript官方定义的有特殊功能的代码块，通过函数名可以直接调用对应的功能。函数的相关内容会在后续内容中详细讲解。

### 3．使用函数删除数组元素

删除数组元素可以使用pop()函数和shift()函数实现。其中，pop()函数用于从数组尾部删除一个元素，shift()函数用于从数组头部删除一个元素。使用函数删除数组元素的语法形式如下所示。

```
数组名.函数名();
```

**【示例3-3】** 修改并输出数组的元素。

```
<script>
var Num=[1,2,3];
console.log('数组Num的元素包括：'+Num);
Num[1]=8;
console.log('修改元素后数组Num的元素包括：'+Num);
Num[3]=9;
console.log('添加元素后数组Num的元素包括：'+Num);
Num.unshift(0);                      //向数组头部添加元素
Num.push(10);                        //向数组尾部添加元素
console.log('使用函数添加元素后数组Num的元素包括：'+Num);
Num.shift();                         //从数组头部删除元素
Num.pop();                           //从数组尾部删除元素
console.log('使用函数删除元素后数组Num的元素包括：'+Num);
</script>
```

运行程序，控制台会输出数组在修改、添加和删除元素之后的所有元素，输出内容如下所示。

< 35 >

数组Num的元素包括：1,2,3
修改元素后数组Num的元素包括：1,8,3
添加元素后数组Num的元素包括：1,8,3,9
使用函数添加元素后数组Num的元素包括：0,1,8,3,9,10
使用函数删除元素后数组Num的元素包括：1,8,3,9

## 3.2.2　数组元素排序

数组可以存放多个数据。为了方便数据查阅和管理，一般都会对数组元素进行排序后再展示。数组元素排序可以使用循环语句和条件语句实现，也可以使用系统函数实现。常用的排序函数的形式与功能说明如下。

sort()：以字母顺序对数组进行排序。

reverse()：反转数组中元素的顺序。

sort(function(a, b){return a - b})：以数字顺序对数组元素进行升序排列。

sort(function(a, b){return b - a})：以数字顺序对数组元素进行降序排列。

sort(function(a, b){return 0.5 - Math.random()})：对数组元素进行随机排序。

扫一扫
数组元素排序

**注意**

在比较数组元素时，建议保证数组元素的数据类型相同，这样在排序时才能得到准确的结果。

除了排序功能，JavaScript还提供两个函数用于获取数组元素中的最大值和最小值。

Math.max.apply(null, arr)：获取数组元素中的最大值，其中arr表示要操作的数组名。

Math.min.apply(null, arr)：获取数组元素中的最小值，其中arr表示要操作的数组名。

通过对数组变量的学习可以看出，相对于普通变量，数组在用于处理有关联的多个数据时具有高效和便捷的特点。

## 【案例分析3-2】对数组元素进行排序后输出

通常情况下，数组元素都需要经过排序后再输出。下面使用for循环和系统函数分别实现数组元素的排序功能，代码如下所示。

```
<script>
var Name=['Zhang','Li','Wang','Liu'];
var Num=[30,1,25,17,20,35,40,33];
var a=0;
for(var i=0;i<=Num.length-1;i++)                //使用for循环排序
{
    if(Num[i]>=Num[i+1])                        //比较两个元素
    {
        //交换元素位置
        a=Num[i];
        Num[i]=Num[i+1];
        Num[i+1]=a;
        i=-1;                                  //重新排序
    }
}
console.log('使用循环语句对数组元素升序排列后为: '+Num);
Name.sort()
console.log('以字母顺序对数组元素进行排序: '+Name);
Num.reverse()
console.log('翻转数组元素排列顺序: '+Num);
Num.sort(function(a, b){return a - b})
console.log('以数字顺序进行升序排列: '+Num);
```

扫一扫
案例分析 3-2

< 36 >

```
Num.sort(function(a, b){return b - a})
console.log('以数字顺序进行降序排列: '+Num);
Num.sort(function(a, b){return 0.5 - Math.random()})
console.log('对数组元素进行随机排序: '+Num);
console.log('Num数组元素中的最大值为: '+Math.max.apply(null, Num));
console.log('Num数组元素中的最小值为: '+Math.min.apply(null, Num));
</script>
```

从代码中可以看出，系统函数在实现数组元素排序时更加简洁。打开浏览器后，在控制台中会输出使用各种方式对数组元素进行排序后的结果，内容如下所示。

```
使用循环语句对数组元素升序排列后为: 1,17,20,25,30,33,35,40
以字母顺序对数组元素进行排序: Li,Liu,Wang,Zhang
翻转数组元素排列顺列: 40,35,33,30,25,20,17,1
以数字顺序进行升序排列: 1,17,20,25,30,33,35,40
以数字顺序进行降序排列: 40,35,33,30,25,20,17,1
对数组元素进行随机排列: 35,30,25,20,1,17,40,33
Num数组元素中的最大值为: 40
Num数组元素中的最小值为: 1
```

# *3.3* 初识函数

函数就像"零件"，开发者可以将不同"零件"组装，最终形成有特定功能的"机器"。从代码层面看，函数以实现某个或多个功能为目标将代码块集中存放，并进行命名。代码块的名称就是函数的名称。例如，数组的排序函数sort()包含实现排序的大量代码，sort就是这部分代码的名称。本节将详细讲解函数的相关内容。

扫一扫
函数定义

## 3.3.1 函数定义

在编写大项目时可能会遇到一个问题，就是代码的重复使用问题。例如，使用一段代码可以实现比较功能，那么在所有需要实现比较功能的地方都要重复使用这段代码。这种代码重复会加大代码编写量，并加重后期维护负担。因此，JavaScript使用函数的方法来解决代码重复使用的问题。

函数在使用时首先需要定义，定义时需要使用function关键字。最基础的函数定义语法形式如下所示。

```
function 函数名() {  语句块  }
```

其中，function为系统关键字；函数名用于指代函数，需要符合变量命名规则；圆括号用于添加参数；花括号表示函数代码块的范围；代码块由一行或多行代码组成。

使用最基础的函数只能实现固定值的运算或输入。例如，定义一个加法运算函数sum()，它的功能是输出"2+3"的运算结果，代码如下所示。

```
function sum()
{                                          //函数代码块起始位置
    console.log('2+3的值为: '+(2+3));        //代码块
}                                          //函数代码块结束位置
```

在定义函数时也可以省略函数名。以这种方式定义的函数被称为匿名函数。为了方便使用匿名函数，一般会将匿名函数赋值给一个变量，其语法形式如下所示。

```
var 变量名 = function () {  语句块  }
```

例如，定义一个加法运算函数，代码如下所示。

< 37 >

```
var sum = function (){console.log('2+3的值为：'+(2+3)); }
```

定义完函数之后，可以使用函数名或被赋予匿名函数的变量对函数进行调用。调用函数的语法形式如下所示。

```
函数名/变量名( );
```

在函数名或变量名后加上圆括号，就可以实现对函数的调用。其中，如果是匿名函数就使用对应的变量名调用匿名函数，否则直接使用函数名。例如，调用函数sum()的代码如下所示。

```
sum( );
```

### 3.3.2  函数的参数

通过函数的参数可以将动态的数据传递到函数内部用于计算。当需要使用函数对不同数据进行处理时，就需要使用到带参数的函数。例如，定义一个工资计算函数时，由于每个人的工时不同，所以需要将每个人的工时数据传递给函数进行计算。

函数的参数需要写在函数的圆括号中，同时参数可以有一个或者多个，其语法形式如下所示。

```
function 函数名(参数1,...,参数n) {   语句块   }
```

其中，圆括号中的参数被称为形参。参数可以在语句块中作为普通变量使用，如参与数据的运算、输出等操作。这时候，这种函数也被称为带参函数。

带参函数与普通函数的调用方式大致相同，只需要在圆括号中添加对应的数据即可。这些数据被称为实参。调用带参函数的语法形式如下所示。

```
函数名/变量名(实参1,...,实参n);
```

【示例3-4】实现函数的定义与调用。

```
<script>
function sum(a,b)                //定义带参数
{
    console.log(a+'和'+b+'的和为：'+(a+b));
}
var b = function()              //定义匿名函数
{
    console.log('这是一个匿名函数');
}
sum(1,2);                       //调用带参函数
b();                           //调用匿名函数
</script>
```

扫一扫

函数的参数

上述代码实现了两种函数的定义和调用。运行程序，控制台输出的内容如下所示。

```
1和2的和为：3
这是一个匿名函数
```

### 3.3.3  函数的返回值

扫一扫

函数的返回值

函数的返回值是指由函数中的return语句返回的值。通过return语句，将函数内运算的数据返回到函数调用之处，以供后续使用，其语法形式如下所示。

```
return 数据;
```

其中，数据可以为常量、变量、表达式等。

【示例3-5】使用return语句返回函数运算结果。

```
<script>
```

< 38 >

```
function m (a,b)                              //定义有返回值的带参函数
{
    return a*b;
}
var c = m(1,2);                              //调用带参函数并将返回值赋值给变量c
console.log('函数的返回值为：'+c);
c=c+2;                                        //返回值参与运算
console.log('返回值经过运算后值为：'+c);      //调用匿名函数
</script>
```

上述代码中的函数m()使用了return语句将运算结果返回到函数之外。运行程序，在控制台中输出的内容如下所示。

```
函数的返回值为：2
返回值经过运算后值为：4
```

### 3.3.4 自调用函数

自调用函数是指函数在打开页面后自动被调用。自调用函数在定义时需要在结尾处添加一对圆括号（()）。这表示该函数为函数表达式，其语法形式如下所示。

扫一扫

自调用函数

```
(function (){
    语句块;
})();
```

对于自调用函数，如果只执行一次，则可以省略函数名。整个函数用圆括号引导，并在结尾处添加一对空的圆括号。这样，打开页面后，该函数会自动调用一次。

【示例3-6】使用自调用函数实现弹窗效果。

```
<script>
(function a(){                               //自调用函数
    alert('这里是一个自调用函数');            //弹窗
})();
</script>
```

运行程序，页面中以弹窗的形式显示一段文本内容"这里是一个自调用函数"，如图3.2所示。

🌐 file://

这里是一个自调用函数

确定

图3.2 自调用函数

## 【案例分析3-3】利用函数判断闰年

闰年是指可以被4整除并且不能被100整除，或可以被400整除的年份。将判断闰年的功能通过函数实现，根据用户输入的年份，返回对应年份是否为闰年。代码如下所示。

```
<script>
function leap(year)
{
    if (year % 4 == 0 && year % 100 != 0||year % 400 == 0)
    {
        document.write(year+'年是闰年');
    }else
    {
        document.write(year+'年不是闰年');
    }
}
var year=window.prompt('请输入要测试的年份：');
leap(year);
</script>
```

扫一扫

案例分析 3-3

从代码中可以看出，函数leap()用于实现判断闰年的功能。调用函数语句"leap(year);"，可以执行leap()函数中的代码。运行程序后会出现一个询问窗口，要求用户输入年份。用户输入一个年份

< 39 >

后，页面将显示输入的年份是否为闰年，如图3.3所示。

图 3.3　判断闰年

# *3.4* 作 用 域

在程序运行过程中，变量并非在所有的范围中都有效，它们只能在限定的范围内产生作用。这个限定的范围被称为作用域。本节将详细讲解作用域的相关内容。

## 3.4.1　作用域的分类

作用域可以分为全局作用域和局部作用域两种。JavaScript的整体代码的范围是最基础的作用域，被称为全局作用域。代码中每创建一个函数就会创建一个新的作用域，被称为局部作用域。局部作用域的范围从函数头部开始到函数尾部结束。

在不同的作用域中可以使用相同名称的变量。它们之间相互独立，互不影响。这样可以提高程序的逻辑局部性，增强程序的可靠性并减少变量名冲突的问题。

在全局作用域中声明的变量被称为全局变量，它可以在整个程序范围中使用。在局部作用域中声明的变量被称为局部变量，它只可以在指定函数范围内使用。

【示例3-7】不同作用域中变量的使用。

```
<script>
var a="外部的变量a";
function inner(){

    var a= "内部的变量a";
    document.write(a+'<br/>');
    }
inner();
document.write(a);
</script>
```

扫一扫

作用域

从代码可以看出，在函数外以及函数内都定义了一个变量a，它们的值不同。运行程序后，在页面中显示的内容如下所示。

```
内部的变量a
外部的变量a
```

从显示结果可以看出，函数内的变量a的值为"内部的变量a"，而函数外的变量a的值为"外部的变量a"，它们之间相互独立，互不影响。

## 3.4.2　访问父级作用域变量

在JavaScript中，当函数内部没有定义与其父级作用域中相同的变量时，可以直接访问其父级作用域中的变量。

【示例3-8】使用函数访问其父级作用域中的变量。

< 40 >

```
<script>
var a=123;
function af()
{
    document.write(a);
}
</script>
```

运行程序后，页面中显示的内容如下所示。

123

在代码中，虽然函数af()中没有定义变量a，但是由于变量a位于函数af()的父级作用域中，所以可以直接访问变量a的值并将其显示到网页中。

### 3.4.3　闭包函数

在实际开发中，常常会使用到网页投票功能，用户每点击一次按钮程序就会统计一次票数。其实现原理就是统计函数调用的次数。函数调用的次数需要使用一个变量来保存。

如果将变量声明为全局变量，会导致所有的函数都可以对该变量的值进行修改，这样可能会出现统计次数错误的情况。如果将变量设置为局部变量，由于代码的垃圾回收机制（自动清理不再使用的数据回收内存空间）会导致每次调用函数，变量的值会被清零。

【示例3-9】使用全局变量和局部变量统计函数的调用次数。

```
<script>
var a=0;                                    //全局变量
function af()
{
    return a+=1;                            //调用全局变量
}
function bf()
{
    return a+=1;                            //调用全局变量
}
function cf()
{
    var c=0;                                //局部变量
    return c+=1;                            //修改局部变量的值
}
af();                                       //第一次调用af()函数
af();                                       //第二次调用af()函数
bf();                                       //第一次调用bf()函数
cf();                                       //第一次调用cf()函数
document.write('函数af被调用了'+a+'次<br/>');    //输出全局变量a的值
document.write('函数cf被调用了'+cf()+'次');       //第二次调用cf()函数
</script>
```

运行程序，页面中显示的内容如下所示。

函数af被调用了3次
函数cf被调用了1次

从运行结果可以看出，由于变量a为全局变量，所以函数af()和bf()都可以对其进行修改，这样会导致af()函数调用次数的统计结果出错。另外，变量c为局部变量，所以其结果在每次调用函数时都会被清零，无法实现统计调用次数的效果。

闭包函数就是为了解决类似问题而出现的。闭包函数简单来说就是指函数的嵌套使用。闭包函数是一种保护局部变量的机制，在函数执行时形成局部作用域，保护里面的局部变量不受外界干扰。

闭包函数通过匿名函数嵌套的方式实现。在子函数中访问父函数的变量，并将运行结果存放到

< 41 >

匿名函数指向的变量中，从而实现对变量值的累计功能，并且由于变量在函数中定义，所以它不会被其他函数影响，拥有局部的访问属性。

【示例3-10】使用闭包函数实现计数器功能。

```
<script>
var af = (function () {                              //定义闭包函数
    var num = 0;
    return function () {return num += 1;}
})();                                                //自动调用初始化变量af
document.write("函数af被调用了"+af()+"次<br/>");       //第1次调用
document.write("函数af被调用了"+af()+"次<br/>");       //第2次调用
document.write("函数af被调用了"+af()+"次<br/>");       //第3次调用
</script>
```

运行程序，页面中显示的内容如下所示。

```
函数af被调用了1次
函数af被调用了2次
函数af被调用了3次
```

从运行结果可以看出，函数的调用次数被存放到了变量af中，每次调用对应函数后，af变量存放的值都会被修改，从而实现对函数调用次数的统计。

函数的出现大大提高了代码的可重用性以及代码独立性，无形中提高了代码的编写效率，降低了后期的代码维护成本。函数的使用可以说是编程语言的"精髓"所在。

## 【案例分析3-4】求任意两个数的和

扫一扫

案例分析 3-4

作用域的存在可以保证变量的相对独立性，在不同的作用域中可以使用相同名称的变量，它们之间互不影响。本案例使用一个求和函数验证函数内外两个作用域中的同名变量sum互不影响，代码如下所示。

```
<script>
function Sumf(Num1,Num2)                             //定义求和函数
{
    var sum=0;
    sum=parseInt(Num1)+parseInt(Num2);
    document.write('函数内sum的值为'+sum+'<br/>');       //输出函数内的sum值
}
var Num1 = window.prompt('请输入第一个数字: ');          //输入第一个数字
var Num2 = window.prompt('请输入第二个数字: ');          //输入第二个数字
var sum=0;
Sumf(Num1,Num2);                                    //调用求和函数
document.write('函数外sum的值为'+sum+'<br/>');          //输出函数外的sum值
</script>
```

运行程序后，依次出现两个询问窗口，要求用户输入两个数字，然后页面中会输出函数内外两个变量sum的值，其中函数内的sum变量的值发生了变化，而函数外的sum变量的值没有发生变化，如图3.4所示。从输出结果可以看出，函数内外两个sum变量虽然名称相同，但是互不影响。

图3.4　求任意两个数的和

## 【案例分析3-5】输出杨辉三角

扫一扫

案例分析 3-5

杨辉三角是二项式系数在三角形中的一种几何排列。杨辉三角的第$n$行是二项式$(x+y)^{n-1}$展开所对应的系数。本案例将实现根据用户输入的数字，输出对应行数的杨辉

< 42 >

三角数据，代码如下所示。

```
<script>
function combine(m, n)
{
    if (n == 0)
    {
        return 1;                                    //第一个元素为1
    }else if (m == n)
    {
        return 1;                                    //最后一个元素为1
    }else
    {
        return combine(m - 1, n) + combine(m - 1, n - 1);    //其他值通过相加得到
    }
}
function put(len)
{
    for (var i = 0; i < len; i++)                    //遍历每一行
    {
        for (var k = len-i; k > 0; k--)              //输出空格
        {
            document.write('  ');
        }
        for (var j = 0; j <= i; j++)
        {
            document.write(combine(i, j)+'  ');    //输出数字
        }
        document.write('<br/>');
    }
}
var num = window.prompt('请输入第一个数字: ');
put(num);
</script>
```

　　运行程序后，出现询问窗口，用户输入数字后，输出对应行数的杨辉三角数据，如图3.5所示。

　　本案例使用函数put()控制杨辉三角每行的数据遍历、空格的输出以及数字的填充。函数combine()用于计算每行对应位置

图3.5　输出 10 行杨辉三角数据

的数据。函数put()中使用了3个for循环，第1个for循环用于控制杨辉三角的行，第2个for循环用于控制每行输出的空格，第3个for循环用于控制每行输出的数字，数字由函数combine()通过实参传递的方式利用公式求得。最后，使用询问窗口获取用户输入的数字，调用函数put()，实现杨辉三角数据的输出。

【素养课堂】

　　在编程过程中要学会对数据中存在的规律进行观察和总结，这样编写的代码才能更加科学、更加高效。在繁多的数据中，利用存在的规律寻找数据中重复的内容或有规律性变化的内容，可以合理安排代码，用最少的代码量实现最高效的数据运算效果。

　　在日常生活中也需要养成观察和归纳总结的科学思维习惯。在日常生活中要多观察事物的规律，从而找到更加有效的处理事物的方式。另外，还要学会归纳总结和反省。古语云"吾日三省吾身"，每日对自己学习和生活中的各种事物进行总结，及时发现学习和生活中出现的问题，积极改正错误，让自己拥有更加高效的学习方法和更加积极的生活态度。

　　编程过程中使用到的函数，简单理解就是将有固定功能的代码块进行定义，然后每当要实现

< 43 >

对应功能时，直接调用对应函数即可，不需要再次编写代码。这让代码功能可以得到重复利用，并且可以保持代码的独立性，便于使用和后期维护。

在生活和学习中也要利用函数思维方式。在生活中需要将一些有相同属性或可以实现一个完整功能的东西打包存放，如医疗箱、地震应急包等。定期整理这些东西，可以帮助我们更好地处理突发情况。在学习中，可以将常用算法、公式等内容进行总结归纳，记录在指定的笔记本中，无论是平时学习还是复习，都可以通过笔记本快速找到对应的知识进行应用。

# 3.5 思考与练习

## 3.5.1 疑难解读

**1. 数组索引为什么从0开始，而不是从1开始？**

（1）历史原因。

从C语言开始，数组索引就是从0开始的，后面的语言也沿用了数组从0开始这一习惯。

（2）减少CPU指令运算。

数组在寻址操作过程中，如果从1开始就需要多进行一次减法操作，会增加指令运算次数，增大CPU运算负担。

（3）物理内存的地址是从0开始的。

计算机的内存被抽象为多个连续字节大小的单元组成的数组（逻辑地址），每个字节都对应一个物理地址。其中，第一个字节的逻辑地址默认为0。

（4）方便数组越界判断。

使用length属性可以获取数组长度，判断越界时可以使用小于号与length属性直接判断数组边界。

**2. 常见的排序算法有哪些？**

（1）冒泡排序：以升序为例，从第一个元素开始两两比较，将较小的元素放置在左侧，将较大的元素放置在右侧，不断重复，最终达到排序效果。

（2）选择排序：以升序为例，选择所有元素中最小的元素，将其放置在左侧第1个元素的位置，放置完成后，在剩余的元素中继续寻找最小元素，将其放置在左侧第2个元素的位置，以此类推。

（3）插入排序：将无序序列元素插入有序序列元素中。

（4）希尔排序：将元素分割成若干子序列分别进行插入排序，达到基本有序时，再进行一次针对全体的直接插入排序。

（5）快速排序：从待排序列中任意选取一个元素（通常选第一个元素）作为基准值，然后将比它小的元素移动到其左侧，将比它大的元素移动到其右侧。这样，以该基准值为分界线，将待排序列分成两个子序列，以此类推，不断分隔、不断排序。

（6）归并排序：将两个或两个以上的有序元素序列再两两归并为一个有序序列。

（7）堆排序：将最大元素（或最小元素）作为堆顶的根节点，将根节点的值和堆数组的末尾元素交换，此时末尾元素就是最大元素（或最小元素），如此反复执行，最终得到一个有序序列。

## 3.5.2 课后习题

**一、填空题**

1. 数组中的数据都被称为数组的_____。

< 44 >

2. 每个元素都会被数组编号，这种编号被称为_____或_____。

3. 索引用于表明数组每个元素的位置，索引的起始值为_____，索引最大值为数组长度_____。

4. 在定义函数时需要使用到_____关键字。

5. 函数的参数需要写在函数的_____中，参数可以有_____，也可以有_____。

## 二、判断题

1. 作用域可以分为全局作用域和局部作用域两种。　　　　　　　　　　　（　　　）

2. 在不同的作用域之间不可以使用相同名称的变量，它们之间会相互影响。（　　　）

3. 在全局作用域中声明的变量被称为全局变量，它可以在整个程序范围中使用。在局部作用域中声明的变量被称为局部变量，它只可以在对应函数范围内使用。（　　　）

## 三、选择题

1. 下列选项中可以用于获取数组长度的为（　　　）。
   A. return　　　　　　B. undefined　　　　C. function　　　　　D. length

2. 当索引的值超出了数组长度时，访问的数据会显示为（　　　）。
   A. 数组名　　　　　　B. undefined　　　　C. length　　　　　　D. 不清楚

3. 调用带参函数时，圆括号中添加的数据被称为（　　　）。
   A. 实参　　　　　　　B. 形参　　　　　　C. 元素　　　　　　D. 函数

## 四、上机实验题

1. 输出数组元素中的最小元素到控制台。数组如下所示。

```
var array=['42','28','35','27','23','31','49','31'];
```

【实验目标】熟练掌握数组的使用规则。

【知识点】数组的定义、排序算法的应用、数组遍历。

2. 定义一个乘法运算函数cjf(num1,num2)，根据用户输入的数字返回乘积。

【实验目标】熟练掌握函数的自定义与调用。

【知识点】带参函数的自定义、带参函数的调用。

< 45 >

# 第 *4* 章　类和对象

类是对象的模板或抽象概念，而对象是类的实例或具体实体。就像人类是所有人的代表，是一个抽象概念；而小明是一个具体的对象、一个活生生的人。JavaScript支持类和对象。本章将详细讲解类和对象的相关内容。

【学习目标】

扫一扫

导引示例

- 掌握对象的定义。
- 掌握对象构造器。
- 掌握类和对象。
- 掌握浏览器对象模型。

【导引示例】

在JavaScript中，几乎"所有事物"都是对象。使用对象处理数据可以让数据之间的关联性更强。开发者不仅可以自定义对象，还可以直接使用JavaScript提供的系统对象。例如，可以使用自定义构造函数直接实例化对象进行使用，还可以使用系统对象Data直接获取当前的时间，代码如下所示。

```html
<title>使用对象</title>
...
<h1>显示当前时间</h1>
<div id="Div1"></div>
<h1>学生信息</h1>
<script>
function student (n,a,t)                                         //定义构造函数
{
    this.name=n;
    this.age=a;
    this.tel=t;
}
var student1 =new student("张三",18,"12345895901")               //实例化对象
var student2 =new student("李四",19,"12345678902")               //实例化对象
var student3 =new student("王五",20,"12345678903")               //实例化对象
var student4 =new student("刘柳",17,"12345678904")               //实例化对象
var student5 =new student("琪琪",16,"12345678905")               //实例化对象
var array=[student1,student2,student3,student4,student5];        //数组
for(var i=0;i<5;i++)
{
    document.write("<p>姓名："+array[i].name+"，年龄："+array[i].age+"，电话:
"+array[i].tel+"<p/>") ;
}
document.getElementById('Div1').innerHTML = Date();             //使用系统时间对象
</script>
```

运行程序后，页面中显示当前时间和学生信息，效果如图4.1所示。

图 4.1　显示当前时间和学生信息

# 4.1　面向对象

JavaScript属于面向对象语言，其中所有内容都可以称为对象，如变量、数组都属于对象。每个对象都拥有自身的属性和方法。本节将详细讲解面向对象的相关内容。

扫一扫

定义和访问对象

## 4.1.1　自定义对象

世间万物都可以称为对象，不同的对象拥有不同的特点和能力。例如，熊猫拥有黑白相间的毛发特点，拥有捕猎的能力。当要处理熊猫的相关数据时，只使用编程语言中的变量、数组或函数都是不太恰当的。这时，可以将熊猫作为一个对象进行处理，将熊猫的特点作为对象的属性，将熊猫的能力作为对象的方法。

在JavaScript中，每个对象可以拥有多个属性和方法。定义对象的属性和方法需要使用冒号（:），其语法形式如下所示。

```
var 对象= {属性1:属性值1,...,属性n:属性值n,方法1:function(){语句块;},...,方法n:function(){语句块;}};
```

其中，对象可以为变量、数组等。属性可以理解为变量，属性可以有1个或多个；方法可以理解为函数，方法也可以有一个或多个。属性之间、方法之间用逗号（,）分隔。例如，定义一个变量对象student的代码如下所示。

```
var student = {name:"张三",score:function(){alert("总分300分")}};
```

## 4.1.2　访问对象的属性和方法

访问对象的属性可以使用点运算符（.）或方括号（[]）实现，其语法形式如下所示。

```
对象名.属性名
```

或

```
对象名["属性名"]
```

例如，访问对象student的属性，代码如下所示。

```
student.name
```

或

```
student["name"]
```

访问对象的方法需要使用点运算符（.），其语法形式如下所示。

```
对象名.方法名();
```

< 47 >

例如，访问对象student的方法，代码如下所示。

```
student.score();
```

### 4.1.3 对象构造器

扫一扫

对象构造器

对象构造器可以理解为拥有属性和方法的函数。构造函数就像图纸，使用图纸可以绘制出多个产品，也就是多个对象。定义对象构造器的语法如下所示。

```
function 构造器名 (形参列表)
{
    this.属性名=形参;
    …
    this.方法名=function(){语句块};
}
```

其中，构造器名的首字母建议大写。this为系统关键字，表示当前对象。例如，定义Man构造器的代码如下所示。

```
function Man(n,a)
{
    this.name =n;
    this.age=a;
    this.tips=function(){alert('一个男人')};
}
```

定义构造器之后，使用构造器和new关键字实现对象的创建，其语法形式如下所示。

```
var 对象名 = new 构造器名(实参列表);
```

例如，使用Man构造器和new关键字实例化一个对象的代码如下所示。

```
var oneman= new Man('张三',35);
```

通过实例化，对象oneman会拥有两个属性，其中，属性name的值为张三，属性age的值为35，另外还会拥有一个方法tips，可以用于输出字符串"一个男人"。

### 4.1.4 定义类

类是所有对象的模板，类拥有基础的属性和方法。类就像是原型机，通过原型机可以开发出各种其他型号的飞机。通过类可以实例化出各种拥有不同特点的对象。JavaScript在ECMAScript 2015（也称ES6）中引入了类。在JavaScript中定义类，需要使用class关键字与constructor()构造函数，其语法形式如下所示。

```
class 类名
{
    constructor(形参1,...,形参n )
    {
    this.属性=属性值;
    …
    }
    方法名(){语句块}
}
```

扫一扫

定义类和实例化
对象

其中，constructor()为构造函数，用于定义类的属性。this为关键字，表示当前的类。类的方法在定义时不需要使用function关键字。例如，定义类airplane的代码如下所示。

```
class airplane()
{
    constructor()
```

< 48 >

```
    {
        this.speed=0;
        this.weight=0;
    }
    characteristic()
    {
    alert("飞机具有一个或多个发动机,用来产生前进的推力或拉力,并由机身的固定机翼产生升力,以实现在大气层中飞行");
    }
}
```

## 4.1.5　实例化对象

实例化对象是指将抽象概念的类实例化为具体的对象。通过实例化对象,对象就可以初始化并访问类提供的属性和方法。实例化对象需要使用对应的类以及new关键字,其语法形式如下所示。

```
var 对象名 = new 类名(形参);
```

例如,实例化对象fighter,代码如下所示。

```
var fighter = new airplane( );
```

实例化对象之后,对象就会拥有对应类的属性和方法。对象可以使用点运算符(.)实现对属性和方法的使用。例如,fighter对象访问属性和方法的代码如下所示。

```
fighter.speed;
fighter.characteristic();
```

## 4.1.6　内置对象

内置对象是指JavaScript提供的拥有特殊功能的实例化对象,这些对象可以直接使用。JavaScript自带多个内置对象,包括String、Math、Array、Date等。

扫一扫

内置对象

### 1．String对象

String对象用于处理文本内容,主要针对字符串类型的数据。String对象可以通过创建或直接调用两种方式使用。例如,使用String对象定义变量s,代码如下所示。

```
var s = new String();
```

经过定义,变量s可以调用String对象自带的属性和方法。如果直接使用String对象,也可以将对应的变量转换为字符串,其语法形式如下所示。

```
String(s);
```

其中,s是指要转换为字符串的常量或变量。String对象的属性如表4.1所示。

表4.1　String对象的属性

| 属性 | 功能 |
|---|---|
| constructor | 返回创建该对象的构造函数 |
| length | 设置字符串的长度 |
| prototype | 允许向对象添加属性和方法 |

使用String对象的方法可以实现字符串的样式修改、查找以及替换等功能。String对象的常用方法如表4.2所示。

< 49 >

表4.2　String对象的常用方法

| 方法 | 功能 | 方法 | 功能 |
|---|---|---|---|
| charAt() | 返回在指定位置的字符 | replace() | 替换与正则表达式匹配的子串 |
| concat() | 连接字符串 | search() | 检索与正则表达式匹配的值 |
| indexOf() | 检索字符串 | small() | 使用小字号来显示字符 |

### 2．Math对象

Math对象用于执行数学相关的任务，包括三角函数、平方根等多种运算。Math对象可以直接调用，不需要创建。Math对象的属性如表4.3所示。Math对象的方法多用于实现三角函数运算，具体方法请读者查阅相关资料。

表4.3　Math对象的属性

| 属性 | 功能 | 属性 | 功能 |
|---|---|---|---|
| E | 返回欧拉数 | LOG10E | 返回以10为底的E的对数 |
| LN2 | 返回2的自然对数 | PI | 返回 π |
| LN10 | 返回10的自然对数 | SQRT1_2 | 返回1/2的平方根 |
| LOG2E | 返回以2为底的E的对数 | SQRT2 | 返回2的平方根 |

### 3．Array对象

Array对象为数组对象，用于在单个变量中实现多个数据的存储。Array对象的属性如表4.4所示。使用Array对象的方法可以实现数组的排序、查找、添加以及删除等操作，具体方法请读者查询相关资料。

表4.4　Array对象的属性

| 属性 | 功能 |
|---|---|
| constructor | 返回创建Array对象原型的构造函数 |
| length | 设置或返回数组中元素的数量 |
| prototype | 允许向数组添加属性和方法 |

### 4．Date对象

Date对象用于处理日期和时间相关内容。Date对象需要创建后才能使用。Date对象的属性如表4.5所示。使用Date对象的方法可以实现返回和设置年、月、日、时、分、秒等多种类型的时间数据，并且可以返回和设置指定范围的时间信息，具体方法请读者查阅相关资料。

表4.5　Date对象的属性

| 属性 | 功能 |
|---|---|
| constructor | 返回创建 Date 对象原型的构造函数 |
| prototype | 允许向对象添加属性和方法 |

## 【案例分析4-1】根据输入内容输出员工工资信息

工厂会定时为每个员工发放工资，为每个员工计算工资时涉及的数据和操作方法是相同的，此时可以将计算工资任务作为一个对象进行处理。根据不同员工的基础工资、奖金等项目，对工资进行计算。本案例使用对象构造器实现对象的创建，并根据输入的信息输出对应员工工资信息，代码如下所示。

扫一扫

案例分析 4-1

```
<script>
function Infof (na,sal,bon)                          //定义对象构造器
{
    this.name=na;                                    //姓名
```

< 50 >

```
        this.salary=sal;                                          //基础工资
        this.bonus=bon;                                           //奖金
        this.fsalary=function(){return Number(this.salary)+Number(this.bonus)}; //计算工资
    }
    var n = prompt("请输入姓名");
    var s = prompt("请输入基础工资");
    var b = prompt("请输入奖金");
    var number1 = new Infof(n,s,b);                               //实例化对象
    document.write("姓名："+number1.name+"，基础工资为："+number1.salary+"，奖金为："+number1.
bonus+"，全部工资为："+number1.fsalary());                          //输出员工工资信息
    </script>
```

运行程序后，依次出现3个询问窗口，输入相应数据后，页面中会显示对应员工的工资信息，如图4.2所示。

图 4.2　输出员工工资信息

# 4.2　初识浏览器对象模型

浏览器对象模型（Browser Object Model，BOM）与String对象、Date对象等一样，都属于JavaScript的内置对象。本节将详细讲解BOM的相关内容。

## 4.2.1　初识BOM

BOM用于JavaScript和浏览器之间的交互。BOM没有官方标准，但是现在大部分的浏览器都支持BOM的属性和方法。开发者可以直接使用其属性和方法对浏览器中的内容进行操作。

## 4.2.2　BOM结构

BOM包括window对象、location对象、navigation对象、history对象、screen对象、DOM（Document Object Model，文档对象模型）等，它们之间的关系如图4.3所示。

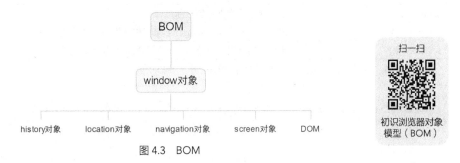

图 4.3　BOM

扫一扫

初识浏览器对象模型（BOM）

其中，每个对象的具体作用说明如下。

- window对象：BOM的核心，JavaScript访问浏览器的接口。
- location对象：用来提供当前窗口所加载文档的有关信息和一些导航功能。
- navigation对象：用来获取浏览器的相关信息。

< 51 >

- screen对象：用来表示浏览器窗口外部的显示器的信息等。
- history对象：用来保存用户上网的历史信息。
- DOM：包含处理网页内容的方法和接口，用于处理网页中的所有内容，在第5章会详细讲解。

# *4.3* window对象

window对象可以简单理解为窗口对象。它是BOM的核心对象。浏览器展示的所有内容都需要通过window对象实现。所有全局的JavaScript对象、函数以及变量都是window对象的成员，本节将详细讲解window对象的相关内容。

扫一扫

window 对象的
属性和方法

## 4.3.1　window对象的属性和方法

window对象与普通对象调用属性和方法的操作一样，都需要使用点运算符（.）实现。由于所有全局对象都属于window对象，所以window对象在调用方法时可以省略window不写。例如，调用alert()方法时，"window.alert()"可以简写为"alert()"。

window对象的属性可以用于实现获取浏览器窗口的尺寸、文档的尺寸等功能。window对象常用的属性如表4.6所示。

表4.6　window对象常用的属性

| 属性 | 功能 | 属性 | 功能 |
|---|---|---|---|
| innerheight | 返回窗口的文档显示区的高度 | outerheight | 返回窗口的外部高度 |
| innerwidth | 返回窗口的文档显示区的宽度 | outerwidth | 返回窗口的外部宽度 |

window对象的方法可以用于弹出警告窗口、滚动窗口至指定位置以及定时触发函数。window对象常用的方法如表4.7所示。

表4.7　window对象常用的方法

| 方法 | 功能 |
|---|---|
| alert() | 显示带有一段消息和一个确认按钮的警告框 |
| prompt() | 显示提示用户输入的对话框 |
| resizeBy() | 按照指定的像素值调整窗口的大小 |
| resizeTo() | 把窗口的大小调整到指定的宽度和高度 |
| scrollBy() | 按照指定的像素值来滚动内容 |
| scrollTo() | 把内容滚动到指定的坐标 |
| setInterval() | 按照指定的周期（以ms计）来调用函数或计算表达式 |
| setTimeout() | 在指定的时间（单位为ms）后调用函数或计算表达式 |

【示例4-1】使用window对象的方法实现计时器功能。

```
<body>
已经过去了  <a id="a1" style="color:#FF0000; font-size:36px;">计时器</
a>  秒!
</body>
<script>
var c=0;                                            //计时变量
function timef()                                    //定义函数
{
    document.getElementById("a1").innerHTML = c;    //添加数字
    c=c+1;                                          //改变变量值
    var t=setTimeout("timef()",1000);               //1s调用一次timef()函数，1000ms等于1s
```

< 52 >

```
}
timef();                                            //调用函数
</script>
```

在浏览器中打开HTML文档，页面显示了一个计时器，效果如图4.4所示。代码中使用setTimeout()方法，每一秒调用一次函数timef()。这样，每一秒就改变一次变量c的值。最终实现网页计时器的效果。计时器需要使用clearTimeout()方法或关闭网页后才能停止。

图 4.4　计时器

## 4.3.2　窗口加载事件

扫一扫

窗口加载事件

在HTML文档执行过程中，浏览器会将HTML文档中的内容从上到下进行加载。当JavaScript代码位于\<body>标签前面时，可能会导致HTML文档中的内容还未加载完成，而JavaScript代码已经开始执行。这样会导致特定JavaScript代码在执行时因为无法获取到对应内容而执行失败。

【示例4-2】下面展示JavaScript代码功能无法实现的情况。

```
<script>
    document.getElementById("Div1").innerHTML = "添加的内容"; //将字符串添加到<div>标签中
</script>
<body>
<div id="Div1"></div>
</body>
</html>
```

在浏览器中打开HTML文档，页面中不会显示任何内容，因为在执行代码"document.getElementById("Div1").innerHTML = "添加的内容";"时，\<div>标签未被加载，所以将字符串添加到\<div>标签功能无效。该错误会在浏览器的控制台显示，如图4.5所示。

图 4.5　错误信息

从错误信息可以看到，JavaScript代码获取到的对象为Null，表示对应ID选择器所指向的\<div>标签没有找到。为了保证JavaScript代码可以在HTML文档加载完成后再运行，必须使用window对象的onload事件。使用onload事件可以实现在网页加载完毕后立刻执行对应代码，其语法形式如下所示。

```
window.onload = function(){ 代码块 };
```

其中，window关键字可以省略；代码块可以为多行代码，也可以为其他的函数。HTML文档加载完成后会自动执行代码块。【示例4-2】的JavaScript代码修改后如下所示。

```
window.onload = function()
{
    document.getElementById("Div1").innerHTML = "添加的内容"; //将字符串添加到<div>标签中
}
```

在浏览器中打开HTML文档，效果如图4.6所示。从网页中可以看出，对应的字符串内容被成功添加到\<div>标签中。

图 4.6　向 \<div> 标签中添加内容

< 53 >

## 【案例分析4-2】根据需求修改窗口尺寸

在不同分辨率的显示器中显示的浏览器窗口尺寸不同。另外，由于用户需求不同，浏览器也支持用户使用鼠标调整浏览器窗口的大小。window对象作为BOM的核心对象可以用于实现对浏览器窗口的相关内容的捕获。本案例实现根据用户需求调整浏览器窗口尺寸的效果，代码如下所示。

```
<script>
    var width=0;
    var height=0;
    function pf(w)
    {
        width=w.innerWidth;
        height=w.innerHeight;
        w.alert('此时窗口的宽度为'+width+'px，高度为'+height+'px。');
    }
    function sf(width,height)
    {
        resizeTo(width,height);                          //设置窗口尺寸
    }
    var w=window.open('','','width=500,heigth=600');     //创建新窗口
    pf(w);                                               //显示当前窗口尺寸
    width=w.prompt("请指定浏览器窗口的宽度");              //指定窗口宽度
    height=w.prompt("请指定浏览器窗口的高度");             //指定窗口高度
    w.resizeTo(width,height);                            //修改窗口
</script>
```

扫一扫

案例分析 4-2

打开浏览器后，自动创建一个新的窗口并通过弹窗显示当前窗口的尺寸，然后依次出现2个询问窗口，填入对应数据后，该窗口被修改为指定尺寸大小，如图4.7所示。

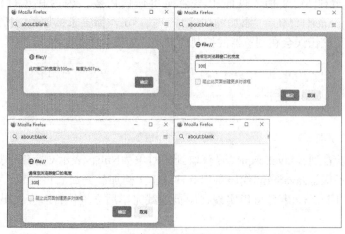

图 4.7　修改窗口尺寸

# 4.4　BOM中的其他对象

通过BOM中的其他对象可以对浏览器信息、用户信息、显示信息等相关信息进行获取和处理。本节将详细讲解BOM中的其他对象。

扫一扫

location 对象

## 4.4.1　location对象

location对象用于对当前URL（Uniform Resource Locator，统一资源定位符）信息进行操作，它

< 54 >

属于window对象。通过location对象的属性可以获取URL的主机名、完整路径、端口号等信息，其属性如表4.8所示。

表4.8　location对象的属性

| 属性 | 功能 | 属性 | 功能 |
|------|------|------|------|
| hash | 返回URL的锚部分 | pathname | 返回URL的路径名 |
| host | 返回URL的主机名和端口号 | port | 返回URL服务器使用的端口号 |
| hostname | 返回URL的主机名 | protocol | 返回URL协议 |
| href | 返回完整的URL | search | 返回URL的查询部分 |

通过location对象的方法可以加载指定文档，其方法如表4.9所示。

表4.9　location对象的方法

| 方法 | 功能 |
|------|------|
| assign() | 载入新的文档，并添加记录到浏览历史。这样，点击后退按钮就可以返回之前的页面 |
| reload() | 重新载入当前文档 |
| replace() | 用新的文档替换当前文档，使用该方法进行页面跳转后是不能后退的 |

【示例4-3】显示当前URL的完整形式，并且通过按钮控制页面的刷新和跳转。

```
<script>
document.write("当前文档的完整URL为："+location.href);      //输出当前文档的完整URL
function gof(){ location.assign("【示例4-1】计时器功能.html");} //跳转到指定页面
</script>
…
<body>
<br/>
<button onclick="location.reload()">刷新当前页面</button> //点击按钮刷新当前页面
<button onclick="gof()">跳转页面</button>                    //点击按钮跳转页面
</body>
```

在浏览器中打开HTML文档，页面显示了当前文档的完整URL和两个按钮。其中，由于浏览器编码原因，显示的URL为"乱码"样式。点击"刷新当前页面"按钮，当前页面会被刷新；点击"跳转页面"按钮，会跳转到计时器页面，如图4.8所示。

图 4.8　跳转页面

## 4.4.2　navigator对象

navigator对象用于获取当前浏览器的相关信息。借助它的属性可以获取到当前浏览器的版本、名称、平台等信息。navigator对象常用的属性如表4.10所示。

扫一扫

navigator 对象

表4.10　navigator对象常用的属性

| 属性 | 功能 | 属性 | 功能 |
|------|------|------|------|
| appCodeName | 返回浏览器的代码名 | browserLanguage | 返回当前浏览器的语言 |
| appName | 返回浏览器的名称 | cookieEnabled | 返回指明浏览器中是否启用Cookie的布尔值 |
| appVersion | 返回浏览器的平台和版本信息 | platform | 返回运行浏览器的操作系统平台 |

< 55 >

通过navigator对象的方法可以设置浏览器是否启用Java语言支持和数据污点功能。navigator对象的方法如表4.11所示。

表4.11　navigator对象的方法

| 属性 | 方法 |
| --- | --- |
| javaEnabled() | 设置浏览器是否启用Java |
| taintEnabled() | 设置浏览器是否启用数据污点（Data Tainting）功能 |

【示例4-4】显示当前浏览器的相关信息。

```
<script>
document.write("<p>浏览器: ")
document.write(navigator.appName + "</p>")
document.write("<p>浏览器版本: ")
document.write(navigator.appVersion + "</p>")
document.write("<p>代码: ")
document.write(navigator.appCodeName + "</p>")
document.write("<p>平台: ")
document.write(navigator.platform + "</p>")
document.write("<p>Cookies 启用: ")
document.write(navigator.cookieEnabled + "</p>")
document.write("<p>浏览器的用户代理报头: ")
document.write(navigator.userAgent + "</p>")
</script>
```

在浏览器中打开HTML文档后，页面会显示当前浏览器的相应信息，如下所示。

```
浏览器: Netscape
浏览器版本: 5.0 (Windows)
代码: Mozilla
平台: Win32
Cookies 启用: true
浏览器的用户代理报头: Mozilla/5.0 (Windows NT 10.0; Win64; x64; rv:101.0) Gecko/20100101
Firefox/101.0
```

## 4.4.3　history对象

扫一扫

history 对象

history对象用于处理浏览器中访问过的历史记录。history对象只有一个length属性，用于获取浏览器历史记录列表中的URL数量。history对象拥有3个方法，用于加载历史记录列表中对应的URL，如表4.12所示。

表4.12　history对象的方法

| 方法 | 功能 |
| --- | --- |
| back() | 加载历史记录列表中的上一个URL |
| forward() | 加载历史记录列表中的下一个URL |
| go() | 加载历史记录列表中的某个具体页面 |

【示例4-5】显示浏览器历史记录列表中的URL数量并实现页面跳转。实现页面跳转需要使用到3个页面。

（1）第1个页面的代码如下所示。

```
<title>页面1</title>
...
<body>
<a href="示例4-5-2.html">页面2</a>
<button onclick="history.back()">上一页</button>
<button onclick="history.forward()">下一页</button>
<button onclick="history.go(0)">首页</button>
</body>
```

< 56 >

（2）第2个页面的代码如下所示。

```
<title>页面2</title>
…
<body>
<a href="示例4-5-3.html">页面3</a>
<button onclick="history.back()">上一页</button>
<button onclick="history.forward()">下一页</button>
<button onclick="history.go(-1)">首页</button>
</body>
```

（3）第3个页面的代码如下所示。

```
<title>页面3</title>
…
<body>
<a href="示例4-5-1.html">页面1</a>
<br/>
<button onclick="alert(history.length)">显示历史记录列表中的URL数量</button>
<button onclick="history.back()">上一页</button>
<button onclick="history.forward()">下一页</button>
<button onclick="history.go(-2)">首页</button>
</body>
```

在浏览器中打开第1个页面，点击"下一页"按钮跳转到页面2中。在页面2中点击"下一页"按钮，跳转到页面3中。在页面3中点击"显示历史记录列表中的URL数量"按钮，弹窗会显示历史记录列表中的URL数量为3，如图4.9所示。

关闭弹窗后，点击"上一页"按钮，会跳转到页面2中。在页面2中点击"上一页"按钮，会跳转到页面1中。在页面1中点击"下一页"按钮，会跳转到页面2中。在任何页面点击"首页"按钮，都会跳转到页面1中。

图 4.9　历史记录列表中的 URL 数量

### 4.4.4　screen对象

screen对象用于获取浏览器的显示屏幕相关信息。JavaScript程序将利用这些信息来优化具体的输出内容，以满足用户的显示要求。例如，根据获取到的分辨率选择使用的图片尺寸以及颜色位数。screen对象的属性如表4.13所示。

扫一扫

screen 对象

表4.13　screen对象的属性

| 属性 | 功能 |
| --- | --- |
| availHeight | 返回显示屏幕的高度，除Windows任务栏之外 |
| availWidth | 返回显示屏幕的宽度，除Windows任务栏之外 |
| bufferDepth | 设置或返回调色板的比特深度 |
| colorDepth | 返回目标设备或缓冲器上的调色板的比特深度 |
| deviceXDPI | 返回显示屏幕的每英寸水平点数 |
| deviceYDPI | 返回显示屏幕的每英寸垂直点数 |
| fontSmoothingEnabled | 返回用户是否在显示屏幕中启用了字体平滑 |
| height | 返回显示屏幕的高度 |
| logicalXDPI | 返回显示屏幕每英寸的水平方向的常规点数 |
| logicalYDPI | 返回显示屏幕每英寸的垂直方向的常规点数 |
| pixelDepth | 返回显示屏幕的颜色分辨率，单位为比特/像素 |
| updateInterval | 设置或返回屏幕的刷新率 |
| width | 返回显示屏幕的宽度 |

< 57 >

【示例4-6】显示浏览器屏幕的相关信息。

```
<script>
document.write("屏幕高度为: "+screen.availHeight+ "</p>")
document.write("屏幕宽度为: "+screen.availWidth+ "</p>")
document.write("比特深度为: "+screen.colorDepth+ "</p>")
document.write("颜色分辨率为: "+screen.pixelDepth+ "</p>")
</script>
```

在浏览器中打开HTML文档后，页面中会显示当前屏幕的相应信息，如下所示。

```
屏幕高度为: 1080
屏幕宽度为: 1920
比特深度为: 24
颜色分辨率为: 24
```

# 【案例分析4-3】定时切换诗句

网页中的空间是十分有限的，所以可以通过轮播的形式将多个内容在同一位置进行滚动显示。本案例使用window对象的定时方法setTimeout()实现间隔3s定时切换诗句的效果，其代码如下所示。

```
<title>定时切换</title>
<style>
#Div1{ margin:auto;  border:5px #0099FF double; text-align:center;
width:800px; font-size:36px; text-shadow: 2px 2px 5px #00FF00; font-family:"
黑体";}
</style>
...
<body>
<div id="Div1"></div>
</body>
<script>
var st=["书山有路勤为径，学海无涯苦作舟","立身以立学为本，立学以读书为本","千里之行始于足下"];
var i=0;
function studyf()
{
    document.getElementById("Div1").innerHTML = st[i];        //显示学习的诗句
    i++;                                                       //修改数组索引
    if(i>2)                                                    //判断显示是否溢出
    i=0;                                                       //初始化
    var t=setTimeout("studyf()",3000);                        //3s切换
}
studyf();                                                     //开始轮播
</script>
```

扫一扫

案例分析 4-3

在浏览器中打开HTML文档后，页面中会滚动显示3行古诗，效果如图4.10所示。

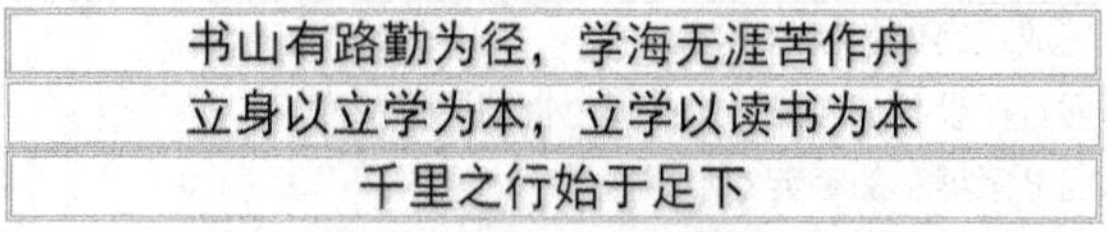

| 书山有路勤为径，学海无涯苦作舟 |
| :---: |
| 立身以立学为本，立学以读书为本 |
| 千里之行始于足下 |

图 4.10  定时切换古诗

轮播效果常常出现在网页的Banner部分，是一种十分常见的网页内容展示效果。本案例中使用到的定时方法setTimeout()是网页元素自动轮播最常用的一个方法，使用该方法可以实现文字和图片的轮播。

【素养课堂】

JavaScript中对象的实现原理与生活中批量处理事物的原理是相同的。编程语言的运行方式也是从生活中总结产生的。简单来说，就是从实际中来，到实际中去。所有的编程原理都符合事物

< 58 >

处理的自然规律。

　　JavaScript将所有数据都作为对象进行处理，一方面可以满足数据拥有特有的属性和方法的需求；另一方面，通过实例化对象可以满足批量处理相同类型数据的问题。这样，在处理大批量数据或者关系更加复杂的数据时都会更加高效，并且不容易出错。

　　在日常生活和学习中也是这样，我们不单要进行大量练习，并且要善于总结。将大量的解题方式进行归纳总结，找出其中的相同部分，总结为固定的解题思路，针对相同类型的习题，直接通过"实例化对象"的方式快速解决。

　　总而言之，在大量知识的学习过程中，除了要进行大量习题的练习，还要注意总结解题思路，将所有习题进行划分，从而达到遇到题目就能有一整套解题思路的效果。

# 4.5　思考与练习

## 4.5.1　疑难解读

　　1. JavaScript中定义对象的方法有3种，它们的区别是什么？

　　JavaScript中定义对象的方法包括直接定义、使用对象构造器定义和使用类实例化对象3种。它们的区别如下。

- 直接定义：定义对象方法中最简单的方法，其与定义变量类似，适合像变量一样处理对象的时候使用。所定义的对象的数据相对独立，与其他对象没有太多关联。
- 使用对象构造器定义：适合定义大量拥有相同属性和方法的对象。当多个对象都有相同的属性或方法时，就可以自定义对象构造器，然后实现多个对象的定义。
- 使用类实例化对象：类是面向对象的标志。在对面向对象有严格的语法要求的环境中可以使用类实例化对象的方法实现对象的定义。

　　2. JavaScript的内置对象的属性和方法需要全部熟记吗？

　　JavaScript提供了很多的内置对象，开发者在使用时并不需要把所有内置对象的属性和方法全部记住，只需要掌握内置对象的分类，然后根据具体编程时要实现的功能来选择对应的对象，最后通过编译器的辅助编译或者查看官方API（Application Program Interface，应用程序接口）文档，选择要使用的对象的属性和方法即可。

## 4.5.2　课后习题

### 一、填空题

　　1. 在JavaScript中，每个对象可以拥有多个_____和_____。

　　2. 直接定义对象的属性和方法需要使用_____实现。

　　3. 浏览器对象模型的英文全称为_____，缩写为_____。

　　4. BOM包括window对象、location对象、_____对象、_____对象、_____对象和DOM。

　　5. 在网页加载完毕后立刻执行对应代码，需要使用_____事件。

### 二、选择题

　　1. 定义类需要使用到的关键字为（　　）。

< 59 >

      A. window         B. constructor         C. function         D. class

2. 访问对象的属性可以使用的运算符为（      ）。

      A. .                 B. +                 C. ->                   D. =

3. 可以用于实现定时功能的方法为（      ）。

      A. resizeTo()         B. setTimeout()         C. alert()         D. replace()

4. 下列方法中可以用于实现跳转到指定浏览记录页面的为（      ）。

      A. back()          B. go()            C. forward()         D. setInterval()

5. 在定义类时需要使用到构造函数，构造函数的关键字为（      ）。

      A. constructor       B. new            C. onload         D. function

### 三、上机实验题

1. 自定义对象student，该对象包括language和maths两个属性（用于保存语文和数学两科的成绩），以及一个用于计算两科总成绩的方法sum()。然后通过输入框获取语文和数学成绩，最后输出各科成绩和总成绩。

【实验目标】掌握对象构造器的定义、对象的实例化方法，以及对象属性和方法的使用。

【知识点】对象构造器、对象实例化、对象的属性访问、对象的方法访问。

2. 在浏览器中创建一个新的窗口，通过点击按钮让窗口移动到屏幕左上角。

【实验目标】掌握window对象的open()方法和moveTo()方法的使用。

【知识点】window对象、open()方法、moveTo()方法、onclick事件触发。

< 60 >

# 第 5 章

# 文档对象模型和事件

文档对象模型（DOM）将HTML文档中的所有元素看作节点，并组织为树形结构。开发者可以通过这些节点对HTML文档中的元素进行操作。事件用于实现用户与网页文档之间的交互。本章将详细讲解DOM的操作与事件的使用。

【学习目标】

- 掌握DOM树结构。
- 掌握document对象。
- 掌握操作元素。
- 掌握事件。
- 掌握DOM节点操作。

扫一扫

导引示例

【导引示例】

DOM和事件是JavaScript中十分重要的部分。通过DOM和事件可以轻松实现网页的动态交互，让用户有丰富的操作体验。例如，点击按钮之后，按钮的背景色发生改变，代码如下所示。

```
<title>导引示例</title>
<style>
div{ width:100px; height:50px; border:1px #000000 solid; text-align:center;
padding-top:25px;}
</style>
...

<body>
<div onclick="onclickF()">点击我</div>
</body>
<script>
function onclickF()
{
    var Div=document.getElementsByTagName("div")[0];
    Div.style.background="#0099FF";
    Div.style.color="#FFFFFF";
}
</script>
</html>
```

运行程序，页面中会显示一个没有背景色的按钮。用户点击按钮后，按钮的背景色变为蓝色，文本颜色变为白色，效果如图5.1所示。

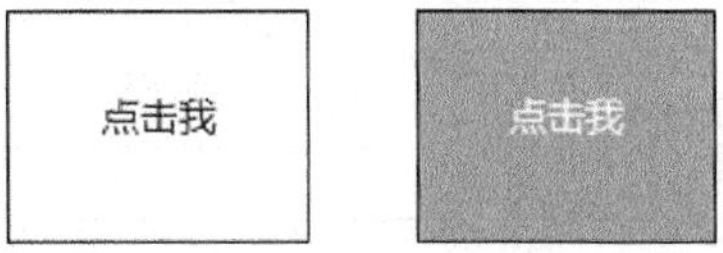

图 5.1 点击添加背景色

# *5.1* 初识DOM

DOM是W3C（World Wide Web Consortium，万维网联盟）推荐的处理可扩展标记语言的标准编程接口。通过接口可以实现动态地访问程序和脚本，实现对文档内容的操作。本节将详细讲解DOM树与document对象的相关内容。

扫一扫

初识 DOM

## 5.1.1 DOM树

HTML DOM标准会将HTML文档中的所有内容全部处理为节点，并且每个节点之间会产生关联形成DOM树形结构，通过这个结构可以根据一个节点访问到另外一个节点。在HTML文档中，元素、文本、属性和注释都属于节点。DOM树如图5.2所示。

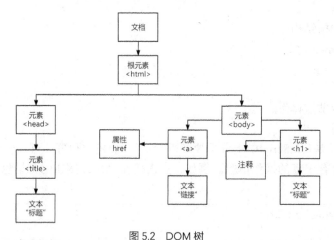

图 5.2　DOM 树

其中，HTML元素被称为元素节点；文档内容被称为文本节点；属性内容被称为属性节点；注释被称为注释节点。

## 5.1.2 document对象

浏览器的HTML文档内容都会被当作document对象进行处理。document对象简单理解就是整个HTML文档内容。通过document对象的属性和方法，可以对HTML文档中的所有元素进行访问和设置。document对象的属性如表5.1所示。

表5.1　document对象的属性

| 属性 | 功能 |
|------|------|
| body | 提供对<body>标签的直接访问，也可以引用最外层的<frameset>标签 |
| cookie | 设置或返回与当前文档相关的所有 cookie |
| domain | 返回当前文档的域名 |
| lastModified | 返回文档被最后修改的日期和时间 |
| referrer | 返回载入当前文档的URL |
| title | 返回当前文档的标题 |
| URL | 返回当前文档的URL |

document对象的方法如表5.2所示。

< 62 >

表5.2　document对象的方法

| 方法 | 功能 |
|------|------|
| close() | 关闭用document.open()方法打开的输出流，并显示选定的数据 |
| getElementById() | 返回对拥有指定ID的第一个对象的引用 |
| getElementsByName() | 返回带有指定名称的对象集合 |
| getElementsByTagName() | 返回带有指定标签名的对象集合 |
| getElementsByClassName() | 返回文档中所有指定类名的元素集合，作为NodeList对象 |
| querySelectorAll() | 返回文档中匹配的CSS选择器的所有元素节点列表 |
| open() | 打开一个流，以收集来自document.write()或document.writeln()方法的输出 |
| write() | 向文档写HTML表达式或JavaScript代码 |
| writeln() | 功能等同于write()方法，不同的是它需要在每个表达式之后写一个换行符 |

# *5.2* 对元素的操作

通过JavaScript代码，可以对元素进行查找，对元素内容、属性以及样式进行添加、删除和修改。本节将详细讲解使用JavaScript代码实现对元素的操作。

## 5.2.1 查找元素

扫一扫

查找元素

查找HTML文档中的元素的方法有5种，分别为通过id属性、标签名、类名、CSS选择器以及HTML对象集合查找。

### 1. 通过id属性查找元素

通过id属性查找HTML元素，需要使用document对象的getElementById()方法，其语法形式如下所示。

```
document.getElementById("id属性名");
```

其中，id属性名是指对应标签中的id属性值。使用getElementById()方法只可以获取一个指定id属性值的元素。如果两个元素的id属性值相同，则只会获取第1个id属性值对应的元素。

【示例5-1】使用getElementById()方法获取指定元素并显示元素中的文本内容。

```
<script>
window.onload=function(){
    var d = document.getElementById("div1");        //获取元素
    alert(d.innerHTML);                             //显示对应元素中的文本内容
}
</script>
...
<body>
<div id="div1">div1</div>                           <!--第1个id属性值为div1的元素-->
<div id="div1">div2</div>                           <!--第2个id属性值为div1的元素-->
</body>
```

运行程序，页面获取属性值为div1的对应元素的文本内容并显示，效果如图5.3所示。从显示的内容可以看出，虽然HTML文档中有两个id属性值为div1的元素，但是getElementById()方法只会选取查找到的第1个对应元素。

### 2. 通过标签名查找元素

通过标签名查找HTML元素，需要使用document对象的getElementsByTag Name()方法，其语法形式如下所示。

图 5.3　查找并显示对应元素的文本内容

< 63 >

```
document.getElementsByTagName("标签名");
```

使用getElementsByTagName()方法可以获取一个数组。该数组包含获取到的所有指定元素。开发者可通过数组的索引访问对应的元素。

【示例5-2】使用getElementsByTagName()方法遍历输出对应元素的内容。

```
<script>
window.onload=function(){
    var parray = document.getElementsByTagName("p");          //获取元素
    console.log("获取到"+parray.length+"个p元素");             //输出p元素的总数
    for(var i=0;i<parray.length;i++)
    {
        console.log(parray[i].innerHTML);                      //显示对应元素中的文本内容
    }
}
</script>
…
<body>
<p>段落1</p>
<p>段落2</p>
<p>段落3</p>
</body>
```

运行程序，控制台输出的内容如下所示。

```
获取到3个p元素
段落1
段落2
段落3
```

从输出内容可以看出使用getElementsByTagName()方法会将HTML文档中的所有p元素保存在数组parray中，然后可以通过数组的索引访问指定的p元素。通过length属性可以获取到所有p元素的个数。

**3．通过类名查找元素**

通过类名查找HTML元素需要使用document对象的getElementsByClassName()方法，其语法形式如下所示。

```
document.getElementsByClassName("类属性名");
```

其中，类属性名是指标签的class属性值。使用getElementsByClassName()方法可以获取到HTML文档中所有拥有指定class属性值的对应元素。该方法返回的也是一个数组，可通过数组索引访问指定的元素。

**4．通过CSS选择器查找元素**

通过CSS选择器查找HTML元素需要使用document对象的querySelectorAll()方法，其语法形式如下所示。

```
document.querySelectorAll("CSS选择器");
```

使用querySelectorAll()方法可以实现通过CSS选择器选择HTML文档中的元素。该方法返回的也是一个数组，也可以通过索引的方式访问指定的元素。例如，查找一个div元素中id值为a1的元素的代码如下所示。

```
document.querySelectorAll("div #a1");
```

**5．通过HTML对象集合查找元素**

通过HTML对象集合可以获取到对应的元素集合，其语法形式如下所示。

```
document.集合;
```

< 64 >

其中，使用不同的集合会获取到不同的对象，在集合的方括号中可以指定具体的name属性、id属性或标签名。document对象提供的HTML对象集合如表5.3所示。

表5.3　HTML对象集合

| 集合 | 功能 | 集合 | 功能 |
|---|---|---|---|
| all[] | 提供对文档中所有HTML元素的访问 | forms[] | 返回对文档中所有Form对象的引用 |
| anchors[] | 返回对文档中所有Anchor对象的引用 | images[] | 返回对文档中所有Image对象的引用 |
| applets | 返回对文档中所有Applet对象的引用 | links[] | 返回对文档中所有Area和Link对象的引用 |

**注意**

通过HTML对象集合查找元素的方式已被通过id、类名和标签名查找元素的方式替代。

【示例5-3】使用HTML对象集合输出所有元素名称。

```html
<!DOCTYPE html>
<html xmlns="http://www.w3.org/1999/xhtml">
<head>
<meta http-equiv="Content-Type" content="text/html; charset=utf-8" />
<title>使用HTML对象集合查找元素</title>
</head>
<body>
<div></div>
</body>
<script>
var array = document.all;                          //获取所有标签
for(var i=0;i<array.length;i++)
{
    console.log(array[i].tagName);                 //输出所有标签名
}
</script>
</html>
```

运行程序，浏览器控制台中输出的内容如图5.4所示。可以看出输出了HTML文档中所有的标签名。

图 5.4　输出的标签名

## 5.2.2　设置元素的文本内容和属性值

通过JavaScript代码可以动态地设置HTML文档中元素的文本内容和属性值。设置元素的文本内容需要使用innerHTML属性，而设置元素的属性值直接使用标签的属性名即可。设置它们都需要基于查找元素的方法先获取元素，其语法形式如下所示。

```
查找元素的方法.innerHTML = 文本内容;
查找元素的方法.标签属性名= 属性值;
```

其中，如果文本内容与属性值是字符串，则需要使用英文双引号将其引起来；如果是变量，则不需要使用双引号。

【示例5-4】修改指定元素的文本内容和属性值。

```html
<title>修改指定元素的文本内容和属性值</title>
<style>
#Div1{ color:blue; font-family:"黑体"; font-size:14px;}
#Div2{ color:red; font-family:"楷体"; font-size:36px;}
</style>
…
<body>
```

扫一扫

设置元素的文本内容和属性值

< 65 >

```
<div id="Div1">这里是第1个div元素</div>
<br/>
<button onclick="changF()">修改文本和id属性</button>              //点击按钮触发函数
</body>
<script>
function changF()                                                //定义函数
{
    var d = document.getElementById("Div1");                     //查找元素
    d.innerHTML="修改了第1个div元素的文本内容";                      //修改文本内容
    d.id="Div2";                                                 //修改标签属性
</script>
```

运行程序，页面中会显示一个div元素。其文本内容为"这里是第1个div元素"，id属性值为"Div1"，文本颜色为蓝色，字号为14px，字体为黑体。点击"修改文本和id属性"按钮后，div元素的文本内容修改为"修改了第1个div元素的文本内容"，id属性值修改为"Div2"，文本颜色修改为红色，字号修改为36px，字体修改为楷体，如图5.5所示。在修改div元素的文本内容和属性值时，首先需要获取对应的div元素，然后才能实现修改。

图5.5　修改文本内容和属性值

### 5.2.3　设置元素样式

设置元素的样式需要使用到style对象的属性。该对象的属性分为12类，包括背景、边框、边距、布局、列表、杂项、定位、打印、滚动条、表格、文本和规范。每个分类又可以细化为各种与CSS样式对应的具体属性。例如，定位分类包含的属性如表5.4所示。

扫一扫

设置元素样式

表5.4　style对象的定位属性

| 属性 | 功能 | 属性 | 功能 |
| --- | --- | --- | --- |
| bottom | 设置元素的底边缘距离父元素底边缘的垂直距离 | right | 设置元素的右边缘距离父元素右边缘的水平距离 |
| left | 设置元素的左边缘距离父元素左边缘的水平距离 | top | 设置元素的顶边缘距离父元素顶边缘的垂直距离 |
| position | 把元素放置在static、relative、absolute或fixed的位置 | zIndex | 设置元素的堆叠次序 |

⚠ 注意

　　style对象的属性名和功能基本与CSS样式相同，其他分类的对应属性读者可查询相关资料，这里不进行展示。

通过style对象的属性可以获取和设置指定元素的样式，使用style对象的语法形式如下所示。

查找元素的方法.style.property="值"

其中，查找元素的方法可以根据具体需求选择；style为关键字不可省略；property为具体的属性名；值为CSS样式的具体值。如果值是字符串，则需要加双引号；如果是变量，则不用加双引号。

【示例5-5】演示div元素的动画效果。

```
<title>div元素的样式</title>
<style>
#Div1{ width:100px; height:100px; background:#00CCCC; border:1px solid #000000;}
</style>
```

< 66 >

```
...
<body>
<div id="Div1">变化的div元素</div>
<script>
var Div= document.getElementById("Div1");
var w=100;
function widthF()
{
    if(w<200)
    {
        w = w+1;                                    //宽度增加
        Div.style.width =w+"px";                    //设置宽度
        setTimeout("widthF()",10);                  //定时
    }
}
widthF();
</script>
</body>
```

运行程序后，div元素会动态变宽，效果如图5.6所示。

图 5.6　div 元素不断变宽

# 【案例分析5-1】侧边栏折叠效果

案例分析 5-1

网页的侧边栏是十分常见的一种导航方式。为了节约页面空间，侧边栏一般会以折叠方式隐藏。只有用户点击或指向对应按钮后，侧边栏才会展开显示。本案例通过设置元素样式的方式对侧边栏进行折叠隐藏和展开显示，代码如下所示。

```
<title>侧边栏折叠效果</title>
<style>
#Cdiv{ width:50px; height:30px; border:1px solid #000000;float:left; text-align:center;
padding-top:10px; cursor:pointer;}
#Ydiv{ width:100px; height:100px; border:1px solid #000000;float:left; margin-left:
30px; display:none; }
</style>
...
<body>
<div id="Cdiv" onclick="displayF()">展开</div>              //点击触发函数
<div id="Ydiv" >隐藏内容</div>
</body>
<script>
function displayF()                                        //定义函数
{
    var Div1= document.getElementById("Cdiv");             //获取显示导航
    var Div2= document.getElementById("Ydiv");             //获取折叠导航
    var dis=Div1.innerHTML;
    if(dis=="none")
    {
        Div1.innerHTML="折叠";                             //修改文本
        Div2.style.display="block";                        //显示
    }else
    {
        Div1.innerHTML="展开";                             //修改文本
        Div2.style.display="none";                         //隐藏
    }
}
</script>
```

< 67 >

运行程序，侧边栏折叠隐藏。只有用户点击"展开"按钮时，侧边栏才会展开；当用户点击"折叠"按钮时，侧边栏又会重新折叠隐藏，效果如图5.7所示。

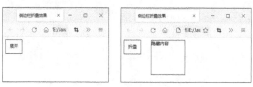

图 5.7　侧边栏折叠与展开

# 5.3　事件

事件是网页和用户交互的桥梁。事件可以用于处理和验证用户输入、实现用户动作和浏览器动作。事件处理机制是JavaScript最重要的功能之一。本节将详细讲解事件的相关内容。

## 5.3.1　事件概述

扫一扫

事件概述与鼠标
事件

简单理解，事件就是指发生的事情。JavaScript的每个事件都有一个对应的名称，用于描述和监听HTML文档中可能发生的事情，而用于检测和响应事件的脚本称为事件处理程序。当把事件添加到对应元素中后，就可以监听对应元素的事件。当对应事件被触发之后，会执行对应的事件处理程序。例如，监听点击的事件为onclick事件，为其添加处理程序后，当用户点击添加了onclick事件的元素时，该事件会被捕获，并触发相应的事件处理程序。

事件在使用时需要嵌入元素标签中，而每个元素标签可以一次嵌入多个事件，每个事件之间使用空格分隔，其语法形式如下所示。

```
<标签名 事件1="事件处理程序" ... 事件n="事件处理程序">
```

其中，事件处理程序可以为代码块、函数调用或函数定义语句。例如，为div元素添加事件的代码如下所示。

```
<div onclick="alert('语句块')" ondblclick="a()"></div>
```

其中，onclick事件触发的是一行语句，ondblclick事件触发的是函数a()，函数在JavaScript文件中定义。

## 5.3.2　鼠标事件

使用鼠标事件可以捕获鼠标的不同操作触发的事件。这些操作包含点击、右击、双击、鼠标指针悬停于元素上、鼠标指针离开元素等。前文提到的事件onclick就属于鼠标事件。鼠标事件如表5.5所示。

表5.5　鼠标事件

| 事件 | 功能 |
| --- | --- |
| onclick | 当用户点击元素时触发此事件 |
| oncontextmenu | 当用户右击元素并打开上下文菜单时，触发此事件 |
| ondblclick | 当用户双击元素时触发此事件 |
| onmousedown | 当用户在元素上按下鼠标按键时，触发此事件 |

< 68 >

续表

| 事件 | 功能 |
|---|---|
| onmouseenter | 当鼠标指针移动到元素上时，触发此事件 |
| onmouseleave | 当鼠标指针从元素上离开时，触发此事件 |
| onmousemove | 当鼠标指针在元素上移动时，触发此事件 |
| onmouseout | 当用户将鼠标指针移出元素或其中的子元素时，触发此事件 |
| onmouseover | 当鼠标指针移动到元素或其中的子元素上时，触发此事件 |
| onmouseup | 当用户在元素上释放鼠标按键时，触发此事件 |

【示例5-6】展示多种鼠标事件。

```
<title>展示多种鼠标事件</title>
<style>
#Div{ border:1px #000000 solid; width:100px; height:30px; text-align:center; padding-
top:10px;}
</style>
...
<body>
<div id="Div" onclick="clickF()" onmousedown="downF()" onmouseout="outF()"
onmousemove="moveF()">鼠标事件</div>
</body>
<script>
var Div1 = document.getElementById("Div");
function clickF(){ Div1.innerHTML="点击事件";Div1.style.color="red";}    //点击事件
function downF(){ Div1.innerHTML="按下鼠标"; Div1.style.color="blue";}   //按下鼠标事件
function outF(){ Div1.innerHTML="离开元素"; Div1.style.color="green";}   //鼠标指针离开事件
function moveF(){ Div1.innerHTML="正在移动"; Div1.style.color="purple";}//鼠标指针移动事件
</script>
```

运行程序，页面中会显示一个div元素，其文本内容为"鼠标事件"。div元素会根据鼠标的不同操作显示不同的文本，并且文本颜色也会发生改变。

当鼠标指针在该元素上移动时，会显示紫色文本"正在移动"；当用户点击该元素后，会显示红色文本"点击事件"；当用户按下鼠标左键不松开时，会显示蓝色文本"按下鼠标"；当鼠标指针离开元素的范围后会显示绿色文本"离开元素"，整个过程如图5.8所示。

| 鼠标事件 | 正在移动 | 按下鼠标 | 点击事件 | 离开元素 |

图 5.8　不同的鼠标事件

扫一扫

键盘事件

### 5.3.3　键盘事件

键盘事件是按键盘上的按键后触发的事件。通过键盘事件，可以捕获按键被按下、释放和按某个按键3种状态。键盘事件如表5.6所示。

表5.6　键盘事件

| 事件 | 功能 |
|---|---|
| onkeydown | 当用户正在按下按键时，触发此事件 |
| onkeypress | 当用户按下并释放按键时，触发此事件 |
| onkeyup | 当用户释放按键时，触发此事件 |

【示例5-7】显示按键的状态。

```
<title>通过弹窗显示按键的状态</title>
...
<body>
<input type="text" id="Inpt1" onkeydown="downF()" onkeyup="upF()"/>
```

< 69 >

```
<div id="Div"></div>
</body>
<script>
var Div1=document.getElementById("Div");
var Ipt1=document.getElementById("Inpt1");
function downF(){Div1.innerHTML="按下按键";}          //按键按下事件
function upF(){Div1.innerHTML="释放按键";}            //按键释放事件
</script>
...
```

运行程序，页面中会显示一个input元素。在input元素中按下按键，该元素下方会显示"按下按键"，当释放按键之后，该元素下方会显示"释放按键"，效果如图5.9所示。

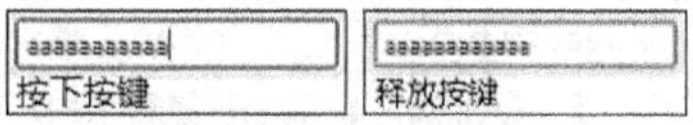

图 5.9　键盘事件

### 5.3.4　表单事件

表单是网页设计中十分常见的一种元素，用户可以通过该元素向网页提交信息。表单事件包括更改表单时触发的事件、提交表单时触发的事件以及重置表单时触发的事件，具体如表5.7所示。

表5.7　表单事件

| 事件 | 功能 |
| --- | --- |
| onchange | 当表单元素的内容、选择的内容或选中的状态发生改变时，触发此事件 |
| onreset | 重置表单时触发此事件 |
| onsubmit | 在提交表单时触发此事件 |

【示例5-8】演示表单验证功能。

```
<title>表单验证功能</title>
...
<body>
<form onreset="onresetF()" onsubmit="submitF()" >
姓名: <input type="text" id="nam" /><br/>
电话: <input type="text" id="tel" /><br/>
年级: <select id="grade" >
    <option value="高一">高一</option>
    <option value="高二">高二</option>
    <option value="高三">高三</option>
</select><span id="span1"></span><br/><br/>
<input type="reset" >
<input type="submit">
</form>
<div id="Div"></div>
</body>
<script>
function onresetF(){ alert("表单重置成功! ");}
function submitF()
{
    var Tel=document.getElementById("tel").value;        //获取电话内容
    var Nam=document.getElementById("nam").value;        //获取名字内容
    var Grade=document.getElementById("grade").value     //获取年级
    if(Nam=='')                                          //判断名字是否填写
    {
        alert("名字为空! ");
    }else if(Tel.length!=11)                             //判断电话号码的位数是否为11位
    {
        alert("电话号码填写错误! ");
    }else
    {
        alert("表单提交成功");
    }
```

扫一扫

表单事件

< 70 >

```
}
</script>
...
```

运行程序，页面中会显示一个表单元素。在表单中可以添加姓名、电话和年级3个信息。用户点击"提交查询"按钮后触发onsubmit事件，如果信息填写无误，则提示"表单提交成功"；如果名字信息未填写，则提示"名字为空！"；如果电话号码的位数不是11位，则提示"电话号码填写错误！"。用户点击"重置"按钮后触发onreset事件，表单内容清空并提示"表单重置成功"。

## 【案例分析5-2】图片交互效果

扫一扫

案例分析 5-2

在网速不断提升的当下，网页展示内容以图片和视频为主。所以在设计网页时，图片对用户的反馈效果是十分常见的。例如，当鼠标指针处于图片上时为图片添加边框，当用户点击图片时放大图片等。本案例使用鼠标事件为图片添加边框和放大的交互效果，具体代码如下所示。

```
<title>图片交互效果</title>
<style>
#Div1{ width:400px; height:550px;  margin:auto;}
img{width:300px; height:500px; padding-left:40px; padding-top:30px;}
</style>
...
<body>
<div id="Div1" onmousemove="overF()" onmouseout="outF()" onmousedown="downF()"
onmouseup="upF()">
<img id="Img1" src="image/01.png" /></div>
</body>
<script>
var Div=document.getElementById("Div1");                    //获取div元素
var Img=document.getElementById("Img1");                    //获取图片元素
function overF()                                            //鼠标指针处于图片上
{
    Div.style.border="2px red solid";                       //添加边框
}
function outF()                                             //鼠标指针离开图片
{
    Div.style.border="";                                    //取消边框
}
function downF()                                            //按下鼠标按键
{
    Img1.style.width="320px";                               //设置图片宽度
    Img1.style.height="520px";                              //设置图片高度
}
function upF()                                              //释放鼠标按键
{
    Img1.style.width="300px";                               //恢复尺寸
    Img1.style.height="500px";                              //恢复尺寸
}
</script>
...
```

运行程序，页面中会显示一个商品展示窗口。当鼠标指针移动到图片上时，为图片添加一个红色边框；当鼠标指针移出图片范围时，边框消失。在图片上按下鼠标左键后，图片变大；释放鼠标左键后，图片尺寸还原，效果如图5.10所示。整个过程通过边框的显示和图片尺寸变化实现网页与用户的交互，让用户的操作得到及时反馈。

图 5.10    图片交互效果

< 71 >

# 5.4 DOM节点

DOM节点是DOM树的基础，通过节点可以轻松地实现对HTML文档中所有对象和属性的访问。通过DOM节点，开发者可以很轻松地实现对应节点的查找、添加、删除等操作。本节将详细讲解DOM节点的相关内容。

## 5.4.1 节点基础

DOM树中的每个节点之间都有一定的层级关系，这些关系使用一些专有名词进行描述。例如，某个节点的上级节点被称为父节点（parentNode）；某个节点的下级节点被称为子节点（childNode）；拥有相同父节点的多个节点被称为兄弟节点或同胞节点（siblingNode）。在DOM树中，最基础的节点也就是最顶端的节点，被称为根节点（rootNode）。除了根节点，所有节点都有父节点。一个简单的节点关系如图5.11所示。

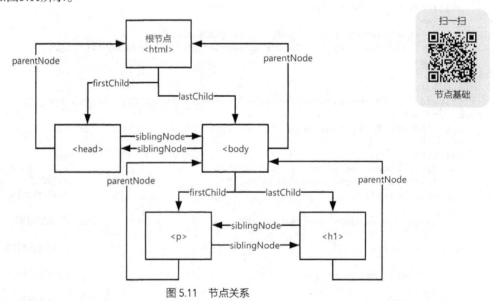

扫一扫

节点基础

图 5.11 节点关系

通过JavaScript提供的节点属性，开发者可以在节点之间导航，这些属性说明如下。

- parentNode：用于获取父节点。
- childNodes[nodenumber]：用于获取所有子节点，通过索引可以访问指定的子节点。
- firstChild：用于获取第1个子节点。
- lastChild：用于获取最后1个字节点。
- nextSibling：用于获取下一个兄弟节点。
- previousSibling：用于获取上一个兄弟节点。
- nodeName：用于获取对应节点的名称。元素节点的名称为标签名，属性节点的名称为属性名，文本节点的名称为#text，文档节点的名称为#document。
- nodeValue：用于获取对应节点的值。元素节点的值为undefined，文本节点的值为对应文本内容，属性节点的值为对应的属性值。
- nodeType：用于获取节点的类型，返回的值为数字，不同的数字代表不同的节点类型，具体如表5.8所示。

< 72 >

表5.8 节点类型

| 节点类型 | 数字 | 节点类型 | 数字 |
|---|---|---|---|
| 元素 | 1 | 注释 | 8 |
| 属性 | 2 | 文档 | 9 |
| 文本 | 3 | | |

## 5.4.2 创建节点

扫一扫

创建、添加和
删除节点

在HTML文档的DOM树中，要添加节点，首先要创建相应的节点。对于不同类型的节点，创建节点的方法也不同，具体如表5.9所示。

表5.9 创建节点的方法

| 方法 | 功能 | 方法 | 功能 |
|---|---|---|---|
| document.createAttribute() | 创建属性节点 | document.createElement() | 创建元素节点 |
| document.createComment() | 创建注释节点 | document.createTextNode() | 创建文本节点 |

创建a元素节点和文本节点的代码如下所示。

```
var a= document.createElement("a");                    //创建a元素节点
var node = document.createTextNode("新文本");'          //创建文本节点
```

## 5.4.3 添加和删除节点

添加和删除节点是对DOM节点的常见操作。通过添加和删除节点可以实现网页中某些元素在特定条件下的添加和删除交互效果。

### 1．添加节点

要添加节点首先需要创建新节点，然后获取添加位置，最后实现节点的添加。添加节点的方法如表5.10所示。

表5.10 添加节点的方法

| 方法 | 功能 |
|---|---|
| element.appendChild(node) | 向父节点中添加新的子节点，新节点作为最后一个子节点。element是指父节点，node是指要添加的新节点 |
| element.insertBefore(node1, node2) | 在指定的已有子节点之前添加新节点。element为父节点，node1为已知子节点，node2为要添加的新节点 |
| element.style | 设置或返回元素的样式属性，element为属性节点，style为具体的属性名 |
| element.setAttribute(node) | 设置或者改变指定属性并指定值，node为属性节点 |

在添加节点时要注意节点之间的嵌套关系，例如，一般情况下文本节点需要添加到元素节点中使用，属性节点也需要添加到元素节点中使用。

【示例5-9】向文档中添加节点。

```
<title>向文档中添加节点</title>
<style>
#p1{ color:red;}                                    /*左浮动设置字体颜色为红色*/
</style>
...
<body>
<div id="Div1">
<h1>静夜思</h1>
<p >床前明月光, </p>
<p>疑是地上霜。</p>
```

< 73 >

```
<p>举头望明月，</p>
</div>
<button onclick="poetryF()">完善古诗</button>    <button onclick="authorF()">添加作者</button>
</body>
<script>

function poetryF()
{
    //创建古诗新节点
    var poe = document.createElement("p");                      //创建p元素节点
    var txt1 = document.createTextNode("低头思故乡。");          //创建文本节点
    poe.appendChild(txt1);                                      //将文本节点添加到元素节点中
    //获取添加古诗位置的父节点
    var Div1=document.getElementById("Div1");
    //添加古诗
    Div1.appendChild(poe);                                      //将poe添加到div节点的最后一个子节点之后
}
function authorF()
{
    //创建作者新节点
    var author = document.createElement("p");                   //创建p元素节点
    var txt1 = document.createTextNode("作者：李白");           //创建文本节点
    var red = document.createAttribute("id");                   //创建id属性节点
    red.value="p1";                                             //设置属性节点的值
    author.setAttributeNode(red);                               //将属性节点添加到元素节点中
    author.appendChild(txt1);                                   //将文本节点添加到元素节点中
    //获取添加节点位置的父节点
    var p1=document.getElementsByTagName("p")[0];               //获取第一个p元素
    var Div1=document.getElementById("Div1");                   //获取父节点
    //添加作者信息
    Div1.insertBefore(author,p1);                               //将author添加到div节点的第1个子节点之前
}
</script>
…
```

运行程序后，页面中会显示一首没有作者信息并且不完整的古诗以及两个按钮。用户点击"完善古诗"按钮后，古诗的最后一句被添加；用户点击"添加作者"按钮后，古诗的作者信息被添加，效果如图5.12所示。添加古诗实际是添加一个元素节点，元素节点拥有一个文本子节点。同理，添加作者信息实际也是添加一个元素节点，但该节点拥有一个属性子节点和一个文本子节点。因为属性为id，值为p1，所以，通过CSS的id选择器会将作者信息设置为红色文本进行显示。

图 5.12  添加节点

**2．删除节点**

当某个节点不再需要时，可以将其删除。删除节点的方法如表5.11所示。

表5.11  删除节点的方法

| 事件 | 功能 |
| --- | --- |
| element.removeAttribute() | 删除元素的指定属性 |
| element.removeAttributeNode() | 删除指定属性节点并返回删除后的节点 |
| element.removeChild() | 删除子元素 |
| element.removeEventListener() | 删除由addEventListener()方法添加的事件句柄 |

【示例5-10】点击图片后删除对应图片的节点。

```
<title>点击图片后删除对应图片的节点</title>
```

< 74 >

```
<style>
div{ float:left;}                                             /*左浮动*/
img{ border:1px #000000 solid;}                               /*边框*/
</style>
...
<body>
<div onclick="delF(0)"><img src="image/1.png" /></div>
<div onclick="delF(1)"><img src="image/2.png" /></div>
<div onclick="delF(2)"><img src="image/3.png" /></div>
<div onclick="delF(3)"><img src="image/4.png" /></div>
</body>
<script>
function delF(i)
{
    var Div=document.getElementsByTagName("div")[i];         //获取所有div元素
    Div.removeChild(Div.childNodes[0]);                      //删除div元素的第1个子元素
}
</script>
...
```

运行程序，页面中会显示4张数字（1~4）图片。点击相应的图片后，该图片对应的节点会被删除。例如，点击数字2图片后，该图片对应的节点会被删除，效果如图5.13所示。在代码中使用变量Div存放每次发生点击事件的div元素节点，使用"Div.childNodes[0]"指定removeChild()方法要删除的子元素。

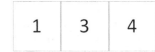

图 5.13　数字 2 图片对应节点被删除

## 5.4.4　替换节点

替换节点是指将一个节点替换为另外一个节点。替换节点使用replaceChild()方法实现，其语法形式如下所示。

扫一扫

替换节点

```
node.replaceChild(newnode,oldnode)
```

其中，node为父节点，newnode为要替换旧节点的新节点，oldnode为要替换的旧节点。需要获取到目标节点的父节点才能实现节点替换。

【示例5-11】演示中英文数字翻译。

```
<title>中英文数字翻译</title>
...
<body>
<h1 id="hh"><b>One, Two, Three, Four, Five, Six, Seven, Eight, Nine, Ten</b></h1>
<button onclick="cF()">中文</button>   <button onclick="yF()">英文</button>
</body>
<script>
var hnode=document.getElementById("hh");                     //获取父节点
function cF()                                                //翻译为中文
{
    var tnode=document.createTextNode("壹、贰、叁、肆、伍、陆、柒、捌、玖、拾"); //创建新节点
    hnode.replaceChild(tnode,hnode.childNodes[0]);           //替换子节点
}
function yF()                                                //翻译为英文
{
    //创建新节点
    var tnode=document.createTextNode("One, Two, Three, Four, Five, Six, Seven, Eight,
Nine, Ten");
    hnode.replaceChild(tnode,hnode.childNodes[0]);           //替换子节点
}
</script>
...
```

< 75 >

运行程序，页面中会显示One～Ten以及两个按钮。当用户点击"中文"按钮后，网页中显示的英文数字会切换为中文数字；用户点击"英文"按钮之后，数字又会显示为英文形式，效果如图5.14所示。

图 5.14　节点替换

# 【案例分析5-3】添加快捷方式

在导航网页中，用户登录网页之后可以添加很多自己喜欢的网页。这些网页都是以快捷方式的形式存在的，用户可以通过点击的方式将喜欢的或常用的网页添加到自己的导航网页中。本案例模拟实现快捷方式的添加效果，代码如下所示。

```
<title>添加快捷方式</title>
<style>
body{ margin:auto; width:1000px;}
#box{ margin:auto;width:630px;}
#Div1{ border:1px #000000 solid; float:left; width:630px; height:150px; padding-
left:30px;}
#Div2{ border:1px #000000 solid;width:630px;  float:left; margin-top:30px;
height:150px; padding-top:10px; display:none;padding-left:30px;}
.kdiv{ width:50px; text-align:center; float:left; }
</style>
...
<body>
<div id="box">
    <div id="Div1">
        <div>
            <h1 style=" display:inline-block; width:500px;">我的导航</h1>
            <button style="height:30px; width:100px;" onclick="dispalyF()">添加</button>
        </div>
        <div class="kdiv"><img src="image/a.png"/><span>音乐</span></div>
    </div>
    <div id="Div2">
        <h1>可选快捷方式</h1>
        <div id="0Div" class="kdiv" onclick="thF(0)"><img src="image/b.png"/><span>学
习</span></div>
        <div id="1Div" class="kdiv" onclick="thF(1)"><img src="image/c.png"/><span>考
试</span></div>
        <div id="2Div" class="kdiv" onclick="thF(2)"><img src="image/d.png"/><span>视
频</span></div>
        <div id="3Div" class="kdiv" onclick="thF(3)"><img src="image/e.png"/><span>体
育</span></div>
        <div id="4Div" class="kdiv" onclick="thF(4)"><img src="image/f.png"/><span>新
闻</span></div>
    </div>
</div>
</body>
<script>
function dispalyF()
{ document.getElementById("Div2").style.display="block";}          //点击显示备选快捷方式
function thF(i)
{
    var Div1=document.getElementById("Div1");                      //获取Div1
    var Div2=document.getElementById("Div2");                      //获取Div2
    var nDiv=document.getElementById(i+"Div");                     //获取被点击的快捷方式
    Div1.appendChild(nDiv);                                        //将被点击的快捷方式添加到导航中
    //判断是否只剩下6个属性节点和1个标题节点
    if(Div2.childNodes.length==8)
    {
        document.getElementById("Div2").style.display="none";      //设置Div2隐藏
```

< 76 >

```
        }
    }
</script>
...
```

本案例先获取已有的div元素节点，然后根据点击事件将对应的元素节点添加到指定的父节点中。运行程序后会显示"我的导航"页面，如图5.15所示。用户点击"添加"按钮，页面中会显示可选快捷方式，如图5.16所示。

图 5.15    "我的导航"页面

图 5.16    显示可选快捷方式

点击对应的快捷方式可以将其添加到"我的导航"页面，如图5.17所示。当所有可选快捷方式全部被添加完成后，"可选快捷方式"页面会被隐藏，如图5.18所示。

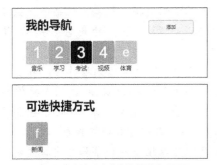

图 5.17    添加到"我的导航"页面

图 5.18    添加完成

## 【案例分析5-4】图片移动到鼠标指针所在位置

本案例实现图片移动到鼠标指针所在位置的效果。要实现该效果需要通过鼠标事件，获取鼠标指针的位置并设置图片的位置属性，代码如下所示。

扫一扫

案例分析 5-4

```
<title>图片移动到鼠标指针所在位置</title>
<style>
img{ position:absolute;}                      /*绝对定位*/
div{ width:300px; height:200px; border:1px solid #000000;}
</style>
...

<body>
<div onclick="moveF(event)"></div>
<img src="image/f.png" id="Img1" />
</body>
<script>
function moveF(event)
{
    var Img = document.getElementById("Img1");    //获取图片
    var x=event.offsetX;                          //获取鼠标指针垂直位置
    var y=event.offsetY;                          //获取鼠标指针水平位置
```

< 77 >

```
        Img.style.left=x-25+"px";                      //设置图片水平位置
        Img.style.top=y-25+"px";                       //设置图片垂直位置

    }
</script>
...
```

本案例通过div元素上的点击事件获取鼠标指针的位置，然后将鼠标指针的位置设置为图片的位置，从而实现图片跟随鼠标指针位置移动的效果。运行程序后，页面中会显示一个div元素和一个图片，当在div元素中点击后，图片移动到鼠标指针所在位置，效果如图5.19所示。

图 5.19　图片移动到鼠标指针所在位置

**【素养课堂】**

JavaScript中的DOM树拥有严谨的逻辑结构，通过逻辑结构，开发者可以轻松并准确地实现对整个HTML文档内容的查找、修改、添加以及删除操作。在日常生活中也要注意观察事物之间的关联性。在学习知识时，注意总结归纳，将零碎的知识点总结形成树形结构，让每个知识点之间产生关联。这不但方便记忆，还可以让人通过树形结构轻松了解到知识点的来龙去脉，在使用知识时更加得心应手。

JavaScript中的事件处理机制是遵循了因果关系的自然规律。通过不同的操作可以触发不同的事件，通过事件又可以实现指定的效果。事件处理机制不但提高了HTML网页元素操作的灵活性，而且提高了用户与网页之间的交互效果，提升了用户体验。在日常生活、学习中也要注意观察因果关系。从小事做起，做事要讲求从实际出发，只有勤劳地耕耘才能硕果累累。

总而言之，万事万物都是相互关联的，通过观察和总结可以厘清各种事物之间的关系，提高我们生活的水平以及处理事务的效率。

# 5.5 思考与练习

## 5.5.1 疑难解读

1. 事件只能静态地添加到标签中使用吗？

不是的，事件也可以作为节点动态地进行添加，使用addEventListener()方法即可实现。该方法的作用是向指定的元素添加指定的事件，其语法形式如下所示。

```
element.addEventListener(event, function)
```

其中，element是指要添加事件的元素；event是指要添加的事件；function是指要触发的事件。该方法添加的事件可以通过removeEventListener()方法进行删除。

2. 当一个元素同时定义了两个事件，程序的运行过程是怎样的？

一个元素定义两个事件之后，程序会先运行先定义的事件。当第1个事件运行完成后，才会运行第2个事件。如果第1个事件的运行出现错误，则不会运行第2个事件。

< 78 >

## 5.5.2　课后习题

### 一、填空题

1. 文档对象模型的英文全称为＿＿＿＿＿＿，缩写为＿＿＿＿＿＿，是W3C推荐的处理可扩展标记语言的标准编程接口。

2. 通过id属性查找HTML元素需要使用＿＿＿＿＿＿对象的＿＿＿＿＿＿方法。

3. 设置元素的文本内容需要使用＿＿＿＿＿＿属性，设置元素的属性值可以直接使用标签的＿＿＿＿＿＿。

4. 查找HTML文档中元素的方法包括通过id属性、＿＿＿＿＿＿、＿＿＿＿＿＿、＿＿＿＿＿＿和HTML对象集合查找5种。

5. 通过键盘事件可以捕获按键被＿＿＿＿＿＿、＿＿＿＿＿＿以及按某个按键3种状态，从而触发指定的事件。

### 二、选择题

1. 在HTML文档中，DOM节点包括文本、属性和（　　　）。
   A. JavaSctript代码　B. 函数　　　　　　　C. 运算符　　　　　　　D. 注释

2. 通过标签名获取元素的方法为（　　　）。
   A. getElementById()　　　　　　B. createAttribute()
   C. getElementsByTagName()　　　D. createElement()

3. 创建元素节点的方法为（　　　）。
   A. createElement()　　　　　　　B. createComment()
   C. createTextNode()　　　　　　D. createAttribute()

4. 提交表单时会触发的事件为（　　　）。
   A. onchange　　　B. onreset　　　C. onsubmit　　　D. onclick

5. 可以用于实现作为最后一个子节点添加到指定父节点的方法为（　　　）。
   A. appendChild()　　　　　　　　B. insertBefore()
   C. setAttribute()　　　　　　　D. createTextNode()

### 三、上机实验题

1. 实现通过点击按钮控制图片的显示和隐藏。
【实验目标】掌握点击事件的添加和使用。
【知识点】onclick事件、getElementsByTagName()方法。

2. 实现将输入框中的内容显示在div元素中。
【实验目标】掌握表单事件、元素查找和文本内容的获取和设置方法。
【知识点】onchange事件、innerHTML属性、getElementById()方法。

< 79 >

# jQuery基础

jQuery是JavaScript的一个库文件。jQuery库文件对JavaScript提供的选择元素的方式以及事件方法做了进一步整合。无论是选择元素还是事件方法的使用，jQuery都更加高效且兼容性更强。本章将详细讲解jQuery的选择器和事件方法的相关内容。

【学习目标】

- 掌握jQuery选择器。
- 掌握jQuery事件绑定。
- 掌握jQuery事件方法。

【导引示例】

通过JavaScript可以实现丰富的用户动态交互效果，而通过jQuery技术可以使用更加精练的语句实现更加丰富的动态交互效果。例如，使用jQuery技术实现点击文本修改文本的颜色和字号，代码如下所示。

```html
<title>文本交互</title>
<script src="../jQ/jquery-3.6.0.min.js"></script>
<script>
$(document).ready(function(){                      //加载完文档后执行jQuery语句
    $("div").click(function()
    {
        $(this).css("color","red");                //修改文本颜色
        $(this).css("font-size","24px");           //修改文本字号
    });
});
</script>
...
<body>
<div>点击产生变化</div>
</body>
...
```

运行程序，页面中会显示一个div元素。用户点击该div元素，文本内容会变为红色，字号会变大，效果如图6.1所示。

点击产生变化    点击产生变化

图6.1  点击产生变化

# 6.1 jQuery选择器

扫一扫

元素选择器

jQuery选择器用于实现对HTML文档中元素的选择。jQuery选择器利用CSS选择器实现对元素的选择。这种方式比JavaScript的选择元素方式更加高效。本节将讲解jQuery选择器的相关内容。

## 6.1.1　元素选择器

元素选择器通过id属性、class属性、标签名等方式对元素进行选择，其语法形式如下所示。

```
$("选择器")
```

其中，选择器可以为1个，也可以为多个。每个选择器的可选项说明如下。

- *：表示选择所有元素，如$("*")。
- this：表示选择当前元素，如$("this")。
- #id：表示通过id属性选择指定的元素，需要在id属性前加井号（#）。例如，$("#Div1")表示选择id属性值为Div1的元素。
- .class：表示通过class属性选择指定元素，需要在class属性前加点运算符（.）。例如，$(".left")表示选择class属性值为left的元素。
- element：表示通过元素的标签名选择指定元素。例如，$("div")表示选择元素标签名为div的元素。
- s1s2：表示选择符合s1和s2两个选择器的元素。s1与s2之间没有间隔，其中，s1可以为标签名、id属性值或class属性值；s2可以为id属性值或class属性值。例如，$(".right.left")表示选择class属性值为right，并且class属性值为left的元素。
- s1,s2,s3：表示选择符合多个选择器要求的所有元素。例如，$("#Div1,.left,div")表示选择id属性值为Div1或class属性值为left或元素标签名为div的所有元素。

【示例6-1】使用元素选择器设置元素颜色。

```
<title>使用元素选择器设置元素颜色</title>
<script src="../jQ/jquery-3.6.0.min.js"></script>
<script>
$(document).ready(function(){                              //加载完文档后执行jQuery语句
    $("h1").css("background-color","#00CC33");             //标签选择器
    $("#Div1").css("background-color","#CCFF33");          //ID选择器
    $("p.left").css("color","#FFFFFF");                    //标签和类选择器
    $("p,.left,#p1").css("background-color","#0066FF");    //标签、类和ID选择器
});
</script>
...
<body>
<h1>故人西辞黄鹤楼</h1>
<div id="Div1">烟花<a id="a1">三月</a>下扬州</div>
<p class="left right" id="p1">孤帆远影碧空尽</p>
<b class="left">唯见长江天际流</b>
</body>
...
```

上述代码通过4种不同的选择器实现了对网页元素的选择，然后通过.css()方法实现了对背景色和文本颜色的设置。运行程序，页面中会显示背景色和文本颜色不同的内容，效果如图6.2所示。

其中，.css()方法用于改变HTML元素的CSS属性，其语法形式

**故人西辞黄鹤楼**

烟花三月下扬州

孤帆远影碧空尽

唯见长江天际流

图6.2　背景色和文本颜色不同的内容

< 81 >

如下所示。

```
$("选择器").css("样式","值");
```

## 6.1.2　属性选择器

属性选择器是通过属性值选择对应元素的一种选择器。例如，通过属性选择器可以选择文本颜色相同的元素。属性选择器的语法形式如下所示。

```
$("[表达式]")
```

属性选择器

其中，表达式需要用方括号（[ ]）括起来，在方括号外需要使用双引号。表达式可以为属性名或属性值比较表达式，具体如下所示。

- [属性名]：表示选择包含对应属性的所有元素。例如，$("[name]")表示选择带有name属性的所有元素。
- [属性名=属性值]：表示选择指定属性值为指定值的元素。例如，$("[id='Div']")表示选择id属性值为"Div"的元素。
- [属性名!=属性值]：表示选择指定属性值不为指定值的元素。例如，$("[id!='Div']")表示选择id属性值不为"Div"的元素。
- [属性名^=属性值]：表示选择指定属性值以一个特定值开始的元素。例如，$("[href^='www']")表示选择href属性值以"www"开头的元素。
- [属性名$=属性值]：表示选择指定属性值以指定内容结尾的元素。例如，$("[href$='.jpg']")表示选择href属性值以".jpg"结尾的元素。
- [属性名*=属性值]：表示选择指定属性值包含特定值的元素。例如，$("[name*='abc']")表示选择name属性值包含"abc"的元素。

【示例6-2】使用属性选择器设置对应元素的颜色和字号。

```
<title>使用属性选择器设置对应元素的字号</title>
<script src="../jQ/jquery-3.6.0.min.js"></script>
<script>
$(document).ready(function(){            //加载完文档后执行jQuery语句
    $("[id]").css("color","#0066FF");    //选择所有有id属性的元素
    $("[id=p1]").css("font-size","9px");    //选择id属性值为p1的元素
    $("[id!=p1]").css("font-size","18px");    //选择id属性值不为p1的元素
    $("[id$=4]").css("font-size","24px");    //选择id属性值以4结尾的元素
});
</script>
...
<body>
<p id="p1">第1段文字</p>
<p id="p2">第2段文字</p>
<p id="p3">第3段文字</p>
<p id="p4">第4段文字</p>
</body>
...
```

上述代码通过4种不同的属性选择器实现了对网页元素的选择，然后通过.css()方法实现了设置文本颜色和字号。运行程序，页面中会显示蓝色的多种字号的文本，效果如图6.3所示。

## 6.1.3　关系选择器

关系选择器利用HTML元素节点之间的关系选择对应的元素。关系

图 6.3　蓝色的多种字号的文本

< 82 >

选择器可以分为子孙选择器、孩子选择器和兄弟选择器3种。

```
<div>
    <span><a></a></span>
    <b></b>
</div>
```

上述代码中，div元素为"爷爷"元素，a元素为"孙子"元素，span元素和b元素为子元素，而span元素和b元素互为兄弟元素。这些元素之间的关系都是基于某一个元素而言的。

**1．子孙选择器**

子孙选择器也可以称为后代选择器。它可以选择元素指定的子孙元素。子孙选择器的语法形式如下所示。

```
$("选择器1  选择器2")
```

其中，选择器1和选择器2可以为任意类型的选择器，它们之间用空格分隔。选择器1选择的为父元素或"爷爷"元素等祖先元素，选择器2选择的为子元素或"孙子"元素等后代元素。

**2．孩子选择器**

孩子选择器只能从父元素中选取其直接的子元素。孩子选择器在指定子元素时需要使用到符号>，其语法形式如下所示。

```
$("选择器1>选择器2")
```

其中，选择器1选择的元素为父元素，选择器2选择的元素为其直接的子元素。

**3．兄弟选择器**

兄弟选择器可以选择相邻的元素。兄弟选择器在选择元素时需要使用到加号（+），其语法形式如下所示。

```
$("选择器1+选择器2")
```

其中，选择器1选择的元素为兄元素，选择器2选择的元素为相邻的弟元素。

【示例6-3】使用关系选择器设置对应元素的样式。

```
<title>使用关系选择器设置对应元素的样式</title>
<script src="../jQ/jquery-3.6.0.min.js"></script>
<script>
$(document).ready(function(){          //加载完文档后执行jQuery语句
    $("ul a").css("color","#0000FF");  //使用子孙选择器选择元素，并设置文本颜色
    $("ul>li").css("font-family","隶书"); //使用孩子选择器选择元素，并设置字体
    $("a+b").css("font-size","24px");  //使用兄弟选择器选择元素，并设置字号
});
</script>
...
<body>
<ul><li>点击<a>1</a><b>跳转</b></li></ul>
</body>
...
```

上述代码通过3种不同的关系选择器实现了对网页元素的选择，然后通过.css()方法实现了文本的颜色、字体和字号的设置。运行程序后，li元素的字体为"隶书"，a元素显示为蓝色，b元素的字号为24px，效果如图6.4所示。

• 点击1**跳 转**

图 6.4　设置元素样式

## 6.1.4　过滤器

过滤器是jQuery提供的一种特殊的元素选择器。过滤器可以根据特定的过滤条件筛选获取到的元素。通过过滤器可以更轻松地实现丰富的样式效果设计。过滤器在使用时需要使用到冒号（:），其语法形式如下所示。

扫一扫

过滤器

< 83 >

```
$("选择器:过滤器")
```

其中，选择器为可选项。过滤器的具体介绍如下。

- first：用于选择第1个指定元素。例如，$("div:first")表示选择第一个div元素。
- last：用于选择最后1个指定元素。例如，$("div:last")表示选择最后一个div元素。
- even：用于选择所有指定元素中索引为偶数的元素，索引从0开始，0为偶数。例如，$("a:even")表示选择所有索引为偶数的a元素，即索引为0、2、4、6等的a元素。
- odd：用于选择索引为奇数的元素。例如，$("a:odd")表示选择所有索引为奇数的a元素。
- eq(index)：用于选择指定索引的元素。例如，$("div a:eq(1)")表示选择div元素中索引为1的a元素。
- gt(index)：用于选择索引大于指定值的元素。其中，gt是greater than的缩写。例如，$("div a:gt(1)")表示选择索引大于1的元素。
- lt(index)：用于选择索引小于指定值的元素。其中，lt是lower than的缩写。例如，$("div a:lt(1)")表示选择索引小于1的元素。
- not(selector)：用于选择除指定元素以外的元素，selector表示不选择的元素。例如，$("div:not(#Div1)")表示选择除id属性值为Div1之外的所有div元素。
- header：用于选择所有标题元素，包括h1～h6。例如，$(":header")表示选择所有标题元素。
- animated：用于选择当前的所有动画元素。例如，$(":animated")表示选择所有动画元素。
- contains(text)：用于选择包含指定文本内容的元素。例如，$(":contains('我的')")表示选择含有"我的"文本内容的元素。
- empty：用于选择没有子节点的所有元素。例如，$("div:empty")表示选择无子节点的所有div元素。
- hidden：用于选择隐藏的指定元素。例如，$("div:hidden")表示选择所有隐藏的div元素。
- visible：用于选择显示的指定元素。例如，$("div:visible")表示选择所有可见的div元素。

【示例6-4】使用过滤器设置表格样式。

```
<title>使用过滤器设置表格样式</title>
<script src="../jQ/jquery-3.6.0.min.js"></script>
<script>
$(document).ready(function(){                                //加载完文档后执行jQuery语句
    $("tr:even").css("background-color","#00FFFF");          //设置偶数行tr元素的背景色
    $("tr:odd").css("background-color","#CC9900");           //设置奇数行tr元素的背景色
});
</script>
...
<body>
<table border="1px" width="300px" >
<tr><th>学号</th><th>姓名</th><th>语文</th><th>数学</th></tr>
<tr><td>1</td><td>张三</td><td>98</td><td>99</td></tr>
<tr><td>2</td><td>李四</td><td>95</td><td>89</td></tr>
<tr><td>3</td><td>王五</td><td>93</td><td>95</td></tr>
<tr><td>4</td><td>刘柳</td><td>97</td><td>96</td></tr>
</table>
</body>
```

上述代码通过两种不同的过滤器实现了对表格奇数行和偶数行元素的选择，并设置偶数行tr元素为蓝色背景，奇数行tr元素为黄色背景，效果如图6.5所示。

| 学号 | 姓名 | 语文 | 数学 |
|---|---|---|---|
| 1 | 张三 | 98 | 99 |
| 2 | 李四 | 95 | 89 |
| 3 | 王五 | 93 | 95 |
| 4 | 刘柳 | 97 | 96 |

图6.5 设置表格样式

< 84 >

## 6.1.5 表单过滤器

表单过滤器可以对不同类型的表单元素进行选择。通过表单过滤器可以实现对表单输入内容进行获取、显示和隐藏表单等多种交互操作。表单过滤器介绍如下。

- input：用于选择表单元素。例如，$(":input")表示选择所有input元素。
- text：用于选择类型为text的表单元素，如$(":text")。
- password：用于选择类型为password的表单元素，如$(":password")。
- radio：用于选择类型为radio的表单元素，如$(":radio")。
- checkbox：用于选择类型为checkbox的表单元素，如$(":checkbox")。
- submit：用于选择类型为submit的表单元素，如$(":submit")。
- reset：用于选择类型为reset的表单元素，如$(": reset")。
- button：用于选择类型为button的表单元素，如$(":button")。
- image：用于选择类型为image的表单元素，如$(":image")。
- file：用于选择类型为file的表单元素，如$(": file")。
- enabled：用于选择激活的表单元素，如$(":enabled")。
- disabled：用于选择禁用的表单元素，如$(":disabled")。
- selected：用于选择被选取的表单元素（适用于下拉列表的表单），如$(":selected")。
- checked：用于选择被选中的表单元素（适用于复选框），如$(":checked")。

【示例6-5】使用过滤器修改表单样式。

```
<title>使用过滤器修改表单样式</title>
<script src="../jQ/jquery-3.6.0.min.js"></script>
<script>
$(document).ready(function(){                        //加载完文档后执行jQuery语句
    $(":text").css("background-color","#00FFFF");    //设置text类型input元素的背景色为蓝色
    $(":password").css("background-color","#CC9900");//设置password类型input元素的背景色为黄色
    $(":submit").css("background-color","#00FF99");  //设置submit类型input元素的背景为绿色
});
</script>
...
<body>
<form>
账号: <input  type="text" name="user"/><br/>
密码: <input  type="password" name="password"/><br/>
<input type="submit" value="提交" />
</form>
</body>
...
```

上述代码通过3种不同的过滤器实现了对input元素的选择，然后分别修改了对应的背景色，效果如图6.6所示。

## 【案例分析6-1】选项卡

选项卡是一种十分常见的网页布局模块。通过不同的选项卡可以在同一块空间展示多个分类清晰的内容。选项卡之间的切换效果通过设置对应元素的显示和隐藏来实现，代码如下所示。

图6.6 修改表单样式

```
<title>选项卡</title>
<style>
#box div{border:1px #000000 solid; width:250px; height:100px; float:left; display:none;
margin-left:28px; margin-top:10px; }
</style>
```

< 85 >

```
<script src="../jQ/jquery-3.6.0.min.js"></script>
<script>
$(document).ready(function(){                        //加载完文档后执行jQuery语句
    //设置id属性值为box的元素的CSS样式
    $("#box").css("width","300px");
    $("#box").css("height","300px");
    //设置span元素的CSS样式
    $("span").css("display","inline-block");
    $("span").css("width","100px");
    $("span").css("text-align","center");
});
function xF(n)
{
    var x,y,z;
    if(n==1)
    {x="block";y="none";z="none";}                    //显示选项卡1
    else if(n==2)
    {x="none";y="block";z="none";}                    //显示选项卡2
    else
    {x="none";y="none";z="block";}                    //显示选项卡3
    //切换选项卡
    $("#Div1").css("display",x);
    $("#Div2").css("display",y);
    $("#Div3").css("display",z);
}
</script>
...
<body>
<div id="box"><span onclick="xF(1)">选项卡1</span><span onclick="xF(2)">选项卡2</
span><span onclick="xF(3)">选项卡3</span>
    <div id="Div1">选项卡1的内容</div>
    <div id="Div2">选项卡2的内容</div>
    <div id="Div3">选项卡3的内容</div>
</div>
</body>
...
```

上述代码通过多种选择器实现了元素CSS样式的设置。当点击选项卡标签时会切换为对应的选项卡。例如，点击"选项卡2"，会显示选项卡2的内容，效果如图6.7所示。

图6.7　切换为选项卡2

# 6.2　jQuery事件

jQuery事件实现了对JavaScript事件的进一步封装，形成了功能更加强大、效果更加丰富的jQuery事件模型，也就是jQuery的事件方法。jQuery不但可以直接使用事件方法捕获指定元素上发生的事件，还可以通过事件方法为元素添加事件。本节将详细讲解jQuery事件的相关内容。

## 6.2.1　事件方法的基础语法

事件方法是jQuery提供的专门用于处理DOM事件的方法。使用不同的事件方法可以对不同的操作进行监听。当对应事件发生之后，就会触发事件方法中定义的功能代码。事件方法的基础语法形式如下所示。

```
$("selector").event(function(){    });
```

其中，selector表示选择器；event()表示jQuery的事件方法；function表示自定义函数，用于定义

< 86 >

要实现的功能代码。事件方法可以一次性添加多个，其语法形式如下所示。

```
$("selector").event(function(){    }....event(function(){    });
```

jQuery的事件方法包括绑定事件、注销事件、鼠标事件、键盘事件、页面事件以及表单事件。这些事件都是可以直接使用对应的元素进行调用的。例如，ready()事件方法属于页面事件方法，click()事件方法属于鼠标事件方法。

**【示例6-6】**使用click()事件方法捕获对div元素的点击操作。

```
<title>捕获对div元素的点击操作</title>
<script src="../jQ/jquery-3.6.0.min.js"></script>
<script>
$(document).ready(function(){          //加载完文档后执行jQuery语句
    $("div").click(function()          //使用click()事件方法
    {
        alert("点击了div元素");
    });
});
</script>
...
<body>
<div>点击我</div>
</body>
...
```

上述代码通过click()事件方法为元素div添加了点击事件。当用户点击div元素时会触发弹窗效果，如图6.8所示。

扫一扫

绑定事件

图 6.8　弹窗效果

## 6.2.2　绑定事件

jQuery通过事件方法可以将DOM事件绑定到已存在或未来存在的元素及其子元素上。绑定事件方法包括bind()、live()、delegate()、on()和one()这5种。使用任意一个方法都可以实现事件的绑定，但是它们之间却有不同之处。

### 1．bind()

使用bind()方法可以将一个或多个事件绑定到元素。绑定单个事件到元素的语法形式如下所示。

```
$(selector).bind(event,data,function)
```

其中，event、data和function之间用英文逗号分隔。selector表示选择器，用于选择要绑定事件和函数的元素；event表示要绑定的DOM事件，常见的DOM事件如表6.1所示；data表示传递的额外数据；function表示要绑定的函数。

表6.1　常见的DOM事件

| 鼠标事件 | 键盘事件 | 表单事件 | 文档/窗口事件 |
|---|---|---|---|
| click | keypress | submit | load |
| dblclick | keydown | change | resize |
| mouseenter | keyup | focus | scroll |
| mouseleave | | blur | unload |

为匹配元素绑定多个事件的语法形式如下所示。

```
$(selector).bind({event:function,...,event:function})
```

其中，event和function之间用冒号（:）分隔，每组事件和函数之间用英文逗号分隔。多个事件和函数总体要使用花括号（{}）括起来。

< 87 >

> **⚠️ 注意**
>
> jQuery 1.7及以上版本推荐使用on()方法代替bind()方法。

**2．live()**

使用live()方法可以实现将一个或多个事件绑定到当前或未来创建的指定元素。未来创建的元素一般是指通过脚本动态创建的元素。使用本方法绑定单个事件的语法形式如下所示。

```
$(selector).live(event,data,function)
```

使用该方法绑定多个事件的语法形式如下所示。

```
$(selector). live({event:function,...,event:function})
```

> **⚠️ 注意**
>
> live()方法在jQuery 1.7中被废弃，在1.9版本中被删除，使用on()方法代替。在使用该方法时要注意引入的jQuery的版本。

**3．delegate()**

使用delegate()方法可以将一个或多个事件绑定到当前或未来创建的子元素。使用delegate()方法绑定单个事件的语法形式如下所示。

```
$(selector).delegate(childSelector,event,data,function)
```

其中，childSelector表示指定要绑定事件的子元素。使用该方法绑定多个事件的语法形式如下所示。

```
$(selector). delegate(childSelector,{event:function,...,event:function})
```

> **⚠️ 注意**
>
> jQuery 1.7及以上版本推荐使用on()方法代替delegate()方法。

**4．on()**

使用on()方法可以实现将一个或多个事件绑定到被选元素及子元素。使用on()方法绑定单个事件的语法形式如下所示。

```
$(selector).on(event,childSelector,data,function)
```

其中，childSelector为可选项，表示选择子元素。当需要绑定事件到子元素时可添加该选择器。使用该方法绑定多个事件的语法形式如下所示。

```
$(selector).on({event:function,...,event:function},childSelector)
```

其中，childSelector子元素选择器在事件和函数之后指定。

**5．one()**

使用one()方法可以实现将一个或多个事件绑定到被选元素，并且该事件只会被触发一次。当绑定的事件被触发一次后，绑定的事件就会被删除，不会被再次触发。使用one()方法绑定单个事件的语法形式如下所示。

```
$(selector).one(event,data,function)
```

使用该方法绑定多个事件的语法形式如下所示。

```
$(selector).one({event:function,...,event:function})
```

< 88 >

**【示例6-7】** 通过不同的绑定事件方法为元素绑定点击事件。

```
<title>通过不同的绑定事件方法为元素绑定点击事件</title>
<style>
div{ width:100px; height:30px;  border:#00CCFF 10px  outset; float:left; margin-
left:30px; text-align:center; padding-top:10px;}
</style>
<script src="../jQ/jquery1.7.js"></script>         <!--键入live事件使用jQuery 1.7-->
<script>
$(document).ready(function(){                       //加载完文档后执行jQuery语句
    $("#Div1").bind("click",function(){$(this).css("background-color","yellow");});
//bind()方法
    $("#Div2").live("click",function(){$(this).css("border-style","solid");});
//live()方法
    $("#Div3").delegate("span","click",function(){$("#Div3").css("background-
color","green");});     //delegate()方法
    $("#Div4").on("click","span",function(){$("#Div4").css("border-width","20px");});
//on()方法
    $("#Div5").one("click",function(){alert("只会弹出一次");});              //one()方法
});
</script>
…
<body>
<div id="Div1">bind()方法</div>
<div id="Div2">live()方法</div>
<div id="Div3"><span>delegate()方法</span></div>
<div id="Div4"><span>on()方法</span></div>
<div id="Div5">one()方法</div>
</body>
…
```

在代码中通过5种绑定事件方法实现了为元素绑定事件的功能。运行程序后，页面中会显示5个按钮，如图6.9所示。

图 6.9　5 个按钮

依次点击前4个按钮，按钮外观会发生变化，点击第五个按钮后会出现一个弹窗，由于该按钮绑定的为一次性点击事件，所以弹窗只会出现一次，效果如图6.10所示。

图 6.10　按钮外观发生改变并出现弹窗

### 6.2.3　注销事件

扫一扫

注销事件

网页中的交互事件中，有一些交互事件只在特定情况下才能存在。因此，可对不再使用的事件进行注销，从而节省网页消耗的系统资源，提高网页运行效率。注销事件方法包括unbind()、die()、undelegate()和off()这4种。

**1．unbind()**

使用unbind()事件方法可以从匹配元素中注销由bind()方法绑定的一个或多个事件。其语法形式如下所示。

< 89 >

```
$(selector).unbind(event,function)
```

其中，selector表示元素选择器，用于选择要注销事件的元素；event表示要注销的事件；function表示要注销的函数名。

**2．die()**

使用die()事件方法可以从匹配元素中注销由live()方法绑定的一个或多个事件。其语法形式如下所示。

```
$(selector).die(event,function)
```

**3．undelegate()**

使用undelegate()事件方法可以从匹配元素中注销由delegate()方法绑定的一个或多个事件。其语法形式如下所示。

```
$(selector).undelegate(childSelector,event,function)
```

其中，childSelector用于匹配要注销事件的子元素。

**4．off()**

使用off()事件方法可以从匹配元素中注销由on()方法绑定的一个或多个事件。其语法形式如下所示。

```
$(selector).off(event,selector,function)
```

【**示例6-8**】通过off()事件方法注销由on()方法绑定的事件。

```
<title>注销事件</title>
<script src="../jQ/jquery-3.6.0.min.js"></script>
<script>
$(document).ready(function(){                          //加载完文档后执行jQuery语句
    $("div").on("click",function(){alert("点击了div元素");});    //使用on()方法点击事件
    $("button").on("click",function(){                 //为button绑定事件
        $("div").off("click");                         //注销div元素的click事件
        $(this).css("background-color","#0099FF");});   //设置按钮背景
});
</script>
…
<body>
<div style="width:100px; height:30px; border:3px solid #000000; text-align:center;
padding-top:6px; margin-bottom:10px;">点击我显示弹窗</div>
<button>取消弹窗</button>
</body>
…
```

运行程序可以看到一个div元素和一个button元素。其中，使用on()方法为div元素添加了一个click事件。每次点击div元素都会显示一次弹窗，效果如图6.11所示。

使用on()方法为button元素添加了一个click事件，并添加了一个函数用于通过off()方法注销div元素上的click事件，同时修改button元素的背景色为蓝色。所以，点击button元素之后，button元素的背景色变为蓝色，并注销div元素的click事件。再次点击div元素时，不会出现弹窗效果，如图6.12所示。

图 6.11　点击 div 元素显示弹窗

图 6.12　注销事件修改背景色

< 90 >

## 【案例分析6-2】使用on()方法实现文本交互效果

　　使用绑定事件方法不但可以为指定元素绑定单个事件，还可以实现多个事件和函数的绑定。在本案例中将实现为div元素绑定两个鼠标事件，实现文本交互效果，代码如下所示。

```
<title>文本交互效果</title>
<script src="../jQ/jquery-3.6.0.min.js"></script>
<script>
$(document).ready(function(){                          //加载完文档后执行jQuery语句
    $("div").on({
    mouseover:function(){$(this).css("font-size","36px")},//第1个事件：鼠标指针位于文本上，文本放大
    mouseout:function(){$(this).css("font-size","24px")}//第2个事件：鼠标指针离开文本，文本缩小
    });
});
</script>
...
<body>
<div style="font-size:24px; cursor:pointer;">鼠标指针位于文本上，文本放大，离
开缩小</div>
</body>
...
```

扫一扫

案例分析 6-2

　　上述代码使用on()方法为同一个元素绑定了mouseover和mouseout两个DOM事件。当鼠标指针位于文本上时触发mouseover事件，文本字号增大；当鼠标指针离开文本范围后，文本字号减小，效果如图6.13所示。

鼠标指针位于文本上，文本放大，离开缩小

鼠标指针位于文本上，文本放大，离开缩小

图6.13　文本交互效果

# 6.3　jQuery中的交互事件方法

　　为了更好地实现网页元素的交互效果，jQuery提供了多种事件方法。事件包括鼠标事件、键盘事件、页面事件和表单事件。本节将详细讲解jQuery中交互事件方法的相关内容。

扫一扫

鼠标事件

## 6.3.1　鼠标事件

　　鼠标事件方法主要用于为元素添加鼠标操作的监听事件，当使用鼠标在对应元素上进行了对应的操作之后，就可以触发指定的功能代码实现指定的效果。jQuery提供的鼠标事件方法介绍如下。

- click()：当点击指定元素时，触发click事件（注：click事件是强调语法层面的事件方法，点击事件则侧重于点击操作），运行对应函数。
- dblclick()：当双击指定元素时，触发dblclick事件，运行对应函数。
- hover()：该事件方法需要添加两个功能函数，当鼠标指针位于元素上时触发hover事件并运行第1个函数，当鼠标指针离开元素时，运行第2个函数。如果只添加一个函数，则鼠标位于元素上方或离开元素上方时都会触发该函数。
- mousedown()：当鼠标指针位于元素上并按下鼠标左键时，触发mousedown事件并运行对应函数。
- mouseup()：当鼠标指针位于元素上并释放鼠标左键时，触发mouseup事件并运行对应函数。
- mouseenter()：当鼠标指针穿越或位于元素上时，触发mouseenter事件并运行对应函数。
- mouseleave()：当鼠标指针离开元素时，触发mouseleave事件并运行对应函数。
- mousemove()：当鼠标指针位于元素上并移动时，触发mousemove事件并运行对应函数。

< 91 >

- mouseout()：当鼠标指针离开元素及其子元素时，触发mouseout事件并运行对应函数。
- mouseover()：当鼠标指针位于元素及其子元素上时，触发mouseover事件并运行对应函数。

【示例6-9】使用鼠标事件方法实现元素样式修改。

```
<title>使用鼠标事件方法实现元素样式修改</title>
<style>div{ height:30px; width:200px; float:left; margin-left:30px; text-align:center;
padding-top:10px; }</style>
<script src="../jQ/jquery-3.6.0.min.js"></script>
<script>
$(document).ready(function(){                              //加载完文档后执行jQuery语句
    $("#Div1").click(                                      //点击添加背景色，修改文本颜色
        function(){$(this).css("color","#FFFFFF");$(this).css("background-
color","#FF0000");});
    $("#Div1").hover(                                      //鼠标指针位于元素上时触发hover事件
        function(){$(this).css("border"," #0099FF 3px solid");}  //添加边框
        function(){$(this).css("color","black");             //鼠标指针离开元素上时恢复背景色
            $(this).css("background-color","white");         //恢复文本颜色
            $(this).css("border","none");});                //取消边框
    //按下鼠标左键显示边框
    $("#Div2").mousedown(function(){$(this).css("border"," #0099FF 3px solid");});
    $("#Div2").mouseup(function(){$(this).css("border"," none");});  //释放鼠标左键隐藏边框
});
</script>
...
<body>
<div id="Div1">click和hover事件方法</div>
<div id="Div2">其他鼠标事件方法</div>
</body>
...
```

上述代码使用4个鼠标事件实现了两个div元素的交互效果。运行程序，页面中会显示两个div元素，当鼠标指针放置在第1个div元素上时会显示一个蓝色边框，点击该元素会为其添加一个红色背景，并设置文本颜色为白色。当鼠标指针离开div元素后一切效果复原，效果如图6.14所示。

当鼠标指针放置在第2个div元素上并按下鼠标左键时，div2元素会添加一个蓝色边框。当释放鼠标左键时，蓝色边框会被删除，效果如图6.15所示。

图 6.14  click 和 hover 事件

图 6.15  mousedown 和 mouseup 事件

### 6.3.2 键盘事件

键盘事件方法用于监听键盘按键的状态，包括按键被按下、释放和按住按键3种状态。jQuery的键盘事件方法如下所示。

扫一扫

键盘事件

- keydown()：当按键被按下时，触发keydown事件并运行对应的函数。
- keypress()：当按键处于长时间的按下状态时，触发keypress事件并运行对应的函数。
- keyup()：当按键被释放时，触发keyup事件并运行对应的函数。

【示例6-10】使用键盘事件修改输入框的背景色。

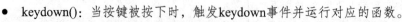

```
<title>使用键盘事件修改输入框的背景色</title>
...
<script src="../jQ/jquery-3.6.0.min.js"></script>
```

< 92 >

```
<script>
$(document).ready(function(){                        //加载完文档后执行jQuery语句
    $("input").keydown(function(){$(this).css("background-color","#0099FF");})//按键被
按下,其背景色被设置为蓝色
    $("input").keyup(function(){$(this).css("background-color","#FFFFFF");})   //按键被
释放,其背景色恢复为白色
});
</script>
<body>
输入字符串: <input type="text" />
</body>
...
```

上述代码使用两个键盘事件实现了input元素的输入交互效果。运行程序,页面中会显示一个input元素。将光标置于输入框中按下键盘按键后,输入框的背景色会变为蓝色,当释放按键之后,输入框的背景色恢复为白色,效果如图6.16所示。

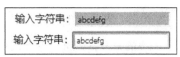

图6.16 修改输入框的背景色

### 6.3.3 页面事件

扫一扫

页面事件

页面事件是指在页面中的一些经常发生的事件,包括文档加载事件、页面窗口调整事件、触发事件等。jQuery的页面事件方法如下所示。

- ready():当HTML文档内容加载完毕且页面(包括图像)完全加载时,触发ready事件并运行对应函数。
- resize():当调整浏览器窗口大小时,触发resize事件并运行对应函数。
- scroll():当用户滚动指定的元素时,触发scroll事件并运行对应函数。
- trigger():触发指定元素上指定的事件以及事件的默认行为。使用该事件方法还可以触发自定义的事件方法。
- triggerHandler():触发指定元素上指定的事件,并不执行事件的默认行为。

【示例6-11】比较trigger()和triggerHandler()触发事件方法的不同。

```
<title>比较trigger()和triggerHandler()触发事件方法的不同</title>
<script src="../jQ/jquery-3.6.0.min.js"></script>
<script>
$(document).ready(function(){                        //加载完文档后执行jQuery语句
    $("input").select(function(){                    //添加select事件
        $(this).css("background-color","#99FF00");})  //设置背景色
    $("#btn1").click(function(){                      //添加click事件
        $("input").trigger("select");});             //添加trigger事件触发select事件选中文本
    $("#btn2").click(function(){                      //添加click事件
        $("input").triggerHandler("select");   });   //添加triggerHandler事件触发
select事件不选中文本
});
</script>
...
<body>
<input type="text" value="Hello World"><br/><br/>
<button id="btn1">trigger()事件方法</button>
<button id="btn2">triggerHandler()事件方法</button>
</body>
...
```

上述代码为两个按钮元素分别添加了trigger()和triggerHandler()触发事件方法。打开的浏览器中会显示一个input元素和两个按钮元素。当点击第1个按钮时,会选中input元素中的文本内容并修改input元素的背景色为黄色。当点击第2个按钮时,只会修改input元素的背景色为黄色,效果如图6.17所示。

< 93 >

图 6.17　trigger() 和 triggerHandler() 触发事件方法实现的效果

其中，trigger()事件方法不但会触发select事件，还会执行select事件在表单元素中选中文本内容的默认操作，最后还会执行添加select事件代码中指定的修改背景色操作。triggerHandler()事件方法只会触发select事件，但是不会执行select事件默认的选中文本内容操作，只会执行添加select事件代码中为其指定的修改背景色操作。

## 6.3.4　表单事件

扫一扫

表单事件

表单元素是网页或软件前后台数据交互的介质，是十分重要的一类元素。在表单元素中可以实现多种操作，包括填写数据、修改数据、选择数据以及提交数据等。这些操作都可以使用对应的表单事件进行捕获。jQuery中的表单事件方法如下所示。

- focus()：当元素获得焦点时触发focus事件并运行对应函数。焦点可以通过点击选中元素或Tab键定位实现。
- focusin()：当元素以及任意子元素获得焦点时，触发focusin事件并运行对应函数。
- focusout()：当元素以及任意子元素失去焦点时，触发focusout事件并运行对应函数。
- change()：当元素的值发生改变时，触发change事件并运行对应函数。该事件需要在值修改完成后才会触发。例如，在文本类型的input元素中输入完成失去焦点之后才会触发change事件。
- select()：当textarea或文本类型的input元素中的文本被选择时，触发select事件并运行对应函数。
- submit()：当提交表单时触发submit事件并运行对应函数。

【示例6-12】使用表单事件方法实现表单元素的交互效果。

```
<title>使用表单事件方法实现表单元素的交互效果</title>
<script src="../jQ/jquery-3.6.0.min.js"></script>
<script>
$(document).ready(function(){                          //加载完文档后执行jQuery语句
    $(":text").focus(function(){                       //添加focus事件
        $(this).css("background-color","#FF3333");     //修改背景色
        $(this).css("color","white");                  //修改文本颜色
        }).select(function(){                           //添加select事件
        $(this).css("font-size","16px");});            //修改文本字号
    $(":password").change(function(){                  //添加change事件
        $(this).css("background-color","#00FFFF");});  //修改背景色
    $("input").focusout(function(){                    //添加focusout事件
        $(this).css("color","black");                  //恢复文本颜色
    $(this).css("font-size","10.5px");});              //恢复字号
});
</script>
...
<body>
<form>
账号: <input type="text" name="name"
/><br />
密码: <input type="password" name="tel" /><br />
<input type="submit" value="提交" />
</form>
</body>
...
```

< 94 >

上述代码中添加了4种表单事件。运行程序，页面中会显示一个表单。当选中账号输入框时，账号输入框的背景色被修改为红色，文本颜色被修改为白色。当使用鼠标指针选中文本内容后，文本内容会被放大。当失去焦点后，字号和文本颜色恢复默认设置，背景色仍然为红色，效果如图6.18所示。

当焦点位于密码输入框时，可以在密码输入框中输入密码。输入过程中触发change事件，输入框背景色被修改为蓝色，效果如图6.19所示。

图 6.18　账号输入框的交互效果

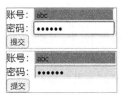

图 6.19　密码输入框的交互效果

## 6.3.5　event对象的方法和属性

扫一扫

event 对象

jQuery对网页设计中event对象存在的兼容性问题进行了修正，提供了一套event对象的事件方法和属性，统一了IE浏览器模型和DOM中event对象的事件方法和属性。jQuery中event对象的属性如表6.2所示。

表6.2　event对象的属性

| 属性 | 功能 |
| --- | --- |
| event.currentTarget | 返回其监听器触发事件的节点，即当前处理该事件的元素、文档或窗口 |
| event.data | 包含当前执行的处理程序被绑定时传递到事件方法的可选数据 |
| event.delegateTarget | 返回当前调用的jQuery事件处理程序所添加的元素 |
| event.target | 返回触发事件的DOM元素 |
| event.timeStamp | 返回从1970年1月1日到事件被触发时的毫秒数 |
| event.type | 返回被触发的事件类型 |
| event.which | 返回指定事件上哪个键盘按键或鼠标按键被按下 |
| event.metaKey | 返回事件触发时META键（即Windows键）是否被按下 |
| event.pageY | 返回相对于文档上边缘的鼠标指针位置 |
| event.relatedTarget | 返回当鼠标指针移动时进入或者退出的元素 |
| event.result | 包含由被指定事件触发的事件处理程序返回的最后一个值 |

jQuery中event对象的事件方法如表6.3所示。

表6.3　event对象的事件方法

| 事件方法 | 功能 |
| --- | --- |
| event.stopImmediatePropagation() | 阻止其他事件处理程序被调用 |
| event.stopPropagation() | 阻止事件向上冒泡到DOM树，阻止任何父处理程序被事件通知 |
| event.preventDefault() | 阻止事件的默认行为 |
| event.isDefaultPrevented() | 返回指定的event对象是否调用了event.preventDefault() |
| event.isImmediatePropagationStopped() | 返回指定的event对象是否调用了event.stopImmediatePropagation() |
| event.isPropagationStopped() | 返回指定的event对象是否调用了event.stopPropagation() |

【示例6-13】使用event对象的事件方法阻止链接跳转。

```
<title>使用event对象的事件方法阻止链接跳转</title>
```

< 95 >

```
<script src="../jQ/jquery-3.6.0.min.js"></script>
<script>
$(document).ready(function(){                              //加载完文档后执行jQuery语句
    $("#a1").click(function(){event.preventDefault();});      //阻止链接跳转默认行为
});
</script>
...
<body>
阻止链接跳转：<a id="a1" href="【案例分析6-1】选项卡.html">跳转到选项卡网页</a><br/>
不阻止链接跳转：<a id="a2" href="【案例分析6-1】选项卡.html">跳转到选项卡网页</a>
</body>
...
```

上述代码为第1个a元素添加了click()事件方法，并在函数中添加了preventDefault()方法。运行程序，页面中会显示两个a元素，点击第1个a元素，preventDefault()方法阻止默认行为，不会发生页面跳转，点击第2个a元素会发生页面跳转，跳转到选项卡页面。

## 【案例分析6-3】调用自定义事件方法切换文本样式

jQuery不但提供了丰富的事件方法，还支持开发者根据自己的需求自定义事件方法。自定义事件需要通过绑定事件方法进行绑定，并通过trigger()方法触发。本案例自定义一个设置元素背景色和字号的事件方法，代码如下所示。

```
<title>调用自定义事件方法</title>
<script src="../jQ/jquery-3.6.0.min.js"></script>
<script>
$(document).ready(function(){                              //加载完文档后执行jQuery语句
    var n=1;                                               //设置开关变量
    $("div").on("zdy",function(){                          //绑定自定义事件
        if(n==1){
            $(this).css("color","red");
            $(this).css("font-size","36px");
            n=0;
        }else
        {
            $(this).css("color","black");
            $(this).css("font-size","10.5px");
            n=1;
        }
    });
    $("input").click(function(){
        $("div").trigger("zdy");});                        //触发自定义事件
});
</script>
...
<body>
<div>调用自定义事件方法切换文本样式</div><br />
<input type="button" value="点击" />
</body>
...
```

上述代码使用on()方法为div元素绑定了一个自定义事件zdy。在zdy()方法中设置了一个开关，可以让按钮在两个状态中不断切换。在input元素上添加了一个click事件，在事件的函数中通过trigger()事件方法实现自定义事件zdy的触发。运行程序，页面中会显示一个div元素和一个input的button类型元素，点击按钮，div元素的文本内容变为红色，字号加大，点击按钮，div元素的文本样式恢复如初，效果如图6.20所示。

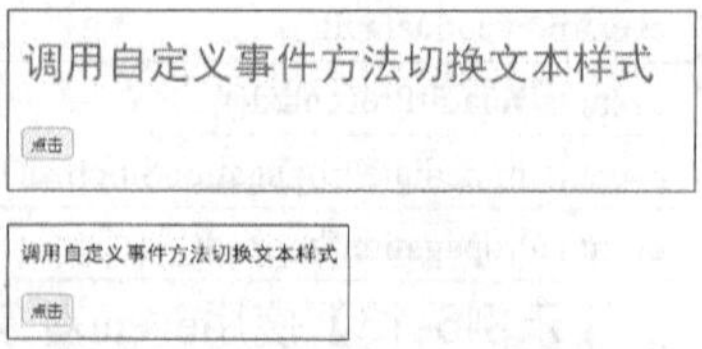

图 6.20　点击按钮切换文本样式

< 96 >

# 【案例分析6-4】商品展示栏的交互效果

案例分析 6-4

在电商网页中，商品信息是网页的主要内容。商品信息一般通过商品展示栏的方式进行展示。可以使用HTML标签和CSS层叠样式实现商品展示栏的布局，还可以通过jQuery实现用户通过鼠标和商品展示栏交互，提高用户的使用体验。商品展示栏的交互效果的实现代码如下所示。

```
<title>商品展示栏交互效果</title>
<script src="../jQ/jquery-3.6.0.min.js"></script>
<script>
$(document).ready(function(){                              //加载完文档后执行jQuery语句
    $("#box").hover(function(){                            //添加hover事件
        $(this).css("opacity","0.8");                      //设置透明度
        $(this).css("cursor","pointer");                   //设置鼠标指针样式
        $("#Div4").css("display","block");                 //设置显示
        },function(){
        $(this).css("opacity","1");                        //恢复透明度
        $("#Div4").css("display","none");                  //恢复隐藏
        });
    $("#Div5").hover(function(){                            //添加hover事件
        $(this).css("background-color","red");             //设置背景色为红色
        },function(){
        $(this).css("background-color","black");           //恢复背景色为黑色
        });
});
</script>
<style>
div{margin:auto;}
#box{ width:210px; height:300px; border:1px solid #000000; }
#Div1{width:200px; height:200px; }
img{ height:180px; padding-left:30px; padding-top:5px; display: inline-block; }
#Div2{width:200px; height:50px; padding-top:10px; font-size:18px;   }
#Div3{width:200px; height:30px; margin-top:5px; font-size:18px; color:#FF0000;}
.little{ font-size:9px;}
#spa1{ display:inline-block; margin-left:120px; border:1px solid #FF0000;}
#Div4{ width:210px; height:60px; margin-top:-60px;  background-color:#FFFFFF;
position:absolute; z-index:1; opacity:0.9; display:none;}
#Div5{width:100px; margin-top:20px; text-align:center; font-size:18px; border:1px
solid #000000;border-radius: 25px; background:#000000; color:#FFFFFF; opacity:1;}
</style>
...
<body>
<a title="女士新款时尚百搭老花单肩包手提包"><div id="box">
    <div id="Div1"><img src="image/01.png" alt="单肩包" /></div>
    <div id="Div2">女士新款  时尚百搭老花单肩包手提包</div>
     <div id="Div3"><span class="little">¥</span>428.<span class="little">00</
span><span id="spa1">券</span></div>
        <div id="Div4"><div id="Div5">找相似</div></div>
</div>
</a>
</body>
...
```

上述代码为两个div元素添加了hover事件。运行程序，页面中会显示一个商品展示栏。当鼠标指针移动到商品展示栏上之后，整个商品展示栏的透明度会发生改变，形成一种模糊效果，并且在商品展示栏下方会显示一个"找相似"的div元素。当鼠标指针移动到"找相似"div元素上后，该div元素的背景色会变为红色，当鼠标指针移动到"找相似"div元素之外后，该div元素的背景色恢复为黑色。当鼠标指针移动到商品展示栏之外后，"找相似"的div元素会被隐藏，并且商品展示栏的透明度恢复，效果如图6.21所示。

< 97 >

图 6.21　商品展示栏的交互效果

【素养课堂】

　　jQuery是JavaScript众多库文件中的一种，它是目前最流行的一种JavaScript库文件。jQuery并不是一种完全独立的新语言，它对JavaScript进行了进一步整合和修改，让JavaScript在使用上更加便捷，在效果上更加丰富。在生活中，任何成功的产品都不是一蹴而就的，都是通过不断精练、不断更新产生的。

　　在学习中也是一样，想要更好地掌握知识点，首先需要对所有的知识点进行认真地学习，然后通过一次次的模拟考察，找到自己掌握不牢靠的知识点，从而进行针对性学习，最终形成一套精练的知识体系。在生活中我们难免会遇到一些挫折，这些挫折都是让我们站得更高的"垫脚石"。所以，面对挫折要正视它，要将挫折变为力量，让自己更加强大，经过不断地锻炼最终成就更好的自己。

# 6.4　思考与练习

## 6.4.1　疑难解读

　　1. jQuery的选择器相对于JavaScript的选择器有哪些优点？

　　JavaScript中选择元素的方法无法做到十分细致的选择。例如，选择某个元素下的某个子元素是无法直接实现的，需要首先选择父级元素，然后遍历子元素才能实现。而jQuery提供的选择器是基于CSS选择器来实现元素选择的。无论元素关系如何复杂，jQuery都可以使用特定的选择器实现对元素的选择。

　　2. jQuery中的事件与JavaScript中的事件是否相同？

　　它们本质上是相同的，它们都是通过HTML节点操作实现事件监听的。但是jQuery中的事件无论是在语法上，还是执行效率上，都优于JavaScript中的事件，并且经过jQuery的整理，jQuery提供的事件在浏览器之间有更强的兼容性。

## 6.4.2　课后习题

### 一、填空题

　　1. 元素选择器通过id属性、class属性以及_____等方式实现对元素的选择。

　　2. 兄弟选择器可以选择_____的元素，在选择元素时需要使用到_____进行连接。

　　3. 过滤器可以根据特定的过滤条件获取特定元素，在使用时需要使用_____进行连接。

　　4. 实现将一个或多个事件绑定到被选元素及子元素可以使用_____方法实现。

　　5. 触发指定元素上指定的事件以及事件的默认行为可以使用_____方法实现。

< 98 >

## 二、选择题

1. 下列选项中属于属性选择器的为（　　　）。

   A. $("[name]")　　　B. $("#div:input")　　C. $("#Div1")　　　　　D. $("p")

2. 下列可以用于实现使用属性选择器获取id属性值不为Div的元素的选项为（　　　）。

   A. $("[id^='Div']")　　B. $("[id!='Div']")　　C. $("[id*='Div']")　　　D. $("[id!='Div']")

3. 在元素上按下鼠标左键时触发的事件为（　　　）。

   A. mousemove　　　B. mouseenter　　　C. mouseleave　　　　D. mousedown

4. 可以用于实现选择索引为奇数的所有a元素的选项为（　　　）。

   A. $("a:even")　　　B. $("a:odd")　　　C. $("a:last")　　　　D. $("a:first")

5. 下列选项中可以用于实现只执行一次指定事件的事件方法为（　　　）。

   A. bind()　　　　　B. live()　　　　　C. one()　　　　　　D. on()

## 三、上机实验题

1. 使用on()方法实现按下键盘上任意按键时文字放大，释放按键时文字恢复默认尺寸。

【实验目标】掌握绑定多个事件到指定元素并产生交互效果的方法。

【知识点】on()方法、keydown()和keyup()方法。

2. 实现双击图片使图片放大，再次双击图片使图片尺寸恢复。

【实验目标】掌握将dblclick()事件绑定到指定元素和实现开关按钮效果的方法。

【知识点】开关效果的设置、dblclick()事件方法。

< 99 >

# jQuery页面操作

jQuery页面操作是指通过jQuery方法实现对HTML文档中的元素进行获取和设置。相对于JavaScript，jQuery可以提供更加简便的页面元素操作方法。本章将详细讲解jQuery页面操作的相关内容。

**【学习目标】**

- 掌握获取和设置元素内容。
- 掌握获取和设置元素属性。
- 掌握元素的添加、删除、替换。
- 掌握CSS类的添加和删除。
- 掌握CSS类的切换。
- 掌握CSS样式的获取和设置。

扫一扫

导引示例

**【导引示例】**

jQuery提供了比JavaScript更加强大的页面操控能力。通过jQuery可以更加轻松地对页面元素进行获取和设置。例如，使用jQuery控制元素的显示和隐藏，代码如下所示。

```
<title>导引示例</title>
<style>
.disimg{ display:none;}
</style>
<script src="../jQ/jquery-3.6.0.min.js"></script>
<script>
$(document).ready(function(){              //加载完文档后执行jQuery语句
    $("button").click(function(){          //添加点击事件
        $("img").toggleClass("disimg");    //动态切换类属性是否添加
    });
});
</script>
...
<body>
<button>显示/隐藏图片</button>
<img src="image/sun.jpg" />
</body>
...
```

上述代码使用toggleClass()方法动态地为img元素添加或删除disimg类属性。运行程序，页面中会显示一张图片，点击按钮后，图片隐藏，再次点击按钮，图片显示，效果如图7.1所示。

图 7.1 动态切换图片的显示与隐藏

# 7.1　HTML元素操作

　　HTML元素操作包括元素内容和属性的获取、设置以及元素的创建、添加、替换、克隆和删除等操作。本节将详细讲解如何使用jQuery操作HTML元素。

## 7.1.1　获取和设置元素内容

　　元素内容包括普通元素的文本内容、元素整体内容和元素的值内容3种。

```
<a>你好</a>
<input type="text" value="123" />
```

　　在上述代码中，"你好"是a元素的文本内容。"<a>你好</a>"是元素的整体内容。而<input>标签中的value属性值就是input元素的值。在jQuery中分别使用text()、html()和val()这3种事件方法实现对元素内容的获取和设置。

**1．text()**

　　text()事件方法用于获取或设置元素的文本内容，获取文本内容的语法形式如下所示。

```
$(selector).text()
```

　　其中，selector表示选择器。使用该事件方法设置元素文本内容的语法形式如下所示。

```
$(selector).text(content)
```

　　其中，content表示要设置的新文本内容，一般为字符串，需要用双引号引导。

**2．html()**

　　html()事件方法用于获取或设置元素的内容，获取元素内容的语法形式如下所示。

```
$(selector).html()
```

　　设置匹配元素内容的语法形式如下所示。

```
$(selector).html(content)
```

　　其中，content的内容是指要添加到指定元素中的内容，除了可以添加文本内容，还可以添加HTML标签等内容。

**3．val()**

　　val()事件方法用于获取或设置匹配元素的值，通常匹配的元素为input元素。获取元素值的语法形式如下所示。

```
$(selector).val()
```

　　设置匹配元素值的语法形式如下所示。

```
$(selector).val(value)
```

　　其中，value表示要设置的值。

　　【示例7-1】修改用户名字的样式并进行显示。

```
<title>修改用户名字的样式并进行显示</title>
<script src="../jQ/jquery-3.6.0.min.js"></script>
<script>
$(document).ready(function(){                    //加载完文档后执行jQuery语句
    $("[value='加粗']").click(function(){        //添加点击事件
        var str = $(":text").val();              //获取元素的值
        $("span").html("<b>"+str+"</b>");        //设置元素的内容
```

< 101 >

```
    });
    $("[value='斜体']").click(function(){              //添加点击事件
        var str = $(":text").val();                   //获取元素的值
        $("span").html("<i>"+str+"</i>");             //设置元素的内容
    });
    $("[value='下画线']").click(function(){            //添加点击事件
        var str = $(":text").val();                   //获取元素的值
        $("span").html("<u>"+str+"</u>");             //设置元素的内容
    });
    $(":button").click(function(){                    //添加点击事件
        $("h1").text($(":text").val()+"的艺术字");     //设置元素的文本内容
    })
});
</script>
...
<body>
<h1>某人的艺术字</h1>
请输入名字：<input type="text" /><br/><br/>
请选择样式：<input type="button" value="加粗" /><input type="button" value="斜体"/>
<input type="button" value="下画线" />
    <div style="padding-top:12px;">你的名字：    <span>无</span></div>
</body>
...
```

上述代码使用了3种获取和设置元素内容的方法。运行程序之后，用户可以在文本输入框中输入自己的名字，然后选择名字显示的样式。这样，用户输入的名字会以指定的样式显示在最后一行，并且标题内容也会随之改变，其效果如图7.2所示。

图 7.2　以加粗样式显示名字

## 7.1.2　操作元素属性

通过元素的属性可以实现对元素外观和内容的操作。获取和设置元素属性使用 attr()和prop()方法；删除元素属性使用removeAttr()和removeProp()方法。

**1. attr()**

attr()方法可以用于获取或设置指定元素的属性，如果没有获取到对应的属性，则返回值为 undefined。获取元素指定属性的语法形式如下所示。

```
$(selector).attr(attribute)
```

其中，attribute表示要获取的属性。设置元素属性的语法形式如下所示。

```
$(selector).attr({attribute:value,...,attribute:value})
```

设置元素属性时，可以一次设置一个，也可以一次设置多个。在设置多个属性时，属性和值之间用冒号（:）分隔，每组属性之间用逗号（,）分隔。其中，如果属性值为字符串，则需要用双引号引起来。

< 102 >

## 2．prop()

prop()方法也可以用于实现获取或设置指定元素的属性，如果没有获取到对应的属性，则返回值为空字符串。如果属性有true和false两个值，则默认使用prop()方法。获取元素指定属性的语法形式如下所示。

```
$(selector).prop(property)
```

设置元素属性的语法形式如下所示。

```
$(selector).prop({property:value,...,property:value})
```

## 3．removeAttr()

removeAttr()方法可以用于删除备选元素的一个或多个属性，其语法形式如下所示。

```
$(selector).removeAttr(attribute)
```

其中，attribute表示要删除的属性，如果属性值是字符串，则要使用双引号引起来。如果要删除多个属性，则用空格分隔。

## 4．removeProp()

removeProp()方法可以用于删除由prop()方法设置的属性，其语法形式如下所示。

```
$(selector).removeProp(property)
```

【示例7-2】通过修改属性值实现图片切换。

```
<title>图片切换</title>
<script src="../jQ/jquery-3.6.0.min.js"></script>
<script>
$(document).ready(function(){                    //加载完文档后执行jQuery语句
    $("[value='晴天']").click(function(){
        $("img").prop("src","image/sun.jpg");    //设置图片路径
    });
    $("[value='雨天']").click(function(){
        $("img").prop("src","image/rain.jpg");   //设置图片路径
    });
});
</script>
...
<body>
<img src="image/sun.jpg" /><br /><br />
<input type="button" value="晴天" />   &
nbsp;<input type="button" value="雨天" />
</body>
...
```

上述代码使用prop()方法实现对img元素的src属性的设置。运行程序，页面中会显示一张图片与两个按钮，点击"晴天"按钮，图片切换为晴天对应的图片，点击"雨天"按钮，图片切换为雨天对应的图片，效果如图7.3所示。

图 7.3 点击按钮切换图片

## 7.1.3 创建元素

扫一扫

创建元素

在jQuery中实现元素的创建十分简单，只需要使用jQuery的构造函数$()即可。创建元素的语法形式如下所示。

```
$(html)
```

其中，html表示标签字符串，需要用双引号引起来，并且要求标签为闭合状态。如果是双标签，则需要由开始标签和闭合标签组成，如<a></a>；如果是单独标签，则需要在开始标签中添加

< 103 >

斜杠（/）表示闭合如<input />。例如，创建一个div元素的代码如下所示。

```
$("<div></div>");
```

在创建元素的同时可以直接创建文本内容，只需要在标签字符串中添加对应的文本内容即可。例如，创建一个带文本内容的div元素的代码如下所示。

```
$("<div>新的div元素</div>");
```

在创建元素的同时也可以为元素创建新属性，只需要在开始标签中添加对应的属性即可。例如，创建一个带id属性的div元素的代码如下所示。

```
$("<div id="Div1">新的div元素</div>");
```

## 7.1.4 添加元素

添加元素就是指将新建的元素添加到指定的DOM节点中。添加元素的方法一共包括append()、prepend()、after()和before()这4种。

**1. append()和prepend()**

使用append()方法可以将新元素添加到指定元素内部的结尾处，也就是在指定元素的最后一个子元素的后面插入新元素。其语法形式如下所示。

```
$(selector).append(content)
```

其中，content表示要添加的元素。另外，还可以通过函数实现元素添加，其语法形式如下所示。

```
$(selector).append(function(index,html){return content})
```

其中，参数Index表示所选元素的索引，参数html表示所选元素的内容，这两个参数可以省略。content表示新元素，return语句会返回要插入的新元素。

使用prepend()方法可以将新元素添加到指定元素内部的开头处，也就是将新元素插入指定元素的第1个子元素之前。其语法形式如下所示。

```
$(selector).prepend(content)
```

使用函数方式插入元素的语法形式如下所示。

```
$(selector).prepend(function(index,html){return content})
```

使用append()和prepend()方法将a元素插入p元素后的效果如图7.4所示。

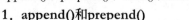

图 7.4 使用 append() 和 prepend() 方法将 a 元素插入 p 元素后的效果

**2. after()和before()**

使用after()方法可以将新元素添加到指定元素外部的结尾处，也就是将新元素插入指定元素之后，它们之间有兄弟元素的关系。其语法形式如下所示。

```
$(selector).after(content)
```

其中，content为要插入的元素。通过after()方法也可以使用函数插入元素，其语法形式如下所示。

```
$(selector).after(function(index){return content})
```

其中，index表示选中元素的索引值。

< 104 >

使用before()方法可以将新元素添加到指定元素外部的开头处，也就是将新元素插入指定元素之前，它们之间有兄弟元素的关系。其语法形式如下所示。

```
$(selector).before(content)
```

其中，content为要插入的元素。通过before ()方法也可以使用函数插入元素，其语法形式如下所示。

```
$(selector).before(function(index){return content})
```

其中，index表示选中元素的索引值。

使用after()和before()方法将a元素插入p元素后的效果如图7.5所示。

| p元素 | `<p><span>p元素的内容</span></p>` |
|---|---|
| after()方法 | `<p><span>p元素的内容</span></p><a>after()方法插入的a元素</a>` |
| before()方法 | `<a>before()方法插入的a元素</a><p><span>p元素的内容</span></p>` |

图 7.5　使用 after() 和 before() 方法将 a 元素插入 p 元素后的效果

【示例7-3】通过添加元素的方式补全古诗。

```
<title>通过添加元素的方法实现古诗补全</title>
<style>div{ display:inline-block;}</style>
<script src="../jQ/jquery-3.6.0.min.js"></script>
<script>
$(document).ready(function(){                        //加载完文档后执行jQuery语句
    function inputf(){                                //为input元素绑定change事件
        $(":input").on("change",function(){
            $(this).css("border","none");            //取消边框
            $(this).css("border-bottom","1px solid black");    //设置下边框
        });
    }
    $("#spn1").click(function(){                      //添加click事件
        $("#Div1").append("<input type='text'/>");   //使用append()方法添加input元素
        $(this).css("display","none");               //隐藏span元素
        inputf();                                    //触发change事件并设置下边框
    });
    $("#spn2").click(function(){                      //添加click事件
        $("#Div2").prepend("<input type='text'/>");  //使用prepend()方法添加input元素
        $(this).css("display","none");               //隐藏span元素
        inputf();                                    //触发change事件并设置下边框
    });
    $("#spn3").click(function(){                      //添加click事件
        $("#spn3").before("<input type='text'/>");   //使用before()方法添加input元素
        $(this).css("display","none");               //隐藏span元素
        inputf();                                    //触发change事件并设置下边框
    });
    $("#spn4").click(function(){                      //添加click事件
        $("#spn4").after("<input type='text'/>");    //使用after()方法添加input元素
        $(this).css("display","none");               //隐藏span元素
        inputf();                                    //触发change事件并设置下边框
    });
});
</script>
...
<body>
<h1>在横线处添加内容补全古诗</h1>
第1题: <div id="Div1"><span>千山鸟飞绝, </span><span id="spn1">_____</span>
</div>。<br/>
    第2题: <div id="Div2"><span id="spn2">_____</span><span>, 独钓寒江雪。</span>
div><br/>
    第3题<div id="Div3">: <span id="spn3">_____</span><span>, 千里江陵一日还。
</span></div><br/>
```

< 105 >

第4题：<div id="Div4"><span>两岸猿声啼不住，</span><span id="spn4">_____</span>。</div><br/>
　　</body>
...

上述代码使用了4种方法实现元素的添加，其中append()、prepend()方法与after()、before()方法选择的元素不同。运行程序后，页面中会显示4道古诗补全习题。当用户点击横线部分时，对应span元素隐藏并添加input元素；当古诗补全完成之后，修改input元素只保留下边框，效果如图7.6所示。

图 7.6　补全古诗

## 7.1.5　替换和克隆元素

在网页设计中通过替换元素和克隆元素可以实现多种元素相互切换的效果。替换元素的方法包括replaceWith()和replaceAll()两种，克隆元素的方法为clone()。

**1．replaceWith()**

replaceWith()方法用于将被选中的元素替换为指定元素或新元素。其语法形式如下所示。

```
$(selector).replaceWith(content)
```

其中，selector表示要被替换的元素，content表示要替换的新元素。通过该方法还可以使用函数实现元素替换，其语法形式如下所示。

```
$(selector).replaceWith(function(){return content})
```

**2．replaceAll()**

replaceAll()方法也可以用于将被选中的元素替换为指定元素或新元素。其语法形式如下所示。

```
$(content).replaceAll(selector)
```

其中，content为要替换的新元素，selector为要被替换的元素。replaceAll()与replaceWith()方法的区别在于，语法中选择被替换元素的位置不同，并且replaceAll()方法不支持使用函数替换元素。

**3．clone()**

克隆元素是指将指定元素进行复制，复制完成后可以将复制得到的元素通过添加元素的方法添加到任意位置。其语法形式如下所示。

```
$(selector).clone(includeEvents)
```

其中，includeEvents为可选项，表示是否在复制元素时复制元素的所有事件处理程序。true表示复制，省略或false表示不复制。

【示例7-4】点击按钮切换元素样式。

```
<title>点击按钮切换元素样式</title>
<style>
#Div1{ color:#FFFFFF; background:#000000;}          /*黑底白字*/
#Div2{ color:#FFFFFF; background:#0099FF;}          /*蓝底白字*/
</style>
<script src="../jQ/jquery-3.6.0.min.js"></script>
<script>
$(document).ready(function(){                        //加载完文档后执行jQuery语句
    var text1=$("div").text();                       //获取div元素的文本内容
    $("[value='黑底白字']").click(function(){         //点击按钮替换黑底白字的div元素
        $("div").replaceWith(function(){             //使用replaceWith()方法的函数形式
            return "<div id='Div1'>"+text1+"</div>";//替换新元素
```

< 106 >

```
                });
            });
            $("[value='蓝底白字']").click(function(){           //点击按钮替换蓝底白字的div元素
                $("<div id='Div2'>"+text1+"</div>").replaceAll("div"); //使用replaceAll()方法替换div元素
            });
            $("[value='克隆']").click(function(){               //添加点击事件
                $("div").after($("div").clone());               //克隆div元素并将得到的div元素插入
            });
        });
    </script>
    …
    <body>
        <input type="button" value="黑底白字" /><input type="button" value="蓝底白字" /><input
type="button" value="克隆" />
        <div>君不见黄河之水天上来，奔流到海不复回。君不见高堂明镜悲白发，朝如青丝暮成雪。人生得意须尽欢，莫使
金樽空对月。天生我材必有用，千金散尽还复来。</div>
    </body>
    …
```

上述代码使用replaceWith()方法的函数形式以及replaceAll()方法实现div元素的替换，并使用clone()方法实现div元素的克隆。运行程序，页面中会显示3个按钮和一段古诗，点击"黑底白字"按钮，古诗会显示为黑底白字，点击"蓝底白字"按钮，古诗会显示为蓝底白字，点击"克隆"按钮，古诗会被复制并添加到当前古诗下方，效果如图7.7所示。

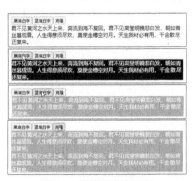

图 7.7　替换和克隆元素

扫一扫

删除元素

## 7.1.6　删除元素

当元素不再使用时可以将其删除。删除元素的方法包括remove()、detach()和empty() 3种。

### 1. remove()

remove()方法用于删除指定的元素，包括该元素的所有文本、子节点、事件以及数据。其语法形式如下所示。

```
$(selector).remove()
```

### 2. detach()

detach()方法用于将指定元素从DOM中分离，分离的内容包括该元素的所有文本和子节点，但是会保留元素的数据和事件。如果将分离的元素添加到DOM中，则该元素仍然拥有对应的数据和事件。其语法形式如下所示。

```
$(selector).detach()
```

如果要第二次将分离出的元素添加到DOM中，则需要在分离时将分离的元素存放到变量中。

### 3. empty()

empty()方法用于删除被选元素的所有子节点和内容，该元素的标签、数据和事件会保留，但是

< 107 >

内容会被清空。其语法形式如下所示。

```
$(selector).empty()
```

【示例7-5】比较删除元素方法的不同。

```
<title>比较删除元素方法的不同</title>
<style>
div{width:100px; height:30px; text-align:center; padding-top:10px; margin-left:10px;
float:left;}
#Div1{ border:2px #00CCFF double;}
#Div2{ width:100px; border:3px #99CC33 inset;}
#Div3{ width:100px; border:4px #FF0000 solid;}
</style>
<script src="../jQ/jquery-3.6.0.min.js"></script>
<script>
$(document).ready(function(){                    //加载完文档后执行jQuery语句
    var d1,d2;
    $("#Div1").click(function(){
        d1=$(this).remove();                     //使用remove()方法删除元素并将元素保存到d1
    });
    $("#Div2").click(function(){
        d2=$(this).detach();                     //使用detach()方法删除元素并将元素保存到d2
    });
    $("#Div3").click(function(){
        $(this).empty();                         //使用empty()方法删除元素
    });
    $("[value='添加Div1']").click(function(){
        $("#Div3").before(d1);                   //添加使用remove()方法删除的元素
    });
    $("[value='添加Div2']").click(function(){
        $("#Div3").before(d2);                   //添加使用detach()方法删除的元素
    });
});
</script>
...
<body>
<div id="Div1"><a href="#">remove方法</a></div>
<div id="Div2"><a href="#">detach方法</a></div>
<div id="Div3"><a href="#">empty方法</a></div>
<input type="button" value="添加Div1" />
<input type="button" value="添加Div2" />
</body>
...
```

上述代码通过3种方法实现了对元素的删除。运行程序，页面中会显示3个div元素和两个input元素。当依次点击div元素后，div元素会依次被删除，其中，第三个div元素因为是使用empty()方法删除的，所以会保留边框，效果如图7.8所示。

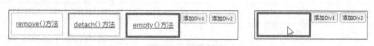

图 7.8　删除元素

当点击"添加Div1"和"添加Div2"按钮之后，被删除的两个元素会被添加到页面中。但是，由于第一个div元素使用remove()方法删除，第二个div元素使用detach()方法删除，所以，新添加的第一个div元素不会拥有点击事件，点击后没有任何反应，而第二个div元素会保留原来的点击事件。因此，再次点击第二个div元素，该元素会再次被删除，效果如图7.9所示。

图 7.9　再次删除第二个 div 元素

< 108 >

扫一扫

包裹元素

## 7.1.7 包裹元素

包裹元素分为外包、内包和总包3种形式。删除包裹元素被称为卸包。jQuery提供了wrap()、wrapInner()和wrapAll()这3个方法用于包裹元素，并提供了unwrap()方法用于卸包。

### 1．wrap()

wrap()方法使用指定的元素包裹每个被选的元素，这种包裹方式被称为外包。外包相当于给一个指定元素添加一个父级元素。其语法形式如下所示。

```
$(selector).wrap(wrapper)
```

其中，wrapper表示包裹用的元素，该元素可以是已有的元素，也可以是新元素。另外通过该方法还可以使用函数来实现包裹元素，其语法形式如下所示。

```
$(selector).wrap(function(){return content})
```

### 2．wrapInner()

wrapInner()方法使用指定的元素包裹每个被选元素中的所有内容，这种包裹方式被称为内包。内包相当于为指定元素添加一层子元素，指定元素原来的子元素变为了孙子元素。其语法形式如下所示。

```
$(selector).wrapInner(wrapper)
```

通过该方法使用函数实现包裹元素的语法形式如下所示。

```
$(selector).wrapInner(function(){return content})
```

### 3．wrapAll()

wrapAll()方法使用指定的元素包裹所有被选的元素，这种包裹方式称为总包。总包相当于为所有被选中的元素添加一个元素进行包裹。其语法形式如下所示。

```
$(selector).wrapAll(wrapper)
```

### 4．unwrap()

使用unwrap()方法可以删除被选元素的父元素，这被称为卸包。其语法形式如下所示。

```
$(selector).unwrap()
```

【示例7-6】通过外包和卸包div元素修改p元素的背景色。

```
<title>修改背景色</title>
<style>
div{ width:300px; background:#0099FF;}
</style>
<script src="../jQ/jquery-3.6.0.min.js"></script>
<script>
$(document).ready(function(){                          //加载完文档后执行jQuery语句
    $("[value='外包']").click(function(){
        $("p").wrap("<div></div>");                    //使用wrap()方法外包
    });
    $("[value='卸包']").click(function(){
        $("p").unwrap();                               //使用unwrap()方法卸包
    });
});
</script>
…
<body>
<p>p元素1</p>
<p>p元素2</p>
<input type="button" value="外包" />
<input type="button" value="卸包" />
```

< 109 >

```
</body>
...
```

上述代码使用wrap()方法实现外包，使用unwrap()方法实现卸包。运行程序，页面中会显示两个p元素和两个按钮元素。当用户点击"外包"按钮后，程序会为p元素添加一层div元素，受div元素的样式影响，p元素的背景色变为蓝色；当用户点击"卸包"按钮后，程序会将外层的div元素删除，从而p元素的背景色消失，效果如图7.10所示。

图 7.10　通过外包和卸包为 p 元素修改背景色

### 7.1.8　DOM树操作

DOM 树操作

jQuery也支持DOM树操作。通过对DOM树进行遍历可以轻松地获取HTML文档中的对应元素。DOM树遍历操作包括向上遍历、向下遍历和水平遍历3种。

**1．向上遍历**

向上遍历是指从指定元素沿着DOM树遍历访问其祖先节点一直到DOM树的根节点。向上遍历需要使用3种方法，具体说明如下。

- $(selector).parent()：用于返回被选元素的直接父元素。
- $(selector1).parents(selector2)：用于返回被选元素的所有祖先元素，它一路向上遍历直到文档的根元素。selector1为被选元素，selector2为可选项，通过selector2可以在祖先元素中筛选出指定元素。
- $(selector1).parentsUntil(selector2)：用于返回介于两个给定元素之间的所有祖先元素。selector1为第一个元素，selector2为第二个元素。

**2．向下遍历**

向下遍历是指从指定元素沿着DOM树遍历访问其后代节点。向下遍历需要使用两种方法，具体说明如下。

- $(selector1).children(selector2)：用于返回被选元素的所有直接子元素。selector1为被选元素，selector2为可选项，通过selector2可以在直接子元素中筛选出指定的直接子元素。
- $(selector1).find(selector2)：用于返回被选元素的后代元素，一路向下直到最后一个后代。selector1为被选元素，通过selector2可以在后代元素中筛选出指定的元素，如果要选择所有后代元素，则需要使用"*"选择器。

**3．水平遍历**

水平遍历是指从指定元素沿着DOM树遍历访问与其拥有相同父元素的兄弟元素。水平遍历需要使用7种方法，具体介绍如下。

- $(selector1).siblings(selector2)：兄弟返回被选元素的所有兄弟元素。selector1为被选元素，selector2为可选项，通过selector2可以在兄弟元素中筛选出指定的元素。
- $(selector).next()：用于返回被选元素的下一个兄弟元素。
- $(selector1).nextAll(selector2)：用于返回被选元素的所有跟随的兄弟元素，也就是所有指定元素的弟弟元素。selector1为被选元素，selector2为可选项，通过selector2可以在弟弟元素中筛选出指定的元素。
- $(selector1).nextUntil(selector2)：用于返回介于两个给定元素之间的所有跟随的兄弟元素。selector1为第一个元素，selector2为第二个元素。
- $(selector).prev()：用于返回被选元素的上一个兄弟元素。
- $(selector1).prevAll(selector2)：用于返回被选元素的所有前面的兄弟元素，也就是所有指定

< 110 >

元素的哥哥元素。selector1为被选元素，selector2为可选项，通过selector2可以在哥哥元素中选出指定的元素。

- $(selector1).prevUntil(selector2)：用于返回介于第一个元素向上一直到第二个元素为止的所有兄弟元素。selector1为第一个元素，selector2为第二个元素。

**【示例7-7】**点击按钮修改父元素和子元素的样式。

```
<title>点击按钮修改父元素和子元素的样式</title>
<style>
div{ width:100px; height:30px; padding-top:10px; margin-top:20px; text-align:center;}
</style>
<script src="../jQ/jquery-3.6.0.min.js"></script>
<script>
$(document).ready(function(){                        //加载完文档后执行jQuery语句
    $("[value='祖先元素']").click(function(){
        $("#Div1").parents("div").css("border","#0000FF 1px solid");    //设置所有后代元素
的边框颜色为蓝色
    });
    $("[value='后代元素']").click(function(){
        $("#Div1").find("*").css("border","#CCFF00 1px solid");      //设置所有后代元素
的边框颜色为黄色
    });
});
</script>
…
<body>
<div>爷爷元素<div>父元素<div id="Div1">本元素<div>子元素<div>孙子元素</div></div></div></div></div>
<input type="button" value="祖先元素" />
<input type="button" value="后代元素" />
</body>
…
```

上述代码使用parents()方法实现对祖先元素的获取，使用find()方法实现对后代元素的获取。运行程序，页面中会显示多个div元素和两个按钮元素。当用户点击"祖先元素"按钮后，所有本元素的祖先元素都会添加一个蓝色边框；当用户点击"后代元素"按钮后，所有本元素的后代元素都会添加一个黄色边框，效果如图7.11所示。

图7.11　设置元素的边框样式

## 【案例分析7-1】购物车

购物网页支持用户将选中的商品添加到购物车中，这样一方面方便用户结算，另一方面方便用户收藏心仪的商品。本案例将实现选择商品后将对应商品添加到购物车中，并且在购物车中可以通过"删除"按钮删除购物车中对应的商品，具体代码如下所示。

```
<title>购物车</title>
<style>
#Div1,#Div2{ width:100px; height:30px; border:1px solid #000000; float:left;
cursor:pointer; margin-left:10px; margin-bottom:30px; text-align:center; padding-top:10px;
background:#00CCFF; color:#FFFFFF;}
</style>
<script src="../jQ/jquery-3.6.0.min.js"></script>
<script>
$(document).ready(function(){                        //加载完文档后执行jQuery语句
    var name,price,tid;
    $("#Div1,#Div2").click(function(){
        tid=$(this).attr('id');                      //获取触发点击事件的id属性
```

< 111 >

```
            name=$("#"+tid+" span:eq(0)").text();      //获取商品名称
            price=$("#"+tid+" span:eq(1)").text();      //获取商品价格
            //添加表格元素和数据到购物车
            $("table").append("<tr><td>"+name+"</td><td>"+price+"</td><td><a href='#'>删除
</a></td></tr>");
            $("tr:even").css("background-color","#00FFFF"); //设置偶数行tr元素的背景色
            $("a").on("click",function(){           //绑定点击事件
                $(this).parents("tr").remove();         //删除a元素祖先元素中的tr元素
            });
        });
    });
    </script>
    ...
    <body>
    <div id="Div1"><span>洗衣机</span><span>1000</span>元</div>
    <div id="Div2"><span>电视机</span><span>2000</span>元</div>
    <div style="clear:left; margin-left:10px;">
    <table border="1">
    <tr><th>物品名称</th><th>价格</th><th>        </
th></tr>
    </table>
    </div>
    </body>
    ...
```

扫一扫

案例分析 7-1

上述代码使用append()方法实现将商品信息添加到购物车中，使用remove()方法实现对商品信息的删除。运行程序，页面中会显示两个商品和一个空购物车。当用户点击相应商品后，对应商品的信息会被添加到购物车中；当用户点击购物车中的"删除"按钮之后，可以将对应的商品信息删除，效果如图7.12所示。

图 7.12　购物车

# 7.2　CSS类操作

通过CSS可以为HTML元素提供十分丰富的设计样式。jQuery提供了多种方法用于实现动态控制元素的CSS层叠样式。本节将详细讲解操作CSS类的相关内容。

## 7.2.1　添加CSS类

在网页设计过程中，可以通过addClass()方法为指定的元素添加CSS类，从而实现修改指定元素样式的目标。addClass()方法的语法形式如下所示。

```
$(selector).addClass(className);
```

其中，selector表示选择器，className表示要添加的类的名称。对应的类的样式一般需要预先定义好。

【示例7-8】点击元素添加样式。

```
<title>点击元素添加样式</title>
```

< 112 >

```
<style>
.addclass{ font-family:"楷体"; color:red; font-size:24px;}          /*预先定义的类*/
</style>
<script src="../jQ/jquery-3.6.0.min.js"></script>
<script>
$(document).ready(function(){                              //加载完文档后执行jQuery语句
    $("div").click(function(){
        $(this).addClass("addclass");                      //添加addclass类
    });
});
</script>
...
<body>
<div>点击我设置文本样式为红色楷体并且字号变大</div>
</body>
...
```

扫一扫

添加 CSS 类

上述代码使用addClass()方法为div元素添加类。运行程序，页面中会显示一行文本内容，当点击该文本内容后，文本内容会显示为24px大小的红色楷体样式，如图7.13所示。

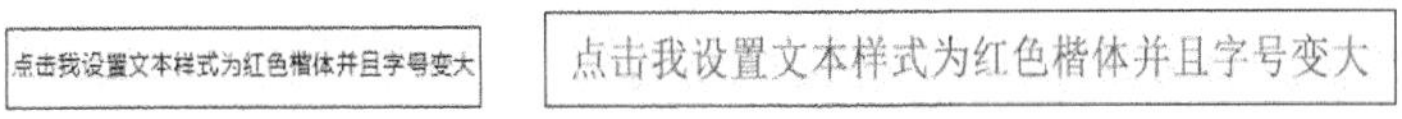

点击我设置文本样式为红色楷体并且字号变大　　点击我设置文本样式为红色楷体并且字号变大

图 7.13　添加样式

扫一扫

删除 CSS 类

## 7.2.2　删除CSS类

动态删除CSS类需要使用到removeClass()方法，其语法形式如下所示。

```
$(selector).removeClass(className);
```

其中，className为要删除的类的名称。

【示例7-9】点击按钮设置按钮为灰色。

```
<title>点击按钮设置按钮为灰色</title>
<style>
.reclass{ background:#00CC33; color:#FFFFFF; font-size:24px; border:none; padding:8px
16px; cursor:pointer; }
</style>
<script src="../jQ/jquery-3.6.0.min.js"></script>
<script>
$(document).ready(function(){                              //加载完文档后执行jQuery语句
    $(":input").click(function(){
        $(this).removeClass("reclass");                    //删除reclass类
    });
});
</script>
...
<body>
<input class="reclass" type="button" value="点击删除按钮样式" />
</body>
...
```

上述代码使用removeClass()方法实现为按钮元素删除类属性的效果。运行程序，页面中会显示一个带样式的按钮元素。当用户点击该按钮之后，按钮的样式会被删除，显示为默认样式，效果如图7.14所示。

点击删除按钮样式　　点击删除按钮样式

图 7.14　删除按钮样式

## 7.2.3　动态切换CSS类

动态切换CSS类是指通过toggleClass()方法动态地为元素添加或删除特定的类属性。该方法相当

< 113 >

扫一扫

动态切换 CSS 类

于一个"开关"，可以用于重复切换类是否处于添加状态。借助这种动态切换机制，可以十分轻松地实现元素的交互效果。toggleClass()方法的语法形式如下所示。

```
$(selector).toggleClass(className);
```

其中，className为动态切换是否添加的类的名称。

【示例7-10】点击图片实现缩放效果。

```
<title>点击图片实现缩放效果</title>
<style>.big{ width:384px; height:712px;}</style>          /*定义尺寸*/
<script src="../jQ/jquery-3.6.0.min.js"></script>
<script>
$(document).ready(function(){                            //加载完文档后执行jQuery语句
    $("img").click(function(){
        $(this).toggleClass("big");                      //切换big类
    });
});
</script>
...
<body>
<img src="image/sun.jpg" />
</body>
...
```

上述代码使用toggleClass()方法为img元素添加和删除big类。运行程序，页面中会显示一张图片，点击图片后图片放大，再次点击图片，图片缩小，效果如图7.15所示。

扫一扫

获取和设置
CSS 样式

图 7.15　图片缩放

### 7.2.4　获取和设置CSS样式

在jQuery中除了可以通过添加类达到改变元素样式的效果，还可以通过css()方法获取和设置元素的一个或多个属性样式。相对于直接对类属性进行操作，使用css()方法可以更加精准地控制元素的CSS样式。使用css()方法获取元素样式的语法形式如下所示。

```
$(selector).css(styleName);
```

其中，styleName为要获取的属性名。使用css()方法设置元素样式的语法形式如下所示。

```
$(selector).css("styleName","value");
```

其中，styleName为样式属性名，value为属性值，它们都需要用双引号引起来。属性和属性值之间要用逗号（,）分隔。使用css()方法还可以一次性设置多个属性值，其语法形式如下所示。

```
$(selector).css({"styleName":"value",...," styleName":"value"});
```

其中，属性和属性值之间用冒号（:）分隔，每组属性和属性值之间用逗号分隔，整体的属性设置内容要使用花括号（{}）括起来。

【示例7-11】点击按钮修改文本颜色和字体。

```
<title>点击按钮修改文本颜色和字体</title>
<script src="../jQ/jquery-3.6.0.min.js"></script>
<script>
$(document).ready(function(){                            //加载完文档后执行jQuery语句
    $("[value='红色楷体']").click(function(){
        $("div").css({"font-family":"楷体","color":"red"});   //设置文本样式为红色楷体
    });
    $("[value='蓝色黑体']").click(function(){
        $("div").css({"font-family":"黑体","color":"blue"});   //设置文本样式为蓝色黑体
    });
```

< 114 >

```
});
</script>
...
<body>
<div style="margin-bottom:10px;">天生我材必有用, 千金散尽还复来</div>
<input type="button" value="红色楷体" />
<input type="button" value="蓝色黑体" />
</body>
...
```

在代码中使用css()方法为div元素添加字体和文本颜色的效果。运行程序，页面中会显示一行文本内容和两个按钮元素。当点击"红色楷体"按钮后，div元素的文本内容显示为红色楷体样式；当点击"蓝色黑体"按钮后，div元素的文本内容显示为蓝色黑体样式，效果如图7.16所示。

图 7.16　修改文本颜色和字体

### 7.2.5　元素尺寸操作

通过获取和设置元素的尺寸可以实现很多特殊效果。例如，动态改变元素宽度可以实现动画效果。jQuery提供了6种常用的处理元素尺寸的方法，具体如下所示。

- $(selector).width(value)：用于设置或获取元素（不包括内边距、边框或外边距）的宽度。其中，value表示要设置的值，如果省略该参数，则表示获取元素的宽度。
- $(selector).height(value)：用于设置或获取元素（不包括内边距、边框或外边距）的高度。其中，value表示要设置的值，如果省略该参数则表示获取元素的高度。
- $(selector).innerWidth()：用于返回元素（包括内边距）的宽度。
- $(selector).innerHeight()：用于返回元素（包括内边距）的高度。
- $(selector).outerWidth()：用于返回元素（包括内边距和边框）的宽度。
- $(selector).outerHeight()：用于返回元素（包括内边距和边框）的高度。

扫一扫

元素尺寸操作

【示例7-12】点击元素让元素变宽、变高。

```
<title>点击元素让元素变宽和变高</title>
<style>
div{ width:30px; height:40px; border:1px solid black; text-align:center;}
</style>
<script src="../jQ/jquery-3.6.0.min.js"></script>
<script>
$(document).ready(function(){            //加载完文档后执行jQuery语句
    $("div").click(function(){
        $(this).width($(this).width()+30);     //获取并设置当前元素的宽度
        $(this).height($(this).height()+30);    //获取并设置当前元素的高度
    });
});
</script>
...
<body>
<div>变宽变高</div>
</body>
...
```

上述代码使用width()和height()方法获取并设置元素的宽度和高度。运行程序后，页面中显示一个div元素，点击该元素，该元素会变宽、变高，效果如图7.17所示。

图 7.17　点击修改元素的宽度和高度

## 【案例分析7-2】下拉菜单效果

网页在头部常常会提供导航栏，当用户点击相应的菜单后，会显示一个下拉菜单，用户可以在下拉

< 115 >

菜单中选择相应内容。本案例使用CSS类的动态添加和删除方式实现下拉菜单效果，代码如下所示。

```html
<title>下拉菜单</title>
<style>
#box{ width:380px; height:30px; border:1px #009966 solid; background:#999999; }
ul{ list-style:none; }
li{ width:100px;float:left; height:20px; padding-bottom:10px; }
a{ text-decoration:none; color:#000000;}
.paly{height:20px; position:relative; top:-14px;text-align:center; padding-top:5px;
padding-bottom:5px;  border:1px #009966 solid; background:#FFFFFF; border-bottom:none;
border-right:none;} #Div2,#Div4,#Div6{ background:#FFF; width:150px; height:30px;
position:absolute; top:39px; border:1px #009966 solid; display:none; text-align:center;
padding-top:30px;}
#Div5{border-right:1px #009966 solid;}
b{display:inline-block; position:absolute; top:10px; left:80px; }
.z{ z-index:1;}
</style>
<script src="../jQ/jquery-3.6.0.min.js"></script>
<script>
$(document).ready(function(){                      //加载完文档后执行jQuery语句
    $("li>div:even").addClass("paly");             //添加paly类
    $("div").hover(function(){                      //添加hover事件
        tid=$(this).attr('id');                    //获取触发事件的id属性
        if(tid=="box"){tid=null;}                  //避免box触发事件
        $("#"+tid).css("height","22px");           //修改height属性
        $("#"+tid).addClass("z");                  //添加z类
        $("#"+tid+"+div").css("display","block");          //修改display属性
    },
    function(){
        tid=$(this).attr('id');                    //获取触发事件的id属性
        if(tid=="box"){tid=null;}                  //避免box触发事件
        $("#"+tid).css("height","20px");           //恢复height属性
        $("#"+tid+"+div").css("display","none");   //恢复display属性
        $("#"+tid).removeClass("z");               //删除z类
    });
});
</script>
...
<body>
<div id="box">
    <ul>
        <li><div id="Div1"><a href="#">我的商店1</a><b>ˇ</b></div>
            <div id="Div2">第一个下拉菜单</div>
        </li>
        <li><div id="Div3"><a href="#">我的商店2</a><b>ˇ</b></div>
            <div id="Div4">第二个下拉菜单</div>
        </li>
        <li><div id="Div5"><a href="#">我的商店3</a><b>ˇ</b></div>
            <div id="Div6">第三个下拉菜单</div>
        </li>
    </ul>
</div>
</body>
...
```

扫一扫

案例分析 7-2

上述代码使用css()方法实现属性的修改，使用addClass()和removeClass()方法实现类的添加和删除。运行程序，页面中会显示一个导航栏，当鼠标指针移动到对应菜单上时，会显示对应的下拉菜单，效果如图7.18所示。

图 7.18　显示第二个下拉菜单

< 116 >

# 【案例分析7-3】多图片商品展示框

电商网页通常会在商品购买页面的左上角显示一个商品展示框，并且该展示框可以通过图片切换的方式展示商品不同角度的信息。本案例将使用jQuery页面操作的方式实现一个多图片商品展示框，代码如下所示。

```
<title>多图片商品展示框</title>
<style>
div{ border:1px solid #CCCCCC;}
#box{ width:655px; height:492px; margin:auto;}
#Div1{width:640px; height:400px; margin:auto; }
#Div1 img{width:640px; height:400px;}
.wh img{ width:127px; height:91px; }
.wh{width:127px; height:91px;float:left; margin-left:2.5px; }
</style>
<script src="../jQ/jquery-3.6.0.min.js"></script>
<script>
$(document).ready(function(){                       //加载完文档后执行jQuery语句
    var imgsrc;
    $("div:gt(1)").addClass("wh");                  //添加wh类
    $(".wh").hover(function(){                       //添加hover事件
        //修改边框颜色、宽度和左侧外边距
        $(this).css({"border-color":"red","border-width":"2px","margin-
left":"0.5px"});
        imgsrc= $(this).children("img").prop("src");  //获取当前图片路径
        $("#Div1 img").prop({"src":imgsrc});          //设置大图路径
    },
    function(){
        //恢复边框颜色、宽度和左侧外边距
        $(this).css({"border-color":"#CCCCCC","border-width":"1px","margin-
left":"2.5px"});
        $("#Div1 img").prop({"src":"image/book1.jpg"}); //设置大图路径
    });
});
</script>
...

<body>
<div id="box">
<div id="Div1"><img src="image/book1.jpg" /></div>
<div><img src="image/book1.jpg" /></div>
<div><img src="image/book2.jpg" /></div>
<div><img src="image/book3.jpg" /></div>
<div><img src="image/book4.jpg" /></div>
<div><img src="image/book5.jpg" /></div>
</div>
</body>
...
```

上述代码使用addClass()方法实现类的添加；使用hover()方法实现hover事件的添加；使用css()方法实现样式的获取和设置；使用children()方法获取子元素；使用prop()方法获取和设置属性。运行程序，页面中会显示一个多图片商品展示框，当鼠标指针停留在小图片上时，小图片出现红色边框，上方的大图片会进行对应的切换；当鼠标指针移出小图片范围后，大图片会默认为第一张图片，效果如图7.19所示。

图7.19　多图片商品展示框

< 117 >

【素养课堂】

使用jQuery对HTML文档内容进行操作相对于使用JavaScript来说更加高效，并且在选取和设置元素属性以及样式的功能上更加精准，可选的方式更加丰富。在生活中，通过不断学习了解新的科技、新的理念、新的知识点，在处理很多事务时，会有更高效的执行效果。这是因为万事万物都是在不断发展的，我们在处理事务时要以发展的眼光去看待新兴的科技以及知识点。

在学习中除了要扎实地学习书本中的基础知识，还需要不断涉猎一些新的知识或扩展内容，从而让自己的思想和意识可以跟上时代的发展。一定要避免钻牛角尖，盲目排斥新事物的极端思想，让自己无论是在学习中还是在生活中，都能与时俱进，保持用最科学的方式处理学习和生活中的事务。

总而言之，无论在何时、何地，都不能忘记学习，不可以故步自封。世间万事万物都是不断发展变化的，我们要以发展的眼光看待问题、解决问题，与时俱进，不断进步。

# 7.3 思考与练习

## 7.3.1 疑难解读

**1. 是否可以将所有元素的样式都通过jQuery动态添加？**

从技术角度可以实现，但是不建议这样做。jQuery最主要的功能是实现动态效果，而不是实现页面的静态布局。如果网页的静态部分和动态部分都通过jQuery控制，则会导致浏览器运行负担加重、网页加载过慢、用户体验降低、代码后期维护成本增加、网页内容混乱等多种问题。所以，建议使用HTML标签和CSS层叠样式实现网页内容的静态布局，而jQuery只负责网页的动态交互部分。

**2. jQuery和CSS的关系是怎样的？**

jQuery的选择器以及对网页元素的操作都与CSS技术密不可分。使用CSS可以精准地实现对元素的布局，而jQuery可以利用CSS实现对元素样式的动态修改，实现CSS无法实现的一些动态操作。所以在页面操作部分，jQuery和CSS技术是相辅相成的。

## 7.3.2 课后习题

### 一、填空题

1. 元素内容包括普通元素的_____、_____和元素的_____3种，jQuery中分别使用text()、html()和val()这3种事件方法实现对元素内容的获取和设置。

2. 在网页设计过程中，可以通过_____方法为指定的元素添加CSS类。

3. 动态删除CSS类需要使用到_____方法。

4. 获取和设置元素属性可以使用_____和_____方法实现，删除元素属性使用_____和removeProp()方法实现。

5. 在jQuery中实现元素的创建需要使用jQuery的构造函数_____实现。

### 二、选择题

1. 下列方法中可以用于实现动态切换CSS类的为（　　　）。

    A. attr()　　　　　　B. addClass()　　　　C. removeClass()　　　　D. toggleClass()

2. 添加元素就是指将新建的元素添加到指定的DOM节点中，添加元素的方法一共包括

< 118 >

append()、prepend()、after()和（　　　）4种。

  A．toggleClass()  B．before()   C．remove ()    D．addClass()

 3．下列方法中可以用于实现元素克隆的为（　　　）。

  A．replaceWith()  B．replaceAll()  C．clone()    D．detach()

 4．删除元素的方法包括remove()、detach()和（　　　）3种。

  A．addClass()   B．wrapAll()   C．wrapInner()   D．empty()

 5．下列选项中可以用于实现获取或设置元素的一个或多个属性样式的为（　　　）。

  A．width()    B．addClass()  C．replaceAll()   D．css()

## 三、上机实验题

1．实现点击按钮为div元素添加边框和背景色。

【实验目标】掌握使用事件为元素添加类的方法。

【知识点】click事件、addClass()方法。

2．实现点击按钮在div元素之后添加新的p元素。

【实验目标】掌握动态添加指定元素的方法。

【知识点】after()方法。

< 119 >

# 第8章 jQuery动画

动画可以帮助用户实现更好的交互效果，但是JavaScript无法直接实现动画，动画都需要使用CSS实现。jQuery将CSS的动画进行了集成，以方法的形式实现对动画的操作。本章将详细讲解jQuery动画的相关内容。

【学习目标】

- 掌握基础动画效果。
- 掌握淡入淡出动画效果。
- 掌握滑动动画效果。
- 掌握自定义动画效果。
- 掌握停止动画。

扫一扫

导引示例

【导引示例】

jQuery将CSS的动画集成为了相应的方法，因此可以通过jQuery实现动画效果。例如，使用jQuery中集成的动画方法实现元素的移动和透明度变化效果，代码如下所示。

```html
<title>导引示例</title>
<script src="../jQ/jquery-3.6.0.min.js"></script>
<script>
$(document).ready(function(){              //加载完文档后执行jQuery语句
    $("div").click(function(){              //添加点击事件
        $(this).animate({left:"300px",opacity:0.5},3000,"swing");//向右移动
        $(this).animate({left:"10px",opacity:1},3000,"swing");  //向左移动
    });
});
</script>

...

<body>
<div style="background:#00CC66; width:100px; height:30px; position:absolute;
left:10px; text-align:center; line-height:30px;">点击开始动画</div>
</body>
...
```

上述代码使用jQuery中集成的动画方法实现了元素的移动和透明度变化效果。运行程序，页面中会显示一个拥有绿色背景的div元素。用户点击元素后，元素会向右移动，同时其透明度不断变化。当元素移动到最右侧，会重新向左移动到初始位置，效果如图8.1所示。

图8.1 元素移动并变化透明度

# *8.1* 基础动画效果

jQuery的基础动画效果是简单的元素的隐藏和显示。在CSS中，需要控制属性来实现元素的隐藏和显示，而在jQuery中可以直接使用对应的方法实现元素的隐藏和显示。本节将讲解基础动画效果中隐藏和显示元素的相关内容。

扫一扫

隐藏元素

## 8.1.1　隐藏元素

以动画形式隐藏元素的方法为hide()，使用它可以实现按照指定的速度或在指定时间内隐藏特定的元素。默认图片元素从右下角到左上角逐渐隐藏，文字元素从下到上逐渐隐藏。其语法形式如下所示。

```
$(selector).hide(speed,callback)
```

其中，selector为选择器，用于选择要隐藏的元素。speed用于设置隐藏元素花费的时间，该值可以为数字，表示时间长短（单位为ms），也可以为表示速度的固定字符串，如slow（慢）、normal（正常）和fast（快）。callback表示hide()方法执行完毕后所要执行的函数。

【示例8-1】点击图片后隐藏图片。

```
<title>点击图片图片消失</title>
<script src="../jQ/jquery-3.6.0.min.js"></script>
<script>
$(document).ready(function(){          //加载完文档后执行jQuery语句
    $("img").click(function(){          //添加点击事件
        $(this).hide("slow",function(){    //添加hide事件
            $(this).after("<h1>图片元素消失</h1>");    //事件添加完成后添加h1元素
        });
    });
});
</script>
...
<body>
<img src="image/sun.jpg" />
</body>
...
```

上述代码使用hide()方法实现img元素的隐藏。运行程序，页面中会显示一张图片，点击图片后，图片会从右下角到左上角不断缩小直到消失，然后显示一行文本内容"图片元素消失"，效果如图8.2所示。

图 8.2　点击图片图片消失

## 8.1.2　显示元素

以动画形式显示元素的方法为show()，使用它可以实现按照指定的速度或在指定时间内显示指定的元素。默认图片元素从左上角到右下角逐渐显示，文字元素从上到下逐渐显示。其语法形式如下所示。

```
$(selector).show(speed,callback)
```

show()方法的参数与hide()方法的相同。show()方法适用于显示通过jQuery隐藏的元素或CSS中display属性为none的元素，但是不适用于显示visibility属性为hidden的元素。

【示例8-2】点击按钮显示图片。

```
<title>点击按钮显示图片</title>
<style>img{ display:none;}</style>
```

< 121 >

```
<script src="../jQ/jquery-3.6.0.min.js"></script>
<script>
$(document).ready(function(){                          //加载完文档后执行jQuery语句
    $("button").click(function(){                      //添加点击事件
        $("img").show(2000,function(){                 //添加show事件
            $("img").after("<h1>太阳</h1>");            //事件触发后添加h1元素
        });
    });
});
</script>
...
<body>
<img src="image/sun.jpg" />
<button>点击显示图片</button>
</body>
...
```

扫一扫

显示元素

上述代码使用show()方法实现img元素的显示。运行程序，页面中会显示一个按钮，点击按钮后，图片会从左上角到右下角逐渐放大显示。当图片完全显示后，显示一行文本内容"太阳"，效果如图8.3所示。

### 8.1.3 状态切换

太阳

图 8.3 显示图片

元素有显示和隐藏两种状态。如果要使用开关按钮控制元素的显示状态，则可以使用toggle()方法。该方法用于以开关的方式切换元素的显示和隐藏状态。其语法形式如下所示。

```
$(selector).toggle(speed,callback,switch)
```

其中，selector用于选择要切换状态的元素；speed表示切换状态的速度；callback表示切换完成后要执行的函数；switch为布尔值，用于将toggle()方法的双向开关改为单向开关。switch参数值设置为true时可以显示所有指定元素，但是不能隐藏指定元素；如果该参数值设置为false，作用刚好相反。另外，如果设置switch参数，则不能设置speed和callback参数。

【示例8-3】动态切换图片的显示和隐藏状态。

```
<title>动态切换图片的显示和隐藏状态</title>
<script src="../jQ/jquery-3.6.0.min.js"></script>
<script>
$(document).ready(function(){                          //加载完文档后执行jQuery语句
    $("button").click(function(){                      //添加点击事件
        $("img").toggle();                             //以开关方式切换图片状态
    });
});
</script>
...
<body>
<img src="image/sun.jpg" /><br />
<button>显示/隐藏</button>
</body>
...
```

扫一扫

状态切换

上述代码使用toggle()方法切换img元素的显示和隐藏状态。运行程序，页面中会显示一个按钮和一张图片，点击按钮，图片会被隐藏，再次点击按钮图片重新显示，效果如图8.4所示。

图 8.4 显示和隐藏图片

< 122 >

## 【案例分析8-1】侧边栏

　　侧边栏是网页中十分常见的一个模块。通过侧边栏可以实现导航、商品展示等多种效果。当要展示种类繁多的商品时，使用侧边栏可以利用有限的空间通过隐藏和显示指定元素的方式，提高网页的空间使用率，以较小的空间显示较多的商品。本案例通过显示和隐藏元素的方法实现一个侧边栏，代码如下所示。

```
<title>侧边栏</title>
<style>
ul{ list-style:none;width:80px; height:110px;float:left; }
li{ height:30px; width:80px;line-height:10px; margin-top:2px; padding-top:15px;
margin-left:-20px; text-align:center; font-size:24px;   }
hr{ width:80px;margin-left:-20px; }
div{ height:80px; width:200px; border:1px solid #000000; float:left; margin-left:10px;
margin-top:18px;  text-align:center; padding-top:20px; display:none; }
#Div2{ position:absolute; left:128px; }
span{ display:inline-block; width:80px; border:1px solid #9933CC; margin-top:10px; }
</style>
<script src="../jQ/jquery-3.6.0.min.js"></script>
<script>
$(document).ready(function(){                        //加载完文档后执行jQuery语句
    $("li").hover(function(){                        //添加hover事件
        $(this).css("background","red");
        if($(this).text()=="家电")                   //根据触发对象选择显示的div元素
        {
            $("#Div1").show(2000);
        }else{
            $("#Div2").show("slow");
        }
    },
        function(){
            $(this).css("background","none");

            if($(this).text()=="家电")               //根据触发对象选择隐藏的div元素
            {
                $("#Div1").hide(500);
            }else{
                $("#Div2").hide("fast");
            }
        }
    );
});
</script>
...
<body>
<ul><li>家电</li><li>服装</li></ul>
<div id="Div1">
<span>冰箱</span><span>洗衣机</span><br />
<span>空调</span><span>油烟机</span><br />
</div>
<div id="Div2">
<span>T恤</span><span>运动衣</span><br />
<span>短裤</span><span>连衣裙</span><br />
</div>
</body>
...
```

扫一扫

案例分析 8-1

　　上述代码使用show()方法显示元素，使用hide()方法隐藏元素。运行程序，页面中首先会显示一个简单的侧边栏，其中一共有两个分类。当鼠标指针移动到相应的分类上时，对应分类元素会显示为红色背景，并显示其子分类元素，当鼠标指针移出分类元素范围之后，子分类元素会隐藏，并且

< 123 >

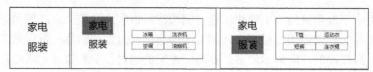

对应分类元素的背景色会消失，效果如图8.5所示。

图 8.5　侧边栏

# 8.2　淡入/淡出动画效果

淡入淡出动画效果十分常用，通过控制元素的透明度实现。本节将详细讲解各种淡入淡出动画效果的实现方式。

## 8.2.1　淡入显示元素

扫一扫

淡入显示元素

淡入动画效果是指以一种逐渐清晰的方式显示元素。使用淡入动画效果显示商品，可以让用户保持期待的感觉，还可以赋予商品神秘感，增强用户的代入感。淡入显示元素需要使用fadeIn()方法实现。fadeIn()方法可以对隐藏的元素进行操作，让指定元素以动画效果淡入显示，其语法形式如下所示。

```
$(selector).fadeIn(speed,callback)
```

其中，selector用于选择要淡入显示的元素，speed表示显示的速度，callback表示显示完成后要执行的函数。

【示例8-4】以淡入动画效果显示古诗《望庐山瀑布》。

```
<title>欣赏古诗</title>
<style>div{ width:400px; font-size:24px; line-height:36px; display:none;}</style>
<script src="../jQ/jquery-3.6.0.min.js"></script>
<script>
$(document).ready(function(){                           //加载完文档后执行jQuery语句
    $("button").click(function(){                       //添加点击事件
        $("div").fadeIn(5000);                          //淡入显示图片和古诗
    });
});
</script>
...
<body>
<h1 style="margin-left:100px;">望庐山瀑布</h1>
<div>
     <img src="image/water.jpg" /><br />
日照香炉生紫烟 ，遥看瀑布挂前川。<br />
飞流直下三千尺，疑是银河落九天。
</div><br />
<button>欣赏古诗</button>
</body>
...
```

上述代码使用fadeIn()方法实现元素的淡入显示。运行程序，页面中会显示一个古诗标题与一个按钮。当用户点击按钮后，图片和古诗正文会以淡入动画效果在5s内完成显示，效果如图8.6所示。

< 124 >

图 8.6　淡入显示古诗

## 8.2.2　淡出隐藏元素

扫一扫

淡出隐藏元素

淡出动画效果一般用于网页中的广告退出，特别适合大型海报的退出。这种效果会让用户感觉元素消失时特别"柔顺"，不会因为元素突然消失觉得突兀。淡出动画效果使用fadeOut()方法实现，其语法形式如下所示。

```
$(selector).fadeOut(speed,callback)
```

其中，selector用于选择要淡出隐藏的元素，speed表示隐藏的速度，callback表示隐藏完成后要执行的函数。

【示例8-5】以淡出动画效果的形式隐藏图片。

```
<title>以淡出动画效果的形式隐藏图片</title>
<script src="../jQ/jquery-3.6.0.min.js"></script>
<script>
$(document).ready(function(){                        //加载完文档后执行jQuery语句
    setTimeout(function(){$("img").fadeOut(5000); },3000);    //定时以淡出动画效果隐藏图片
});
</script>
...
<body>
<img src="image/flower.jpg" />
</body>
...
```

上述代码使用fadeOut()方法实现元素的淡出隐藏，使用setTimeout()方法实现定时功能。运行程序，页面中会显示一张图片，3s后图片开始变淡，再经过5s后图片被完全隐藏，效果如图8.7所示。

图 8.7　图片淡出隐藏

## 8.2.3　淡入/淡出切换元素

动态切换淡入淡出元素可以使用fadeToggle()方法实现。其语法形式如下所示。

扫一扫

淡入/淡出
切换元素

```
$(selector).fadeToggle(speed,easing,callback)
```

其中，selector用于选择元素；speed用于控制动画速度；easing用于控制动画曲线，有swing（开头和结尾慢，中间快）和linear（线性）两个选项；callback为动画完成后要执行的函数。

【示例8-6】以淡入淡出动画效果切换侧边栏。

```
<title>切换侧边栏</title>
<style>
#box{ height:230px; width:5px;border-left: #999 3px solid;}
#sidebar{ height:200px; width:100px; padding-top:30px; background:#999; display:none;}
#sidebar div{ width:60px; background:#FFFFFF;  border:1px #000000 solid; margin:auto;
text-align:center; margin-bottom:30px;}
</style>
<script src="../jQ/jquery-3.6.0.min.js"></script>
<script>
```

< 125 >

```
$(document).ready(function(){                          //加载完文档后执行jQuery语句
    $("#box").click(function(){
        $("#sidebar").fadeToggle(3000,"linear");       //淡入显示侧边栏
    });
    $("#sidebar").mouseleave(function(){
        $(this).fadeToggle(3000,"swing");              //淡出隐藏侧边栏
    });
});
</script>
...
<body>
<div id="box"><div id="sidebar"><div>目录</div><div>目录1</div><div>目录2</div><div>目录
3</div></div></div>
</body>
...
```

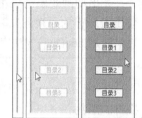

上述代码使用fadeToggle()方法以动画效果切换侧边栏元素的显示与隐藏。运行程序后，用户会在网页左侧看到收缩的侧边栏，点击该侧边栏，完整的侧边栏会以淡入动画效果显示，效果如图8.8所示。当显示完整后将鼠标指针移出侧边栏范围，侧边栏会以淡出动画效果隐藏。

图 8.8　侧边栏淡入显示效果

### 8.2.4　精准控制淡入/淡出动画效果

在jQuery中还可以使用fadeTo()方法精准控制元素的淡入淡出动画效果，其本质就是通过参数设置淡入淡出时对应的透明度。其语法形式如下所示。

扫一扫

精准控制淡入/
淡出动画效果

```
$(selector).fadeTo(speed,opacity,callback)
```

其中，selector用于选择元素；speed用于控制动画效果；opacity用于指定淡入淡出时的透明度，该值为0.00到1.00之间；callback为执行完动画后要执行的函数。其中，opacity的值如果大于被选元素的透明度值，就会实现淡入动画效果，否则会实现淡出动画效果。

【示例8-7】实现为元素添加模糊层效果。

```
<title>实现为元素添加模糊层效果</title>
<script src="../jQ/jquery-3.6.0.min.js"></script>
<script>
$(document).ready(function(){                          //加载完文档后执行jQuery语句
    $("img").hover(function(){
        $(this).fadeTo(1000,0.5);                      //实现淡出动画效果
    },function(){
        $(this).fadeTo(1000,1);                        //实现淡入动画效果
    });
});
</script>
...
<body>
<img src="image/sun.jpg" />
</body>
...
```

上述代码使用fadeTo()方法实现图片的模糊层效果。运行程序，页面中会显示一张图片，当鼠标指针移动到图片上时，图片会以淡出动画效果的形式显示为半透明状态，当鼠标指针移出图片后，图片会以淡入动画效果的形式显示为完全不透明状态，效果如图8.9所示。

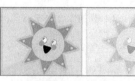

图 8.9　模糊层效果

< 126 >

## 【案例分析8-2】补全古诗并显示和隐藏译文

很多考试网页会提供一些在线试题供用户进行测试。这些试题中会保留很多需要填空的位置，用于用户作答。本案例以一首古诗为例，用淡入淡出动画效果实现补全古诗并显示和隐藏译文的效果，代码如下所示。

```
<title>补全古诗并显示和隐藏译文</title>
<style>b{ display:none;}</style>
<script src="../jQ/jquery-3.6.0.min.js"></script>
<script>
$(document).ready(function(){                         //加载完文档后执行jQuery语句
    $("button").click(function(){
        $(this).next().fadeToggle(2000,"linear");     //切换译文的隐藏和显示状态
    });
    $("span").click(function(){
        $(this).fadeOut("fast");                      //隐藏横线
        $(this).next().fadeIn(3000);                  //补全古诗
        $(this).next().css("display","inline");       //显示为行内样式
    });
});
</script>
...
<body>
<h1>黄鹤楼送孟浩然之广陵</h1>
<h2>李白    唐</h2>
<p>故人西辞黄鹤楼，<span id="spn1">_____显示下半句_____。</span><b>烟花三月下扬州。</b><button>译文</button><b>老朋友向我频频挥手，告别了黄鹤楼，在这柳絮如烟、繁花似锦的阳春三月远游扬州。</b></p>
<p><span id="spn2">_____显示上半句_____，</span><b>孤帆远影碧空尽，</b>唯见长江天际流。<button>译文</button><b>友人的孤船帆影渐渐地远去，消失在碧空的尽头，只看见一线长江，向邈远的天际奔流。</b></p>
</body>
...
```

扫一扫

案例分析 8-2

上述代码使用fadeIn()方法实现古诗补全功能，使用fadeOut()方法实现下画线的隐藏，并使用fadeToggle()方法切换译文的显示与隐藏。运行程序会看到一首古诗，点击"显示下半句"或"显示上半句"，程序会以淡入动画效果补全古诗，点击"译文"按钮，程序会显示对应诗句的译文，再次点击"译文"按钮，译文隐藏，效果如图8.10所示。

图 8.10 补全古诗并显示和隐藏译文

# 8.3 滑动动画效果和自定义动画效果

滑动效果是jQuery提供的另一种元素显示和隐藏的过渡效果。另外，jQuery还对CSS的动画属性进行了封装，支持定义和实现复杂的动画效果。本节将详细讲解滑动动画效果和自定义动画效果的相关内容。

## 8.3.1 滑动显示和隐藏匹配的元素

滑动动画效果可以有效地实现元素显示和隐藏的过渡效果。对单个元素使用滑动动画效果能让用户感觉"丝滑不卡顿"，对多个元素使用滑动动画效果能保持整齐感，给用户带来很好的层次感。在jQuery中使用slideUp()方法和slideDown()方法可以实现元素上下滑动的效果。

扫一扫

滑动显示和隐藏匹配的元素

< 127 >

使用slideUp()方法实现以滑动方式隐藏被选元素，其语法形式如下所示。

```
$(selector).slideUp(speed,easing,callback)
```

使用slideDown()方法实现以滑动方式显示被选元素，其语法形式如下所示。

```
$(selector).slideDown(speed,easing,callback)
```

其中，selector表示被选元素；speed为滑动的速度；easing为动画曲线，有swing和linear两个选项；callback为滑动完成后触发的函数。

【示例8-8】实现多个元素依次滑动显示的效果。

```
<title>实现多个元素依次滑动显示的效果</title>
<style>
span{ display:block; width:100px; height:30px; background:#FF0000; text-align:center;
color:#FFFFFF; padding-top:10px; margin-left:5px; }
div{ width:100px; height:100px; margin-left:5px; display:none;  }
</style>
<script src="../jQ/jquery-3.6.0.min.js"></script>
<script>
$(document).ready(function(){                      //加载完文档后执行jQuery语句
    //设置div元素和span元素的背景色
    $("div:eq(0),span:eq(0)").css("background","#FF0000");
    $("div:eq(1),span:eq(1)").css("background","#0099FF");
    $("div:eq(2),span:eq(2)").css("background","#00CC00");
    var color;
    $("span").hover(function(){                    //添加hover事件
        color=$(this).text();                      //获取触发事件的span元素
        switch(color){                             //滑动显示对应div元素
            case "红色":
                $("div:eq(0)").slideDown();break;
            case "蓝色":
                $("div:eq(1)").slideDown();break;
            case "绿色":
                $("div:eq(2)").slideDown();break;
        }
    },function(){

        color=$(this).text();
        switch(color){                             //滑动隐藏对应div元素
            case "红色":
                $("div:eq(0)").slideUp();break;
            case "蓝色":
                $("div:eq(1)").slideUp();break;
            case "绿色":
                $("div:eq(2)").slideUp();break;
        }
    });
});
</script>
...
<body>
<span>红色</span><div></div><span>蓝色</span><div></div><span>绿色</span><div></div>
</body>
...
```

上述代码使用slideUp()方法实现div元素的滑动隐藏，使用slideDown()方法实现div元素的滑动显示。运行程序，页面中会显示3个span元素，当鼠标指针移动到相应span元素上时，对应颜色的div元素就会以滑动形式出现，当鼠标指针移出该span元素范围后，对应颜色的div元素会以滑动形式隐藏，效果如图8.11所示。

图8.11　滑动显示和滑动隐藏

< 128 >

## 8.3.2　滑动切换元素的可见性

在jQuery中使用slideToggle()方法以滑动动画效果的形式切换指定元素的隐藏和显示状态。其语法形式如下所示。

```
$(selector).slideToggle(speed,easing,callback)
```

扫一扫

滑动切换元素的
可见性

其中，selector表示被选元素；speed为滑动的速度；easing为动画曲线，有swing和linear两个选项；callback为滑动完成后触发的函数。

【示例8-9】实现滑动切换菜单的可见性。

```
<title>滑动切换菜单的可见性</title>
<style>
li{ list-style:none; color:#FFFFFF; background:#003333; border:1px #003333 solid;
margin-top:5px; width:100px; height:30px; text-align:center; line-height:25px;}
    div{ width:100px; margin-left:40px; margin-bottom:-3px; height:30px; text-
align:center;border:1px #003333 solid;text-align:center;background:#003333; line-
height:30px; color:#FFFFFF;}
    span{ display:inline-block; width:5px;  position:relative; left:15px; color:#CC0000;
font-size:12px;}
    ul{ display:none;}
</style>
<script src="../jQ/jquery-3.6.0.min.js"></script>
<script>
$(document).ready(function(){                    //加载完文档后执行jQuery语句
    $("div").click(function(){
        $("ul").slideToggle(2000,"swing");       //滑动切换元素的显示和隐藏状态
    });
});
</script>
...
<body>
<div>设置<span>3 ●</span></div>
<ul><li>音乐</li><li>背景</li><li>主题</li></ul>
</body>
...
```

上述代码使用slideToggle()方法实现ul元素的滑动隐藏和显示。运行程序，页面中会显示使用一个div元素实现的菜单。用户点击菜单，菜单会向下滑动显示；用户再次点击菜单，菜单会向上滑动隐藏，效果如图8.12所示。

图 8.12　滑动切换菜单的可见性

## 8.3.3　自定义动画效果

在jQuery中使用animate()方法对CSS的动画效果进行封装。通过animate()方法可以轻松地实现丰富的动画效果，其语法形式如下所示。

```
(selector).animate({styles},speed,easing,callback)
```

其中，selector用于选择对应的元素；styles用于指定动画效果会影响CSS的属性，几乎所有的CSS层叠样式都可以在animate()方法中使用，只不过必须使用驼峰法书写所有的属性名。例如，margin-right属性名需要写为marginRight。另外，在使用位置移动时，需要将对应元素的position属性设置为relative、fixed或absolute。speed表示动画的速度；easing表示动画曲线，有swing和linear两个选项；callback表示动画完成后执行的函数。

< 129 >

扫一扫

自定义动画效果

> **注意**
>
> 驼峰法分为大驼峰法和小驼峰法。大驼峰法要求所有单词的首字母都大写；小驼峰法要求除首单词的首字母外，其他单词的首字母大写。

**【示例8-10】**实现元素移动并缩小的动画效果。

```
<title>移动并缩小动画效果</title>
<script src="../jQ/jquery-3.6.0.min.js"></script>
<script>
$(document).ready(function(){                            //加载完文档后执行jQuery语句
    $("div").click(function(){
        $(this).animate({left:"0",top:"0",width:"0",height:"0"},3000,"swing"); //缩小并
隐藏动画
        $(this).text("");                               //设置文本为空
    });
});
</script>
…
<body>
<div style=" position:relative; left:200px; top:100px;width:100px; height:100px;
background:#00CC66;">点击消失</div>
    </body>
…
```

上述代码使用animate()方法实现div元素的移动和缩小动画效果。运行程序，页面中会显示一个div元素，用户点击该元素，该元素向左移动，并同时缩小直到消失不见，效果如图8.13所示。

默认使用animate()方法可以同时执行多个动画，也可以依次执行多个动画。如果要同时执行多个动画，则需要将多个CSS属性添加到同一个animate()方法中。如果要依次执行多个动画，则需要使用多个animate()方法，让所有animate()方法形成队列，程序会根据animate()方法出现的先后顺序依次执行对应动画。

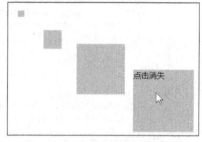

图 8.13 元素移动并缩小动画效果

**【示例8-11】**实现元素不断移动的动画效果。

```
<title>实现元素不断移动的动画效果</title>
<script src="../jQ/jquery-3.6.0.min.js"></script>
<script>
$(document).ready(function(){                            //加载完文档后执行jQuery语句
    $("div").click(function(){
        movef();                                        //调用动画函数
        function movef(){                               //定义动画函数
            $("div").animate({left:"100",top:"0"},1000,"swing");        //向右移动
            $("div").animate({left:"100",top:"100"},1000,"swing");      //向下移动
            $("div").animate({left:"0",top:"100"},1000,"swing");        //向左移动
            $("div").animate({left:"0",top:"0"},1000,"swing",movef);//向上移动并进行回调
        };
    });
});
</script>
…
<body>
<div style="width:100px; height:100px; background:#00FFFF; position:absolute;
left:0;top:0;">点击开始移动</div>
    </body>
…
```

上述代码定义了一个movef()函数，该函数使用多个animate()方法实现了div元素的移动，在最后

< 130 >

一个animate()方法中实现了回调当前函数movef()。运行程序，页面中会显示一个div元素，点击该元素，该元素会依次向右移动、向下移动、向左移动、向上移动，并且不断重复这4个步骤，效果如图8.14所示。

图 8.14　元素不断移动的动画效果

## 8.3.4　停止动画

扫一扫

停止动画

如果需要在动画执行过程中停止动画的执行，则可以通过stop()方法实现。使用该方法可以停止执行指定元素上的动画，其语法形式如下所示。

```
$(selector).stop(stopAll,goToEnd);
```

其中，selector表示被选元素；stopAll的默认值为false，用于停止正在执行的动画，如果是动画队列，则只停止当前执行的动画，继续执行动画队列中的下一个动画，如果设置为true，则停止执行动画队列中的所有动画；goToEnd用于规定是否直接完成当前运行的动画，默认值为false。

【示例8-12】实现点击按钮停止动画效果。

```
<title>点击按钮停止动画效果</title>
<script src="../jQ/jquery-3.6.0.min.js"></script>
<script>
$(document).ready(function(){                    //加载完文档后执行jQuery语句
    $("div").click(function(){
        $("div").animate({left:"300"},3000,"swing");    //向右移动
        $("div").animate({left:"0"},3000,"swing");      //向左移动
    });
    $("[value='停止当前动画']").click(function(){
        $("div").stop();                         //停止当前动画，执行下一个动画
    });
    $("[value='停止所有动画']").click(function(){
        $("div").stop(true,true);                //停止所有动画，直接跳转到当前动画末尾
    });
});
</script>
…
<body>
<div style="width:100px; height:100px; background:#00FFFF; position:absolute;
left:0;top:50px;">点击开始移动</div>
<input type="button" value="停止当前动画" />
<input type="button" value="停止所有动画" />
</body>
…
```

上述代码使用animate()方法实现元素的动画效果，使用stop()方法停止动画。运行程序，页面中会显示两个按钮和一个div元素。当用户点击div元素后，该元素开始向右移动，然后向左移动。在div元素向右移动的过程中，如果用户点击"停止当前动画"按钮，则div元素会停止向右移动，直接开始向左移动。如果在向右的移动过程中用户点击"停止所有动画"按钮，则div元素会停止向右移动，直接移动到向右移动的终点位置，并且不会执行向左移动的动画。

< 131 >

## 【案例分析8-3】实现下拉菜单左右抖动后的隐藏和显示

扫一扫

案例分析 8-3

　　下拉菜单是一种十分常见的列表内容展示工具，通过下拉菜单可以实现多个内容或功能的导航效果。本案例为下拉菜单的隐藏和显示添加左右抖动动画效果，代码如下所示。

```
<title>实现下拉菜单左右抖动后的隐藏和显示</title>
<script src="../jQ/jquery-3.6.0.min.js"></script>
<script>
$(document).ready(function(){                          //加载完文档后执行jQuery语句
    var text;
    $("#Div1").click(function(){
        text=$(this).text();
        if(text=="显示")
        {
            $(this).text("隐藏");
            df();                                      //调用动画函数
            $("#Div2").slideToggle(1000,"swing");      //显示
        }else{
            $(this).text("显示");
            $("#Div2").slideToggle(1000,"swing");      //隐藏
            df();                                      //调用动画函数
        }
        function df()                                  //定义动画函数
        {
            for(var i=0;i<5;i++)
            {
                $("#Div2").animate({left:"30"},100,"swing");    //向右移动
                $("#Div2").animate({left:"-30"},100,"swing");   //向左移动
            }
            $("#Div2").animate({left:"0"},1000,"swing");        //恢复位置
        }
    });
});
</script>
...
<body>
<div id="Div1" style="width:200px; height:30px; border:1px #666666 solid;
background:#666666; text-align:center; line-height:30px; color:#FFFFFF; cursor:pointer;">
显示</div>
    <div id="Div2" style="width:200px; height:100px; border:1px #666666 solid;text-
align:center; line-height:100px; position:relative; ">左右抖动后显示和隐藏</div>
    </body>
...
```

　　上述代码定义了一个df()函数，函数中使用animate()方法实现了菜单的左右抖动动画效果。运行程序后会看到两个div元素，上方的div元素为按钮，下方的div元素为下拉菜单。点击上方div元素后，下方div元素会发生左右抖动，然后隐藏，并且上方div元素的文本内容变为"隐藏"；再次点击上方div元素之后，下方div元素会以向下滑动的形式显示，然后发生左右抖动，并且上方div元素的文本内容变为"显示"，效果如图8.15所示。

图 8.15　菜单左右抖动后的隐藏和显示

## 【案例分析8-4】图片顺序切换效果

　　在以图片为主的网页中常常会使用到多个图片堆叠的显示方法。通过点击图片或滑动图片可以

< 132 >

依次查看堆叠的所有图片。本案例使用元素的显示和隐藏动画以及自定义动画效果实现堆叠图片顺序切换，代码如下所示。

扫一扫

案例分析 8-4

```
<title>图片顺序切换效果</title>
<script src="../jQ/jquery-3.6.0.min.js"></script>
<script>
$(document).ready(function(){                            //加载完文档后执行
jQuery语句
    var dis,pre,image,cimage,Div,d;
    $("#box div").click(function(){
        dis=$(this).prev().css("display");               //获取哥哥元素的显示状态
        pre=$(this).prev().html();                       //获取哥哥元素的HTML
        if(dis=="none"||pre==undefined)                  //判断点击的图片为最上方图片
        {
            $(this).hide("slow");                        //隐藏图片
            image=$(this).next().children("img");        //获取下一张图片
            cimgae=$(this).nextAll().children("img");    //获取后续的所有图片
            Div=$(this).nextAll("div");                  //获取后续所有div元素
            image.css("opacity",1);                      //下一张图片显示为不透明状态
            //后续div元素全部变大
            Div.animate({width:"+=10px",height:"+=10px",top:"-=5px",left:"-=5px"},50,
"swing");
            //后续图片变大
            cimgae.animate({width:"+=10px",height:"+=10px"},50,"swing");
        }
    });
    $("#box").click(function(){
    d=$("#Div4").css("display");                         //获取第4张图片的显示状态
    if(d=="none")                                        //如果隐藏执行
    {
        $("div:gt(0)").show("slow");                     //显示所有图片
        //恢复图片的默认样式
        $("#Div2,#Div2 img").animate({width:"-=10px",height:"-=10px",top:"+=5px",left:
"+=5px"},100,"swing")
        $("#Div3,#Div3 img").animate({width:"-=20px",height:"-=20px",top:"+=10px",left
:"+=10px"},100,"swing");
        $("#Div4,#Div4 img").animate({width:"-=30px",height:"-=30px",top:"+=15px",left
:"+=15px"},100,"swing");
    }
    });
});
</script>
<style>
#box{ width:600px; height:800px;border:1px #000066 solid; margin:auto;
position:relative; z-index:0; }
img{ border-radius:25px;}
#box div{ margin:auto;  border-radius:25px; border:1px #666 solid;}
#Div1{ width:480px; height:640px; position:absolute; left:60px; top:80px;}
#Div1 img{ width:480px; height:640px;}
#Div2{ width:500px; height:660px; position:absolute; left:50px; top:70px;}
#Div2 img{ width:500px; height:660px; opacity:0.8; }
#Div3{ width:520px; height:680px; position:absolute; left:40px; top:60px;}
#Div3 img{ width:520px; height:680px; opacity:0.6; }
#Div4{ width:540px; height:700px; position:absolute; left:30px; top:50px;}
#Div4 img{ width:540px; height:700px; opacity:0.4;}
</style>
...

<body>
<div id="box">
<div id="Div1" style="z-index:4;"><img src="image/foot1.jpg" /></div>
<div id="Div2" style="z-index:3;"><img src="image/foot2.jpg" /></div>
<div id="Div3" style="z-index:2;"><img src="image/foot3.jpg" /></div>
```

< 133 >

```
<div id="Div4" style="z-index:1;"><img src="image/foot4.jpg" /></div>
</div>
</body>
...
```

上述代码使用hide()方法依次隐藏被点击的图片；使用show()方法显示所有图片；使用animate()方法使图片消失，并调整后续图片的尺寸和位置。运行程序，页面中会显示4张堆叠的图片。当用户点击第1张图片时，第1张图片以动画形式隐藏，后续图片变大并调整位置；当用户点击第2张图片时，第2张图片隐藏，后续图片变大并调整位置；以此类推，直到隐藏所有的4张图片。当所有图片隐藏后，点击空白的div元素，所有图片以动画形式显示，并恢复为初始样式，效果如图8.16所示。

图 8.16　图片顺序切换效果

**【素养课堂】**

　　jQuery动画方法源自CSS的动画，jQuery基础库中的动画简单分为4种，更加丰富的动画效果可以通过jQuery UI插件或其他插件实现。jQuery动画弥补了JavaScript元素没有动画效果的缺陷，并且提供了十分丰富的动画插件，可以帮助开发者在实现动画效果时摆脱大量的代码编写负担。可以说，丰富的插件是jQuery大受欢迎的重要原因之一。

　　在生活、学习中，无论面对什么样的问题，如果拥有十分丰富的资源储备，那么就可以降低问题的难度，甚至直接解决问题。而丰富的资源储备往往源于平时点滴的积累，正如古人所说，"不积跬步，无以至千里；不积小流，无以成江海"。在日常生活、学习中，我们要注意知识的积累，通过积累一些小的知识形成大的资源库。当遇到问题时，可以从丰富的资源库中寻找对应的解决方法。

　　总而言之，读万卷书行万里路，无论何时、何地都要注意对知识的学习和积累，所有学到的知识最终都将指引我们迈向成功。

# *8.4*　思考与练习

## 8.4.1　疑难解读

**1．动画曲线是否只有swing和linear两种？**

jQuery的一大特点就是支持各种插件的扩展。jQuery中的基础动画曲线只有这两种，下载和添加对应的插件（如jQuery的UI插件）之后就可以使用更加丰富的动画曲线控制效果。

**2．使用jQuery动画可以实现颜色动画效果吗？**

jQuery基础库中不包含色彩动画，如果需要生成颜色相关的动画，则需要下载Color Animations插件。

## 8.4.2　课后习题

**一、填空题**

1．以动画形式隐藏元素的方法为_____，它以指定的速度隐藏指定的元素。

< 134 >

2. 以动画形式显示元素的方法为_____，它以指定的速度显示指定的元素。

3. 使用开关按钮控制元素的显示和隐藏状态可以使用_____方法实现。

4. 淡入动画效果以一种逐渐清晰的方式显示元素，需要使用_____方法实现。

5. 淡出动画效果可以使用_____方法实现。

## 二、选择题

1. 下列方法中可以用于实现以淡入淡出动画效果动态切换元素显示状态的为（　　）。
　　A. fadeToggle()　　　B. hide()　　　　　C. fadeIn()　　　　　　D. fadeOut()

2. 下列属性中可以用于实现控制动画效果开头和结尾慢，中间快的为（　　）。
　　A. callback　　　　　B. linear　　　　　C. swing　　　　　　　D. easing

3. 精准控制元素淡入淡出动画效果需要使用的方法为（　　）。
　　A. fadeIn()　　　　　B. fadeOut()　　　C. fadeToggle()　　　D. fadeTo()

4. 通过滑动动画效果实现元素隐藏的方法为（　　）。
　　A. hide()　　　　　　B. slideUp()　　　C. slideDown()　　　D. fadeOut()

5. 可以用于实现自定义动画效果的方法为（　　）。
　　A. slideToggle()　　B. slideDown()　　C. animate ()　　　　D. stop()

## 三、上机实验题

1. 实现点击按钮隐藏图片，再次点击按钮显示图片。

【实验目标】掌握基础动画效果。

【知识点】click事件、toggle()方法。

2. 实现点击标题显示和隐藏下拉菜单。

【实验目标】掌握滑动切换元素状态的动画。

【知识点】click事件、slideToggle()方法。

< 135 >

# 第 *9* 章  jQuery的工具函数

jQuery提供了功能十分强大的工具函数，可以用于对数组、字符串、对象等数据进行各种操作。jQuery的工具函数都属于全局函数，全部依附于jQuery对象。本章将详细讲解jQuery的工具函数的使用方式。

【学习目标】

- 掌握数组操作函数。
- 掌握字符串操作函数。
- 掌握测试操作函数。
- 掌握函数扩展操作函数。
- 掌握其他工具函数。

扫一扫

导引示例

【导引示例】

jQuery提供了十分丰富的工具函数，这些工具函数主要用于数据操作。例如，使用jQuery的数组操作函数对数组元素进行批量操作，代码如下所示。

```
<title>导引示例</title>
<script src="../jQ/jquery-3.6.0.min.js"></script>
<script>
$(document).ready(function(){              //加载完文档后执行jQuery语句
    var ob=[1,2,3,4,5,6,7,8];
    $.each(ob,function(index,value){        //遍历数组元素
        $("span")[0].append(value+",");
    });
    ob=$.map(ob,function(n){return n+2;});  //修改数组元素
    $("span:eq(1)").text(array1);
});
</script>
...
<body>
数组的元素为：<span></span><br/>
数组元素加2后为：<span></span>
</body>
...
```

在代码中使用工具函数实现了对数组元素的遍历和修改。运行程序，页面中会显示数组元素的初始值与修改后的值，效果如下所示。

```
数组的元素为：1,2,3,4,5,6,7,8,
数组元素加2后为：3,4,5,6,7,8,9,10
```

# *9.1* 工具函数概述与数组操作

工具函数主要用于数据的批量处理，如处理网页的客户信息、数据统计等，其优势也在于此。本节将详细讲解如何使用工具函数对数组进行操作。

扫一扫

工具函数概述和
获取数组元素

## 9.1.1 工具函数概述

工具函数是依附于jQuery对象的函数，所以在调用工具函数时需要先获取jQuery对象。工具函数的调用语法如下所示。

```
$.函数名(参数列表)
```

或

```
jQuery.函数名(参数列表)
```

其中，$表示jQuery的函数，函数名用于指定具体的工具函数。工具函数可以根据功能以及处理的对象不同分为数组操作函数、字符串操作函数、测试操作函数、函数扩展操作函数、队列操作函数以及其他工具函数。

## 9.1.2 获取数组元素

获取数组元素可使用3个工具函数，分别为$.each()函数、$.grep()函数和$.inArray()函数。

**1. $.each()函数**

$.each()函数用于遍历指定数组或对象，它会对元素或对象迭代访问，依次读取数组或对象的值，其语法形式如下所示。

```
$.each(object, function(参数1,参数2){})
```

其中，object表示要遍历的数组或对象；function用于指定遍历过程中重复执行的函数；参数1用于获取数组的索引以及对象的key值，因此，当object为数组时，参数1通常为index，当object为对象时，参数1通常为key；参数2用于存放数组元素或对象的值，一般默认为value。

> **⚠ 注意**
>
> 参数1和参数2为自定义参数，开发者可以根据自己的习惯进行定义。

**【示例9-1】**遍历数组和对象并添加结果到页面。

```
<title>遍历数组和对象并添加结果到页面</title>
<script src="../jQ/jquery-3.6.0.min.js"></script>
<script>
$(document).ready(function(){                          //加载完文档后执行jQuery语句
    var obj1={张三:"18岁",李四:"28岁",王五:"38岁"};
    var obj2=["工人","老师","医生"];
    $.each(obj1,function(index,value){                 //遍历对象
    $("h1").append(d +" "+value+"    ");//每次遍历要执行添加元素
    });
    $.each(obj2,function(key,value){                   //遍历数组
    $("h2").append(key+"  "+value+"    "); //每次遍历要执行添加元素
    });
});
</script>
...
<body>
```

< 137 >

```
<h1>参加选拔的人员包括: </h1>
<h2>可选职业包括: </h2>
</body>
...
```

上述代码使用$.each()函数遍历了对象和数组，并依次显示结果。运行程序后，页面中会显示参加选拔的人员名单以及可选的职业，效果如图9.1所示。

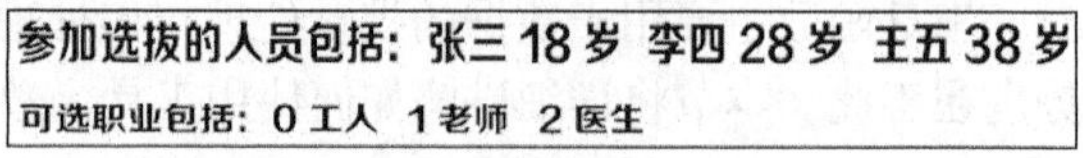

<table>
<tr><td>**参加选拔的人员包括:** 张三 18 岁 李四 28 岁 王五 38 岁</td></tr>
<tr><td>**可选职业包括:** 0 工人 1 老师 2 医生</td></tr>
</table>

图9.1 显示对象和数组的数据

### 2. $.grep()函数

通过$.grep()函数可以使用指定的函数过滤数组或类数组对象中的元素，并返回过滤后的数据，在整个过滤过程中不会影响到原数组，其语法形式如下所示。

```
$.grep(array,function(参数1,参数2){}, invert)
```

其中，array表示要过滤的原数组；function表示实现过滤数据的函数；参数1用于存放过滤数组元素时的元素值；参数2用于存放过滤数组元素时元素的索引；invert用于控制是否翻转过滤的数据，其默认值为false，如果设置为true，则表示翻转过滤的数据。例如，选择数组中的奇数，如果设置invert为true，则会返回数组中的所有偶数。

### 3. $.inArray()函数

使用$.inArray()函数可以在数组中查找指定元素并返回它的索引值，如果没有指定元素，则返回-1，其语法形式如下所示。

```
$.inArray(value,array,fromIndex)
```

其中，value表示要查询的元素；array表示要查询的原数组；fromIndex表示是否从指定数组的指定索引位置开始查询，默认值为0。

【示例9-2】显示数组中对应的元素。

```
<title>显示数组中对应的元素</title>
<script src="../jQ/jquery-3.6.0.min.js"></script>
<script>
$(document).ready(function(){                              //加载完文档后执行jQuery语句
    var array=[1,2,5,22,21,54,87,72];
    $("span:eq(0)").text(array);
    var array1=$.grep(array,function(n){return n%2==0; });         //查找数组中的偶数
    $("span:eq(1)").text(array1);
    var array2=$.grep(array,function(n){return n%2==0;},true);   //查找数组中的奇数
    $("span:eq(2)").text(array2);
    var index=$.inArray(5,array);                                  //返回数字5的位置
    $("span:eq(3)").text(index+1);
});
</script>
...

<body>
数组中的所有元素为: <span></span><br />
数组中的偶数元素: <span></span><br />
数组中的奇数元素: <span></span><br />
数字5在数组的第<span></span>位。
</body>
...
```

上述代码使用$.grep()函数查找数组中的偶数元素和奇数元素，并使用$.inArray()函数查询数字5的位置。运行程序后，页面中会显示数组中的全部元素、偶数元素、奇数元素以及数字5的位置，效果如下所示。

数组中的所有元素为: 1,2,5,22,21,54,87,72
数组中的偶数元素: 2,22,54,72
数组中的奇数元素: 1,5,21,87

< 138 >

数字5在数组的第3位。

## 9.1.3　数组操作

数组操作函数包括\$.makeArray()函数、\$.map()函数、\$.merge()函数和\$.uniqueSort()
函数。

扫一扫

数组操作

### 1．\$.makeArray()函数

使用\$.makeArray()函数可以将类数组对象转换为真正的数组对象，其语法形式如下所示。

```
$.makeArray( object )
```

其中，object表示要转换为数组的类数组对象。

### 2．\$.map()函数

使用\$.map()函数可以对指定数组中的每个元素或对象的每个属性进行处理，并将处理结果封装
为新的数组返回，其语法形式如下所示。

```
$.map( object, callback )
```

其中，object表示要处理的数组或对象，callback表示处理数据时重复执行的函数。

### 3．\$.merge()函数

使用\$.merge()函数可以将两个数组合并为一个数组，其语法形式如下所示。

```
$.merge( first, second )
```

其中，first表示表示第一个数组，second表示第二个数组。

### 4．\$.uniqueSort()函数

使用\$.uniqueSort()函数可以对DOM元素数组中的元素进行排序，并删除重复的元素。该函数只能对
普通的DOM元素数组进行操作，不能对数字或字符串数组进行操作，其语法形式如下所示。

```
$.uniqueSort(array)
```

其中，array表示要进行排序的DOM元素数组。

【示例9-3】对数组中的元素进行操作。

```
<title>对数组中的元素进行操作</title>
<script src="../jQ/jquery-3.6.0.min.js"></script>
<script>
$(document).ready(function(){                    //加载完文档后执行jQuery语句
    var array1=[1,2,5];
    var array2=[4,1,8];
    $("div:eq(0)").text(array1);
    $("div:eq(1)").text(array2);
    $("button:eq(0)").click(function(){
        array1=$.map(array1,function(n){return n+5;});   //array1数组元素加5
        $("div:eq(0)").text(array1);
        array2=$.map(array2,function(n){return n+5;});   //array2数组元素加5
        $("div:eq(1)").text(array2);
    });
    $("button:eq(1)").click(function(){
        $.merge(array1,array2);                           //array1数组和array2数组合并
        $("div:eq(0)").text(array1);
    });
});
</script>
…
<body>
<div></div>
<div></div><br />
```

< 139 >

```
<button>点击加5</button><button>点击合并</button>
</body>
...
```

上述代码使用$.map()函数修改数组元素的值，并使用$.merge()函数对数组进行合并。运行程序，页面中会显示两个数组中的元素和两个按钮。当用户点击"点击加5"按钮后，两个数组的所有元素值进行加5运算；当用户点击"点击合并"按钮后，第2个数组的所有元素都会添加到第1个数组后面，效果如图9.2所示。

图 9.2　点击按钮修改数组和合并数组

# 【案例分析9-1】将数组数据添加到表格中

网页中的大量数据，如用户信息、商品信息等，通常使用表格展示。本案例使用工具函数将指定的数据依次添加到对应的表格中，代码如下所示。

```
<title>将数组元素添加到表格中</title>
<script src="../jQ/jquery-3.6.0.min.js"></script>
<script>
$(document).ready(function(){                               //加载完文档后执行jQuery语句
    var obj=["张三","18岁","李四","28岁","王五","38岁","刘柳","58岁"];    //数据
    $("[value='导入全部数据']").click(function(){              //点击事件
        $("tr:gt(0)").remove();                            //清理表格
        $.each(obj,function(index){                        //遍历数组
            if(index%2==0)                                 //判断索引为偶数
            $("table").append("<tr><th>"+obj[index]+"</th><th>"+obj[index+1]+"</th></tr>");
        });
    });
    $("[value='查找']").click(function(){                    //点击事件
        $("tr:gt(0)").remove();                            //清理表格
        var name=$("[type='text']").val();                 //获取输入的值
        var index=$.inArray(name,obj);                     //获取对应值的索引
        if(index==-1){
            alert("没有"+name+"这个人的信息");               //提示没有对应信息
        }
        else{                                              //插入符合要求的数据
            $("table").append("<tr><th>"+obj[index]+"</th><th>"+obj[index+1]+"</th></tr>");
        }
    });
});
</script>
...
<body>
<table border="1px">
    <tr>
        <th>姓名</th>
        <th>年龄</th>
    </tr>
</table>
<input type="text" autocomplete="off" /><input type="submit" value="查找" />
<input type="button" value="导入全部数据" />
</body>
...
```

扫一扫

案例分析 9-1

上述代码使用$.each()函数对数组进行遍历并添加数组元素，使用$.inArray()函数查询数组元素。运行程序，页面中会显示一个表格、一个查询框与两个按钮。点击"导入全部数据"按钮，表格会显示全部数组元素；在输入框中输入相应的数据，然后点击"查找"按钮，表格中会显示对应的信息，如果没有查找到信息，则会弹出弹窗提醒，效果如图9.3所示。

图 9.3　导入数据与查找信息

< 140 >

# 9.2 字符串操作函数

字符串数据是常见的一种数据，多用于文本信息处理。本节讲解关于字符串空格处理和JSON字符串格式处理的相关工具函数。

## 9.2.1 字符串空格处理

扫一扫

字符串空格处理

使用$.trim()工具函数可以删除字符串两端的空白字符、制表符和换行符。如果这些内容在字符串中间，则不会被删除。其语法形式如下所示。

```
$.trim( str )
```

其中，str表示要处理的字符串。

【示例9-4】处理字符串首尾空格。

```
<title>字符串空格处理</title>
<script src="../jQ/jquery-3.6.0.min.js"></script>
<script>
$(document).ready(function(){                        //加载完文档后执行jQuery语句
    var str="                  君不见黄河之水天上来       ";
    alert("有空格: "+str+"。");                      //字符串原样输出
    alert("无空格: "+$.trim(str)+"。");              //删除字符串首尾空格
});
</script>
```

上述代码使用$.trim()函数对字符串首尾空格进行删除。运行程序，显示第一个弹窗，弹窗中字符串的首尾空格保留。关闭第一个弹窗会显示第二个弹窗，该弹窗中的字符串使用工具函数进行了处理，所以没有空格，效果如图9.4所示。

图 9.4　字符串空格处理

## 9.2.2 JSON字符串格式处理

扫一扫

JSON 字符串
格式处理

使用$.parseJSON()工具函数可以将标准格式的JSON字符串转换为对应的JavaScript对象，其语法形式如下所示。

```
$.parseJSON( json )
```

其中，json表示要转换为JavaScript对象的JSON字符串。

【示例9-5】将JSON字符串转换为JavaScript对象。

```
<title>将JSON字符串转换为JavaScript对象</title>
<script src="../jQ/jquery-3.6.0.min.js"></script>
<script>
$(document).ready(function(){                        //加载完文档后执行jQuery语句
    var obj=jQuery.parseJSON('{"name":"张三","age":18}');
    alert(obj.name);                                //弹出对象的姓名
    alert(obj.age);                                 //弹出对象的年龄
});
</script>
```

上述代码使用$.parseJSON()函数将JSON字符串转换为JavaScript对象。运行程序，显示第一个

< 141 >

弹窗，弹窗中会显示对象的name属性值。关闭第一个弹窗后会显示第二个弹窗，该弹窗会显示对象的age属性值，效果如图9.5所示。

图 9.5　显示对象的属性值

## 【案例分析9-2】登录数据处理

在用户登录过程中，默认会将登录数据前端和后端的空格删除，以方便对账户的管理。本案例使用工具函数将用户输入内容的前后空格删除，代码如下所示。

```
<title>登录数据处理</title>
<script src="../jQ/jquery-3.6.0.min.js"></script>
<script>
$(document).ready(function(){                          //加载完文档后执行jQuery语句
    $("[type='submit']").click(function(){
        var text=$("[type='text']").val();
        var password=$("[type='password']").val();
        alert("用户输入的账号："+text+"，用户输入的密码："+password);
        alert("用户输入的账号："+$.trim(text)+"，用户输入的密码："+password);//登录数据处理
    });
});
</script>
...
<body>
账号：<input type="text" />
密码：<input type="password" />
<input type="submit" />
</body>
...
```

扫一扫

案例分析 9-2

上述代码使用$.trim()函数将字符串首尾的空格删除。运行程序后，页面中会显示两个输入框和一个提交按钮。在账号输入框中输入带有空格的账号，在密码输入框中输入密码，然后点击"提交查询"按钮，页面中会依次弹出两个弹窗。第一个弹窗显示用户输入的账号和密码，第二个弹窗显示处理过的账号和密码，效果如图9.6所示。

图 9.6　处理登录数据

# 9.3　测试操作函数

在编写程序的过程中，常常需要确认特定对象或元素的状态。例如，获取某些元素，需要判断是否获取成功、获取的是单个元素还是数组等。这些操作可以通过测试操作函数完成。本节将详细讲解测试操作函数的使用。

扫一扫

测试操作函数

## 9.3.1　判断对象是否为空

$.isEmptyObject()工具函数用于判断对象是否为空，也就是判断对象是否具有属性。这里的对象是指JavaScript中的标准对象。该函数的语法形式如下所示。

```
$.isEmptyObject( object )
```

其中，object表示要判断的对象。

【示例9-6】判断对象是否为空。

```
<title>判断对象是否为空</title>
<script src="../jQ/jquery-3.6.0.min.js"></script>
<script>
$(document).ready(function(){                          //加载完文档后执行jQuery语句
```

< 142 >

```
function emptF(obj){
if($.isEmptyObject(obj))                          //判断传递的对象是否为空
    {
        alert("对象为空对象");                      //空
    }else
    {
        alert("对象为非空对象");                    //非空
    }
}
var obj1={};                                      //空对象
var obj2={name:"张三"};                            //非空对象
emptF(obj1);                                      //调用函数
emptF(obj2);                                      //调用函数
});
</script>
```

上述代码使用$.isEmptyObject()函数判断对象是否为空。运行程序后，页面会依次弹出两个弹窗，第一个弹窗显示的对象为空对象，第二个弹窗显示的对象为非空对象，效果如图9.7所示。

图 9.7 判断对象是否为空

## 9.3.2 判断参数类型

在使用函数或方法的过程中，参数传递是十分常见的。为了确认参数符合要求，需要在传递前确定参数的类型。jQuery工具函数具有参数类型判断功能。这些工具函数的具体功能说明如下。

- $.isFunction(parameter)：判断指定参数是否是函数，parameter表示要判断的参数。
- $.isNumeric(parameter)：判断指定参数是否是数值，parameter表示要判断的参数。
- $.isPlainObject(parameter)：判断指定参数是否是纯粹的对象，parameter表示要判断的参数。
- $.isWindow(parameter)：判断指定参数是否是window对象，parameter表示要判断的参数。
- $.isArray(parameter)：判断指定参数是否是数组，parameter表示要判断的参数。

⚠️ 注意

如果要判断的参数的类型为对应类型，工具函数会返回true，否则会返回false。另外在使用工具函数对参数类型进行判断时要注意不同浏览器的差异。在不同的浏览器中，相同参数的判断结果可能不同。

## 【案例分析9-3】判断参数的类型

不同类型的数据用于表达不同的内容，例如，姓名需要使用字符串表达，年龄需要使用数值表达，大量连续数据可以使用数组表达。另外，不同类型的数据只有出现在正确的地方才能保证代码的正确运行。本案例使用工具函数对不同参数的类型进行判断，代码如下所示。

扫一扫

案例分析 9-3

```
<title>判断参数的类型</title>
<script src="../jQ/jquery-3.6.0.min.js"></script>
<script>
$(document).ready(function(){                     //加载完文档后执行jQuery语句
    var num=123456;
    var obj={name:"张三"};
    var array=[1,2,3,4,5];
    function stF(){};
    $("body").append("stF是否为函数："+$.isFunction(stF)+"<br/>");//判断是否为函数
    $("body").append("num是否为数值："+$.isNumeric(num)+"<br/>"); //判断是否为数值
    $("body").append("obj是否为对象："+$.isPlainObject(obj)+"<br/>");   //判断是否为对象
    $("body").append("window是否为窗口："+$.isWindow(window)+"<br/>");  //判断是否为窗口
    $("body").append("array是否为数组："+$.isArray(array)+"<br/>");     //判断是否为数组
```

< 143 >

```
    });
    </script>
```

在代码中使用5个工具函数判断参数的类型。运行程序后，控制台中会依次显示判断的结果，具体如下所示。

```
stF是否为函数: true
num是否为数值: true
obj是否为对象: true
window是否为窗口: true
array是否为数组: true
```

## 9.4 函数扩展

函数扩展是指通过工具函数对jQuery对象本身进行扩展，其本质就是开发者根据自身需求通过工具函数编写类级别的方法。本节将讲解关于函数扩展的工具函数。

扫一扫

合并对象函数

### 9.4.1 合并对象函数

使用$.extend()工具函数可以将多个对象合并为一个目标对象。该函数的语法形式如下所示。

```
    $.extend( deep, target, object1, objectN )
```

其中，deep为可选项，表示是否深度合并对象，默认值为false。如果将deep设置为true，该函数会依次合并对象的属性。也就是说，如果某个对象的属性是一个对象，那么子对象的属性也会被合并，这也就是深度合并对象。

target表示目标对象，其他对象的属性都被合并到该对象上。如果只为该函数指定一个参数，则target默认为jQuery对象本身，此时可以为全局对象jQuery添加新的函数。

object1表示要合并的第1个对象，objectN表示要合并的第N个对象。该函数可以将多个对象作为一个对象进行处理，当目标对象属性与合并对象属性名称相同时，合并对象属性会覆盖目标对象属性。

【示例9-7】合并多个对象。

```
    <title>合并多个对象</title>
    <script src="../jQ/jquery-3.6.0.min.js"></script>
    <script>
    $(document).ready(function(){                          //加载完文档后执行jQuery语句
        var obj1={name:"张三",age:17,information:{tel:"12345678901",address:"北京"}};
        var obj2={age:18};
        var obj3={information:{address:"南京"}};
        alert("合并前obj1对象的所有属性值: "+obj1.name+obj1.age+obj1.information.address+obj1.
    information.tel);
        $.extend(true,obj1,obj2,obj3);                    //深度合并
        alert("深度合并后obj1对象的所有属性值: "+obj1.name+obj1.age+obj1.information.
    address+obj1.information.tel);
        $.extend(obj1,obj2,obj3);                         //普通合并
        alert("普通合并后obj1对象的所有属性值: "+obj1.name+obj1.age+obj1.information.
    address+obj1.information.tel);
    });
    </script>
```

上述代码使用$.extend()函数对3个对象分别进行深度合并和普通合并。运行程序后，第一个弹窗显示的是obj1对象合并前的属性值；第二个弹窗显示的是深度合并后obj1对象的属性值；第三个

< 144 >

弹窗显示的是普通合并后obj1对象的属性值，效果如图9.8所示。

从运行结果可以看出，深度合并会依次对information属性的tel子属性和address子属性进行比较并合并。如果有重复的属性，则后面的对象属性值会覆盖目标对象属性值，所以information属性的address子属性值被覆盖，显示为"南京"，而tel子属性值仍然保留，不会被覆盖。

进行普通合并时，obj3对象的information属性会直接覆盖整个obj1对象的information属性，合并后obj1对象的information属性只会保留address子属性，而没有tel子属性，所以在访问information属性的tel子属性时显示为undefined。

图 9.8　对象的属性值

## 9.4.2　扩展属性和方法函数

使用$.fn.extend()工具函数可以为jQuery对象扩展一个或多个实例属性和方法，其语法形式如下所示。

扫一扫

扩展属性和
方法函数

```
$.fn.extend( object )
```

其中，object表示要扩展的属性或方法。$.fn是jQuery的原型对象，extend()函数用于为jQuery的原型对象添加新的属性和方法，新增的方法可以在jQuery实例对象上进行调用。

【示例9-8】为jQuery对象扩展方法。

```
<title>为jQuery对象扩展方法</title>
<script src="../jQ/jquery-3.6.0.min.js"></script>
<script>
$(document).ready(function(){               //加载完文档后执行jQuery语句
    $.fn.extend({
        red:function()                      //扩展方法red()
        {
            return  this.each(function() {
                this.value="账号";
                this.style.color="red";
            });
        },
        blue:function()                     //扩展方法blue()
        {
            return  this.each(function() {
                this.value="密码";
                this.style.color="blue";
            });
        }
    });
    $("[value='显示提示']").click(function(){
        $("[name='a']").red();              //调用扩展方法
        $("[name='b']").blue();             //调用扩展方法
    });
});
</script>
…
<body>
<input type="text" name="a"/>
<input type="text" name="b" />
<input type="button" value="显示提示" /><br />
</body>
…
```

上述代码使用$.fn.extend()工具函数实现了两个方法的扩展。运行程序后，页面中会显示两个输入

< 145 >

框和一个按钮，点击"显示提示"按钮后，输入框会显示相应的文本提示信息，效果如图9.9所示。

图 9.9　使用扩展方法显示提示信息

## 【案例分析9-4】扩展一个求和方法

$.extend()工具函数不但可以合并对象属性，还可以为jQuery全局对象扩展方法。本案例通过$.extend()工具函数扩展方法，实现根据用户输入数据求和，代码如下所示。

```html
<title>为jQuery扩展一个求和方法</title>
<script src="../jQ/jquery-3.6.0.min.js"></script>
<script>
$(document).ready(function(){                          //加载完文档后执行jQuery语句
    $.extend({                                         //使用$.extend()函数扩展方法
        "sum":function(a,b){
            return Number(a)+Number(b);
        }
    });
    $("[value='求和']").click(function(){
        var a=$("[name='a']").val();                   //获取第一个输入框的值
        var b=$("[name='b']").val();                   //获取第二个输入框的值
        var sum=$.sum(a,b);                            //调用扩展方法sum()
        $("span").text(" ");                           //清空span元素
        $("span").append(sum);                         //将求和值添加到span元素中
    });
});
</script>
…
<body>
第一个数: <input type="text" name="a"/>
第二个数: <input type="text" name="b" />
<input type="button" value="求和" /><br />
和为: <span></span>
</body>
…
```

扫一扫

案例分析 9-4

上述代码使用$.extend()工具函数为jQuery全局对象扩展方法。运行程序后，页面中显示两个输入框、一个按钮和一个span元素。在输入框中输入两个数字后，点击"求和"按钮，span元素中会显示两个数的和，效果如图9.10所示。

图 9.10　扩展求和方法

# 9.5　其他工具函数

除了上文讲解到的工具函数，jQuery还提供了多个其他的工具函数。它们可以用于实现获取时间、判断后代元素、自定义动画等多种功能。本节将详细讲解这些工具函数的使用方法。

## 9.5.1　元素操作函数

元素操作函数可以用于判断元素之间的关系，为元素添加数据以及获取元素中的临时数据。元素操作的工具函数包括$.contains()函数、$.data()函数和$.hasData()函数。

### 1．$.contains()函数

$.contains()工具函数用于判断一个DOM元素是否是另一个DOM元素的后代，如果是，则返回true，否则返回false。其语法形式如下所示。

< 146 >

```
$.contains( container, contained )
```

其中，container表示要判断的祖先元素，contained表示要判断的后代元素。

**【示例9-9】**判断span元素是否为div元素的后代元素。

```
<title>判断span元素是否为div元素的后代元素</title>
<script src="../jQ/jquery-3.6.0.min.js"></script>
<script>
$(document).ready(function(){                           //加载完文档后执行jQuery语句
    var Div1=document.getElementById("div1");           //获取节点
    var Span1=document.getElementById("span1");         //获取节点
    if($.contains(Div1,Span1))                          //判断包含关系
    {
        alert("span元素是div元素的后代元素");
    }
});
</script>
...
<body>
<div id="div1"><span id="span1"></span></div>
</body>
...
```

上述代码使用$.contains()工具函数判断span元素是否是div元素的后代元素。运行程序，页面中会显示一个弹窗，效果如图9.11所示。

图 9.11　弹窗

**2．$.data()函数**

使用$.data()工具函数可以在指定的元素上临时存储数据，并返回设置值。使用该函数存储的数据都是临时数据，当页面刷新之后，该数据就会被删除。使用该函数存储的数据为属性名/属性值对，可以一次在元素上存储一个数据，也可以一次存储多个数据。一次存储一个数据的语法形式如下所示。

```
$.data( element, key, value )
```

一次存储多个数据的语法形式如下所示。

```
$.data( element, key,{key1:value1,…,keyN:valueN } )
```

其中，element表示要存储数据的元素；key表示属性名，需要用双引号引起来；value表示属性值。如果一次存储多个数据，则key表示对象，key1表示属性名，不需要用双引号引起来，value1表示属性值。

**3．$.hasData()函数**

$.hasData()工具函数用来确定元素是否包含相关的jQuery数据，元素上的数据都是通过$.data()函数存储的。如果元素没有对应的数据，那么返回false，否则返回true。其语法形式如下所示。

```
$.hasData( element )
```

其中，element表示要确定数据的元素。

**【示例9-10】**在元素上存储数据并获取显示数据。

```
<title>在元素上存储数据并获取显示数据</title>
<script src="../jQ/jquery-3.6.0.min.js"></script>
<script>
$(document).ready(function(){                           //加载完文档后执行jQuery语句
    var Div = $("#Div1");
    $.data(Div,"info",{name: "张三",age: 18});           //在div元素上存储两个数据
    var P = $("p")[0];
    $.data( P,"address","北京市某小区");                  //在p元素上存储一个数据
    if($.hasData(Div)&&$.hasData(P))                     //判断div元素和p元素上是否存储数据
    {
```

< 147 >

```
            $("span:eq(0)").text($.data(Div,"info").name);    //获取div元素的name属性值
            $("span:eq(1)").text($.data(Div,"info").age);     //获取div元素的age属性值
            $("span:eq(2)").text($.data(P,"address"));        //获取p元素的address属性值
    }
});
</script>
...
<body>
<div id="Div1"></div>
<p></p>
div元素存储的第1个数据为: <span></span><br />
div元素存储的第2个数据为: <span></span><br />
p元素存储的数据为: <span></span><br />
</body>
...
```

上述代码使用$.data()工具函数在div元素上存储了两个数据，在p元素上存储了一个数据。使用$.hasData()工具函数判断div元素和p元素上是否存储了数据。运行程序，页面中依次显示div元素和p元素中存储的数据，效果如下所示。

```
div元素存储的第1个数据为: 张三
div元素存储的第2个数据为: 18
p元素存储的数据为: 北京市某小区
```

### 9.5.2　获取时间函数

$.now()工具函数用于返回当前时间距离1970年1月1日午夜所经过的毫秒数。该函数返回的值与UNIX时间戳的时间单位不同。UNIX时间戳是指从1970年1月1日（UTC/GMT的午夜）开始所经过的毫秒数，不考虑闰秒。$.now()工具函数不需要任何参数，直接调用即可。

扫一扫

获取时间函数

【示例9-11】获取距离1970年1月1日午夜所经过的毫秒数。

```
<title>获取距离1970年1月1日午夜所经过的毫秒数</title>
<script src="../jQ/jquery-3.6.0.min.js"></script>
<script>
$(document).ready(function(){                    //加载完文档后执行jQuery语句
    $("span").text($.now());
});
</script>
...
<body>
现在距1970年1月1日午夜已经过去了<span style="color:red"></span>ms。
</body>
...
```

上述代码使用$.now()工具函数获取UNIX时间戳。运行程序，页面显示现在距1970年1月1日午夜已经过去了1660405295988 ms，效果如图9.12所示。

现在距1970年1月1日午夜已经过去了1660405295988 ms。

图 9.12　UNIX 时间戳

### 9.5.3　判断对象类型函数

$.type()工具函数用于确定JavaScript内置对象的类型。该函数会返回对应对象的类型，并以小写形式显示。如果判断的对象为Undefined或Null类型，则返回相应的undefined或null，其语法形式如下所示。

扫一扫

判断对象类型函数

```
$.type( obj )
```

其中，obj表示要判断类型的对象。

< 148 >

**【示例9-12】**判断不同对象的类型。

```
<title>判断不同对象类型</title>
<script src="../jQ/jquery-3.6.0.min.js"></script>
<script>
$(document).ready(function(){                          //加载完文档后执行jQuery语句
    var a=1;
    var b="abc";
    var c=[1,2,3];
    var d=function(){};
    var e=true;
    //使用$.type()函数判断对象类型
    $("body").append("a的类型为"+$.type(a)+"<br />");
    $("body").append("b的类型为"+$.type(b)+"<br />");
    $("body").append("c的类型为"+$.type(c)+"<br />");
    $("body").append("d的类型为"+$.type(d)+"<br />");
    $("body").append("e的类型为"+$.type(e)+"<br />");
});
</script>
```

上述代码使用$.type()工具函数判断不同对象的类型。运行程序，控制台依次输出每个对象的类型，效果如下所示。

```
a的类型为number
b的类型为string
c的类型为array
d的类型为function
e的类型为boolean
```

## 【案例分析9-5】将用户输入的内容存储到元素

扫一扫

案例分析 9-5

临时数据是编程过程中经常遇到的一种数据。对于一些不需要长期存储的数据，都可以将其临时存放到某个指定"地点"。这种存放数据的方式不仅可以减少访问服务器的次数，还能提高数据访问速度。本案例使用工具函数将用户输入的姓名数据临时存放到指定元素中，然后读取该数据，并输出，代码如下所示。

```
<title>将用户输入的内容存储到元素</title>
<script src="../jQ/jquery-3.6.0.min.js"></script>
<script>
$(document).ready(function(){                          //加载完文档后执行jQuery语句
    $("[type='button']").click(function(){
        var text=$(":text")                            //获取input元素
        var name=text.val();                           //获取输入的内容
        $.data(text,"info",name);                      //将输入的内容作为临时数据进行存储
        if($.hasData(text))                            //判断是否有临时数据
        {
        //输出临时数据
            $("span").text("input元素中存储的临时数据为："+$.data(text,"info"));
        }
    });
});
</script>
...
<body>
姓名：<input type="text" /><br />
<input type="button" value="提交"/><br />
<span></span>
</body>
...
```

< 149 >

上述代码使用$.data()工具函数获取用户输入的数据，并将其存储到input元素中，然后使用$.hasData()工具函数判断input元素是否存储了数据。运行程序后，页面中显示一个输入框和一个按钮。当用户输入姓名数据后，点击"提交"按钮，用户输入的姓名数据就会作为临时数据被存储到input元素中，然后通过span元素显示该数据，效果如图9.13所示。

图 9.13　显示临时数据

## 【案例分析9-6】模拟用户注册和登录

各种网页或App为了增加用户黏度，会让用户注册和登录账号，这是一种十分常见的操作。通过注册个人账号，用户可以保留在网页或App中的操作"足迹"，以便提高再次访问网页或App的体验度。本案例通过工具函数简单模拟用户注册和登录账号的效果，代码如下所示。

```
<title>模拟用户注册和登录账号</title>
<script src="../jQ/jquery-3.6.0.min.js"></script>
<script>
$(document).ready(function(){                            //加载完文档后执行jQuery语句
    var info=[];
    var index;
    $("[value='注册']").click(function(){
        if($(":text").val()&&$(":password").val())       //判断输入框中是否有数据
        {
            if($.inArray($(":text").val(),info)!=-1)      //判断账号是否已经被注册过
            {
                alert("账号已被注册，请更换账号");
            }else{
                index=info.length;                        //获取数组长度
                info[index]=$(":text").val();             //获取并添加账号
                info[index+1]=$(":password").val();       //获取并添加密码
                $(":password").val("");                   //清理页面
                alert("注册成功！");
            }
        }else{
            alert("请填写账号或密码！");                    //缺少账号或密码
        }
    });
    $("[value='登录']").click(function(){
        $("span").text("");
        var index2=$.inArray($(":text").val(),info);      //在数组中寻找账号
        if(info[index2+1]==$(":password").val()&&index2!=-1)     //判断账号是否已经被注册以
及密码是否正确
        {
            alert("登录成功");                             //提示登录成功
            $(":password").val("");                       //清空密码输入框
            $("span").prepend("已注册人员的信息: <br />");  //插入标题
            $.each(info,function(key,value){              //显示数组中的账号和密码
                if(key%2==0)
                {
                    $("span").append("账号: "+value+"   ");
                }else{
                    $("span").append("密码: "+value+"<br />")
                }
            });
        }else
        {
            alert("账号或密码出现错误！");
        }
    });
```

< 150 >

案例分析 9-6

```
});
</script>
...
<body>
账号: <input type="text" /><br />
密码: <input type="password" /><br />
<input type="button"  value="登录"/>
<input type="button"  value="注册"/><br />
<span><br /></span>
</body>
...
```

上述代码使用$.inArray()工具函数查询数组中存放的账号，并获取对应的索引值，使用$.each()工具函数遍历数组，显示数组中存放的账号和密码。

运行程序后，会显示一个登录注册页面。用户输入账号和密码后，点击"注册"按钮，如果账号没有被注册过，并且账号、密码表单都有内容，则通过弹窗方式提示"注册成功"。如果账号已经被注册过，则会通过弹窗提示"账号已被注册，请更换账号"。

注册完成后，用户可以用已经注册的账号和密码登录。点击"登录"按钮后，如果账号和密码正确，则程序通过弹窗提示"登录成功"，并显示所有的账号和密码信息。如果账号或密码错误，则程序会通过弹窗提示"账号或密码出现错误！"，效果如图9.14所示。

图 9.14　注册和登录

> ⚠ **注意**
>
> 　　这里只展示数据的存储和访问方式。在实际开发中，用户注册的数据并不会存储在客户端，而是都存储在服务器中。

**【素养课堂】**

jQuery提供了十分丰富的工具函数，这些工具函数多用于各种数据的处理。它们没有十分酷炫的特效，也没有十分强大的功能，但是在编写程序时，它们是必不可少的一部分。通过各种工具函数，开发者可以更精准地对数据进行操作，让程序开发更加高效。

在学习中，无论是有趣的知识，还是看起来很普通的知识，它们都是十分重要的。我们不能因为某些知识十分有趣就认真学习，而对于枯燥的知识就马虎对待。古语有云，"不积跬步，无以至千里；不积小流，无以成江海"，任何知识都是通往成功道路上的基石，都需要认真对待。在生活中也一样，与人交往时不要以外表或第一印象直接断定某个人的价值，要以科学的方法辩证地看待身边的每个人，要透过现象看到本质。

总而言之，"路遥知马力，日久见人心"，面对任何事物都要从实际出发，无论它表现得是否精彩，只要有可取之处，就都是值得我们认真学习的。

# 9.6 思考与练习

## 9.6.1 疑难解读

### 1. 什么是JSON？

JSON的全称为JavaScript Object Notation，是一种JavaScript对象标记法。JSON是一种存储和交换数据的语法。JSON是通过JavaScript对象标记法书写的文本。

< 151 >

在网页数据交换过程中，浏览器和服务器之间的数据只能是文本。而JSON对象属于文本，并且能够把任何JavaScript对象转换为JSON格式，然后将其发送到服务器。反之，也可以将从服务器接收到的任何JSON对象转换为JavaScript对象。JSON字符串的格式如下所示。

```
{"属性名":值}
```

其中，属性名必须使用双引号引起来；值如果是字符串，也需要使用双引号引起来。

**2．什么是UNIX时间戳?**

1969年8月，贝尔实验室的肯·汤普逊（Kennet Thompson）使用B语言在老旧的PDP-7机器上开发出了UNIX操作系统的第一个版本。随后，汤普逊和同事丹尼斯·里奇（Dennis Ritchie）改进了B语言，并开发出了C语言，重写了UNIX，于1971年发布。

那时的计算机操作系统是32位的，时间用32位有符号数表示，可以表示68年。如果使用32位无符号数表示时间，则可表示136年。他们认为以1970年为时间"原点"足够日后使用。因此，C语言以及后续的计算机语言都沿用了这一时间"原点"，也就是UNIX时间戳。UNIX时间戳是从1970年1月1日（UTC/GMT的午夜）开始所经过的毫秒数，不考虑闰秒。UNIX时间戳的0按照ISO 8601规范为：1970-01-01T00:00:00Z。

## 9.6.2 课后习题

### 一、填空题

1．用于遍历指定数组或对象的函数为_____。

2．使用$.inArray()函数可以实现在数组中查找指定元素并返回它的_____，如果没有指定元素，则返回_____。

3．使用$.makeArray()函数可以将_____对象转换为真正的数组对象。

4．可以对指定数组中的每个元素或对象的每个属性进行处理，并将处理结果封装为新的数组返回的为_____函数。

5．使用$.trim()工具函数可以删除_____两端的空白字符、制表符和_____。

### 二、选择题

1．下列函数中可以用于实现对指定数组元素进行过滤的为（　　　）。
   A．$.grep()　　　　　B．$.makeArray()　　C．$.inArray()　　　　　　D．$.each()

2．下列选项中可以用于实现数组合并的为（　　　）。
   A．$.merge()　　　　　B．$.grep()　　　　　C．$.each()　　　　　　　D．$.inArray()

3．要实现对DOM元素数组中的元素进行排序需要使用的函数为（　　　）。
   A．$.merge()　　　　　B．$.grep()　　　　　C．$.uniqueSort ()　　　　D．$.each()

4．下列函数中可以用于实现将JSON字符串转换为与之对应的JavaScript对象的为（　　　）。
   A．$.isWindow()　　　B．$.isPlainObject() C．$makeArray()　　　　D．$.parseJSON()

5．用于检查对象是否为空的工具函数为（　　　）。
   A．$.isWindow()　　　B．$.isPlainObject() C．$isEmptyObject()　　D．$.isArray()

### 三、上机实验题

1．实现将数组array=[1,2,3,4,5,6]的元素依次输出到页面中。

【实验目标】掌握数组的遍历方法。

【知识点】$.each()工具函数。

2．实现清理用户输入字符串的首尾空格并将结果输出到页面。

【实验目标】掌握字符串格式处理函数的使用方法。

【知识点】$.trim()工具函数。

< 152 >

# 第10章 jQuery插件

jQuery的插件是jQuery的扩展，也是jQuery的魅力所在。在官方和广大开发者的努力下，jQuery拥有上千款插件，用于实现各类支持多平台的网页交互效果。它们对于提高开发者的开发效率，降低开发成本起到至关重要的作用。本章将详细讲解如何使用jQuery插件。

【学习目标】
- 掌握jQuery插件基础。
- 掌握常用jQuery插件。
- 掌握jQuery UI插件。

【导引示例】

jQuery插件可以帮助开发者轻松实现多种丰富的交互效果。例如，使用弹跳动画切换元素的显示和隐藏状态的效果，代码如下所示。

```
<title>导引示例</title>
<script src="../jQ/jquery-3.6.0.min.js"></script>
<script src="../jQ/jquery-ui-1.13.2.custom/jquery-ui-1.13.2.custom/jquery-ui.min.js"></script>
<link rel="stylesheet" href="../jQ/jquery-ui-1.13.2.custom/jquery-ui-1.13.2.custom/jquery-ui.min.css" />
<style>
div{ border:1px #000000 solid; width:100px; height:100px; background:#00CCCC;
text-align:center;}

</style>
<script>
$(document).ready(function() {                    //加载完文档后执行jQuery语句
    $( "button" ).click(function() {
        $( "div" ).toggle( "bounce", 1000 );      //弹跳效果
    });
});
</script>
...
<body>
<div>弹跳</div>
<button>弹跳显示和隐藏元素</button>
</body>
...
```

上述代码基于jQuery UI插件使用toggle()方法实现了以弹跳动画效果对元素的显示和隐藏状态进行切换。运行程序后，页面中会首先显示一个div元素和一个按钮元素。点击按钮，div元素会上下弹跳，然后隐藏；再次点击按钮，div元素会以弹跳方式显示，如图10.1所示。

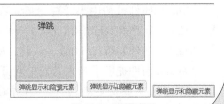

图 10.1 弹跳动画

# *10.1* jQuery插件基础

使用jQuery插件可以节省大量的开发成本。jQuery插件包括jQuery官方、个人和公司免费提供的插件。本节将详细讲解jQuery插件的基础概念和使用方式。

## 10.1.1 jQuery插件概述

扫一扫

jQuery 插件基础

jQuery插件是指基于jQuery，以jQuery为核心，开发者或官方编写的有固定功能并且符合一定规范的打包JavaScript应用程序。在使用插件时，开发者只需要调用对应的压缩包即可。

jQuery插件可以通过jQuery官网下载，也可以从其他平台获取。开发者还可以将自己编写的插件上传到jQuery官网，分享给更多的开发者使用。

## 10.1.2 jQuery插件的使用方式

jQuery插件的使用包括引入库文件和调用插件两部分。jQuery插件可以通过jQuery官网或对应插件的官网下载，下载的是.js压缩包。引入jQuery插件库压缩包的方式与引入jQuery核心库文件的方式相同，都是在页面文档中添加<script>标签，通过该标签添加对应的插件库文件，语法形式如下所示。

```
<script src=".js压缩包"></script>
```

引入对应的压缩包之后，就可以通过选择器调用对应的插件实现对应的效果，其语法形式如下所示。

```
$（"选择器"）.插件方法()
```

其中，插件方法一般是插件的名称，默认只需要将插件作为jQuery的一种方法直接调用即可。

**!) 注意**

在实际的插件使用中，每种插件的使用规则会有些许不同，需要查阅对应插件的使用手册。例如，有些插件需要添加对应的参数才能调用。

# *10.2* 常用的jQuery插件

经过广大开发者的共同努力，jQuery已经拥有了十分丰富的插件。这些插件涵盖页面效果、网页数据处理等多个方面。本节将详细讲解几个常用的jQuery插件。

扫一扫

Validate 插件

## 10.2.1 Validate插件

Validate插件最初由杰泽费（Jörn Zaefferer）编写和维护，他是jQuery团队的成员、jQuery UI团队的首席开发者和QUnit的维护者。Validate插件发布于2006年，之后不断地被更新和改进。2016年2月，Validate插件发布1.15.0版。从此，Markus Staab接管了该插件的更新和维护工作。

Validate插件提供了强大的表单验证功能，通过该插件可以轻松实现客户端的表单验证功能。该插件还提供了大量的定制选项，可以满足多种功能需求。Validate插件可以通过官方网页或者代码托管网页下载，下载后将其引入HTML文档中即可使用。

< 154 >

Validate插件在使用时需要插入两个文件，引入方式如下所示。

```
<script src="../jQ/jquery-validation-1.19.5/dist/jquery.validate.js"></script>
<script src="../jQ/jquery-validation-1.19.5/dist/localization/messages_zh.js"></
script>
```

其中，jquery.validate.js文件是Validate插件文件。Validate插件捆绑的方法都带有默认的英文错误提示消息以及其他37种语言包。messages_zh.js文件就是中文的错误提示语言包。

调用Validate插件只需要调用validate()方法即可，其语法形式如下所示。

```
$("选择器").validate()
```

其中，选择器会选中要验证的表单元素。validate()方法中有messages属性和rules属性。其中，messages属性可以用于定义对应的验证提示信息，默认的提示信息如下所示。

```
required: "这是必填字段",
remote: "请修正此字段",
email: "请输入有效的电子邮件地址",
url: "请输入有效的网址",
date: "请输入有效的日期",
dateISO: "请输入有效的日期 (YYYY-MM-DD)",
number: "请输入有效的数字",
digits: "只能输入数字",
creditcard: "请输入有效的信用卡号码",
equalTo: "你的输入不相同",
extension: "请输入有效的后缀",
maxlength: $.validator.format("最多可以输入 {0} 个字符"),
minlength: $.validator.format("最少要输入 {0} 个字符"),
rangelength: $.validator.format("请输入长度在 {0} 到 {1} 之间的字符串"),
range: $.validator.format("请输入 {0} 到 {1} 之间的数值"),
max: $.validator.format("请输入不大于 {0} 的数值"),
min: $.validator.format("请输入不小于 {0} 的数值")
```

通过rules属性定义的验证规则如表10.1所示。

表10.1　验证规则

| 规则 | 功能 |
| --- | --- |
| required:true | 必须输入的字段 |
| remote:"check.php" | 使用AJAX方法调用check.php验证输入值 |
| email:true | 必须输入正确格式的电子邮件地址 |
| url:true | 必须输入正确格式的网址 |
| date:true | 必须输入正确格式的日期 |
| dateISO:true | 必须输入正确格式的日期（周日历系统）。只验证格式，不验证有效性 |
| number:true | 必须输入合法的数值（负数、小数） |
| digits:true | 必须输入整数 |
| creditcard: | 必须输入合法的信用卡号码 |
| equalTo:"#field" | 输入值必须和#field相同 |
| accept: | 输入拥有合法后缀名的字符串 |
| maxlength:5 | 输入长度最大是5的字符串，汉字占1个字符 |
| minlength:10 | 输入长度最小是10的字符串，汉字占1个字符 |
| rangelength:[5,10] | 输入长度必须在5和10之间的字符串，汉字占1个字符 |
| range:[5,10] | 输入值必须在5和10之间 |
| max:5 | 输入值不能大于5 |
| min:10 | 输入值不能小于10 |

在调用validate()方法时，如果没有添加messages属性和rules属性，那么检验规则和提示信息都

< 155 >

以默认设置为准。

**【示例10-1】**演示Validate插件的表单验证功能。

```
<title>Validate插件的表单验证功能</title>
<script src="../jQ/jquery-3.6.0.min.js"></script>
<script src="../jQ/jquery-validation-1.19.5/dist/jquery.validate.js"></script>
<script src="../jQ/jquery-validation-1.19.5/dist/localization/messages_zh.js"></script>
<script>
$().ready(function() {                                    //加载完文档后执行jQuery语句
    $("#sForm").validate({                               //调用Validate插件
        rules: {                                         //自定义验证规则
            familyname: "required",
            firstname: "required",
            username: {required: true,minlength: 2},
            password: {required: true,minlength: 5},
            confirm_password: {required: true,minlength: 5,equalTo: "#password"},
            email: {required: true,email: true},
            agree: "required"
        },
        messages: {                                      //自定义提示信息
            familyname: "请输入你的姓氏",
            firstname: "请输入你的名字",
            username: {required: "请输入用户名", minlength: "用户名必须由两个字母组成"},
            password: {required: "请输入密码",minlength: "密码不能少于 5 个字母"},
            confirm_password: {required: "请输入密码",minlength: "密码不能少于 5 个字母",
equalTo: "两次密码输入不一致"},
            email: "请输入一个正确的邮箱地址",
            agree: "请同意声明",
        }
    });
});
</script>
...

<body>
<form class="cmxform" id="sForm" method="get" action="">
    <fieldset>
    <legend>验证表单</legend>
    <p><label for="familyname">姓氏</label><input id="familyname" name="familyname"
type="text"></p>
    <p><label for="firstname">名字</label><input id="firstname" name="firstname"
type="text"></p>
    <p><label for="username">用户名</label><input id="username" name="username"
type="text"></p>
    <p><label for="password">密码</label><input id="password" name="password"
type="password"></p>
    <p><label for="confirm_password">验证密码</label><input id="confirm_password"
name="confirm_password" type="password"></p>
    <p><label for="email">E-mail</label><input id="email" name="email" type="email"></
p>
    <p><label for="agree">请同意我们的声明</label><input type="checkbox" class="checkbox"
id="agree" name="agree"></p>
    <p><input class="submit" type="submit" value="提交"></p>
    </fieldset>
</form>
</body>
...
```

上述代码使用<script>标签实现了Validate插件文件和中文提示信息文件的插入。然后通过validate()方法调用该插件。在该方法中，使用messages属性和rules属性对提示信息进行自定义，并为指定的元素设置验证规则。运行程序，页面中会首先显示一个表单，点击"提交"按钮，每个输

< 156 >

入框后面会显示对应的提示信息，效果如图10.2所示。

图 10.2　表单验证

## 10.2.2　Cookie插件

Cookie是Web服务器在用户计算机创建的一种插件，其保存的信息常用于识别用户。Cookie插件可以辅助jQuery读取、写入和删除Cookie信息。Cookie插件可以从jQuery官网下载。在使用该插件之前，需要先导入jQuery库文件和Cookie插件文件，代码如下所示。

```
<script src="../jQ/jquery-3.6.0.min.js"></script>
<script src="../jQ/jquery-cookie-master/jquery-cookie-master/src/jquery.cookie.js"></script>
```

Cookie插件通过cookie()方法实现Cookie信息的创建、读取和删除操作。其中，创建Cookie信息的语法形式如下所示。

```
$.cookie('name', 'value',{ expires, path});
```

其中，name表示创建的Cookie信息的名字；value表示要创建的Cookie信息；expires表示Cookie信息的保存时间，如果不设置，则Cookie信息只在浏览器关闭前有效；path表示指定Cookie信息的存储路径，如果需要让一个页面读取另外一个页面的Cookie信息，就需要设置Cookie路径。读取Cookie信息的语法形式如下所示。

```
$.cookie('name');
```

其中，name用于指定要读取的Cookie信息的名字。如果不指定该值，则表示读取所有Cookie信息。如果创建时指定了路径，则读取时也需要添加路径属性。删除Cookie信息的语法形式如下所示。

```
$.removeCookie('name');
```

其中，name用于指定要删除的Cookie信息的名字。如果不指定该值，则表示删除所有Cookie信息。如果创建时指定了路径，则删除时也需要添加路径属性。如果删除成功就返回true，否则返回false。

【示例10-2】实现对Cookie信息的操作。

```
<title>实现对Cookie信息的操作</title>
<script src="../jQ/jquery-3.6.0.min.js"></script>
<script src="../jQ/jquery-cookie-master/jquery-cookie-master/src/jquery.cookie.js"></script>
<script>
$().ready(function() {                                  //加载完文档后执行jQuery语句
    $("button:eq(0)").click(function(){
        $.cookie('myCookie', '自定义的Cookie'信息);        //创建Cookie信息
    });
    $("button:eq(1)").click(function(){
```

< 157 >

```
                var text=$.cookie('myCookie');                          //读取Cookie信息
                alert("Cookie信息的内容为: "+ text);
        });
        $("button:eq(2)").click(function(){
                var a =$.removeCookie('myCookie');                      //删除Cookie信息
                if(a)                                                   //判断是否删除成功
                {
                        alert("删除Cookie信息成功");
                }else{
                        alert("删除Cookie信息失败");
                }
        });
});
</script>
...
<body>
<button>创建Cookie</button><button>读取Cookie信息</button><button>删除Cookie信息</button>
</body>
...
```

上述代码使用<script>标签实现了Cookie插件的调用。然后通过cookie()方法对Cookie信息进行创建和读取。最后通过removeCookie()方法删除Cookie信息。运行程序，页面中会显示3个按钮。点击"创建Cookie信息"按钮，程序创建一个名为myCookie的Cookie信息；点击"读取Cookie信息"按钮，程序会读取到myCookie信息中存放的内容并通过弹窗显示；点击"删除Cookie信息"按钮，程序会删除myCookie信息，并将删除结果通过弹窗显示，效果如图10.3所示。

图 10.3　读取和删除 Cookie 信息

### 10.2.3　Growl插件

扫一扫

Growl 插件

Growl插件可以通过覆盖层显示反馈消息。反馈消息可以是提示消息、错误消息等。这些提示消息会在一段时间后自动消失。Growl插件可以通过访问jQuery Growl官网下载。

Growl插件的使用需要插入jQuery库文件、jquery.growl.js和jquery.growl.css这3个文件，插入代码如下所示。

```
<script src="../jQ/jquery-3.6.0.min.js"></script>
<script src="../jQ/jquery.growl/JavaScripts/jquery.growl.js"></script>
<link href="../jQ/jquery.growl/stylesheets/jquery.growl.css" rel="stylesheet"
type="text/css" />
```

Growl插件通过growl()方法调用，该方法可提供4种默认消息，具体如下所示。

```
$.growl({ title: "普通标题", message: "普通消息内容!" });
$.growl.error({title: "错误标题", message: "错误消息内容!" });
$.growl.notice({title: "提醒标题", message: "提醒消息内容!" });
$.growl.warning({title: "警告标题", message: "警告消息内容!" });
```

其中，title用于定义消息的标题，message用于定义消息内容。普通消息的背景为灰色，错误消息的背景为红色，提醒消息的背景为绿色，警告消息的背景为黄色。

【示例10-3】使用Growl插件显示提示消息。

```
<title>显示提示消息</title>
```

< 158 >

```
<script src="../jQ/jquery-3.6.0.min.js"></script>
<script src="../jQ/jquery.growl/JavaScripts/jquery.growl.js"></script>
<link href="../jQ/jquery.growl/stylesheets/jquery.growl.css" rel="stylesheet"
type="text/css" />
<script>
$().ready(function() {                                    //加载完文档后执行jQuery语句
    $("button:eq(0)").click(function(){
        $.growl({ title: "普通消息", message: "这是一条普通消息" });          //普通消息
    });
    $("button:eq(1)").click(function(){
        $.growl.error({title: "错误消息", message: "这是一条错误消息" });    //错误消息
    });
    $("button:eq(2)").click(function(){
        $.growl.notice({title: "提醒消息", message: "这是一条提醒消息" });   //提醒消息
    });
    $("button:eq(3)").click(function(){
        $.growl.warning({title: "警告消息", message: "这是一条警告消息" }); //警告消息
    });
});
</script>
</head>
<body>
<button>普通消息</button>
<button>错误消息</button>
<button>提醒消息</button>
<button>警告消息</button>
</body>
</html>
```

上述代码使用<script>标签引入了jquery.growl.js文件，并使用<link>标签引入了jquery.growl.css文件。运行程序，页面中会首先显示4个按钮，依次点击按钮，会在元素的右侧依次显示4种消息。这些消息可以直接被关闭，在几秒之后其也会自动关闭，效果如图10.4所示。

图 10.4　4 种消息

## 10.2.4 EasyZoom插件

通过EasyZoom插件可以实现局部放大图片的效果，该插件还支持在触控设备中实现图片缩放效果。EasyZoom插件也可以在jQuery官网下载。EasyZoom插件的功能主要通过CSS属性实现，其实现过程分为3个步骤。

（1）引入jQuery库文件、easyzoom.js和easyzoom.css这3个文件，对应的代码如下所示。

EasyZoom 插件

```
<script src="../jQ/jquery-3.6.0.min.js"></script>
<script src="../jQ/EasyZoom-master/EasyZoom-master/src/easyzoom.js"></script>
<link href="../jQ/EasyZoom-master/EasyZoom-master/css/easyzoom.css" rel="stylesheet"
type="text/css" />
```

（2）在<script>标签中添加调用EasyZoom插件的代码如下所示。

```
<script>
$().ready(function() {                              //加载完文档后执行jQuery语句
    var $easyzoom = $('.easyzoom').easyZoom();      //调用插件
    var api = $easyzoom.data('easyZoom');           //获取API
});
</script>
```

（3）将图片位置设置在固定的HTML标签中，并且添加两张图片。这两张图片实际是同一张，但是尺寸不同。然后在对应的元素中（默认为div元素）添加固定的class属性，代码如下所示。

```
<div class=" easyzoom 属性值">
    <a href="尺寸较大图片的路径">
```

< 159 >

```
            <img src="尺寸较小图片的路径" alt="" />
        </a>
</div>
```

其中，class属性值，如easyzoom--overlay（覆盖放大）、easyzoom--adjacent（水平放大）、easyzoom，决定了图片的放大形式。其中，easyzoom为默认class属性值，是必须存在的。在<a>标签内要添加尺寸较大图片的路径，在<img>标签内要添加尺寸较小图片的路径。

【示例10-4】实现图片放大。

```
<title>实现图片放大</title>
<script src="../jQ/jquery-3.6.0.min.js"></script>
<script src="../jQ/EasyZoom-master/EasyZoom-master/src/easyzoom.js"></script>
<link href="../jQ/EasyZoom-master/EasyZoom-master/css/easyzoom.css" rel="stylesheet"
type="text/css" />
<script>
$().ready(function() {                                    //加载完文档后执行jQuery语句
    var $easyzoom = $('.easyzoom').easyZoom();           //实例化插件方法
    var api = $easyzoom.data('easyZoom');                //实例化API
});
</script>
...
<body>
<h1>覆盖放大</h1>
<div class="easyzoom easyzoom--overlay">
    <a href="image/sossusvlei.jpg">
        <img src="image/sossusvlei-b.jpg" alt="" />
    </a>
</div>
<h1>水平放大</h1>
<div class="easyzoom easyzoom--adjacent">
    <a href="image/winter.jpg">
        <img src="image/winter-b.jpg"alt="" />
    </a>
</div>
</body>
...
```

上述代码使用<script>标签引入easyzoom.js文件，使用<link>标签引入easyzoom.css文件，使用easyzoom--overlay属性值实现图片覆盖放大效果，使用easyzoom--adjacent属性值实现图片水平放大效果。运行程序后页面中会显示两张图片。当鼠标指针移动到第一张图片上时，鼠标指针所在位置会实现局部放大效果；当鼠标指针移动到第二张图片上时，在图片右侧会显示鼠标指针所在位置局部图片的放大效果。两种图片放大效果如图10.5所示。

图 10.5　两种图片放大效果

## 【案例分析10-1】带状缩略图放大

网页中常常会使用到展示框。展示框可提供多个角度的外观效果，并且支持通过鼠标查看图片细节。本案例基于EasyZoom插件实现缩略图放大效果。用户可以点击缩略图切换展示框中的图片，并且在展示框中使用鼠标放大图片，查看图片的细节，代码如下所示。

```
<title>带状缩略图放大</title>
<script src="../jQ/jquery-3.6.0.min.js"></script>
<script src="../jQ/EasyZoom-master/EasyZoom-master/src/easyzoom.js"></script>
<link href="../jQ/EasyZoom-master/EasyZoom-master/css/easyzoom.css" rel="stylesheet"
type="text/css" />
<script>
$().ready(function() {                                    //加载完文档后执行jQuery语句
```

< 160 >

```
        var $easyzoom = $('.easyzoom').easyZoom();              //实例化插件方法
        var api1 = $easyzoom.filter('.easyzoom--with-thumbnails').data('easyZoom'); //设置缩
略图实例
        $('.thumbnails').on('click', 'a', function(e) {
            var $this = $(this);
            e.preventDefault();
            api1.swap($this.data('standard'), $this.attr('href'));              //交换链接
        });
    });
</script>
<style>
ul{ list-style:none; clear:left; margin-left:-25px;}
li{ float:left; padding-left:10px;}
</style>
...
<body>
<div class="easyzoom easyzoom--overlay easyzoom--with-thumbnails">
    <a href="image/grand.jpg">
        <img src="image/grand-b.jpg" alt="" width="640" height="360" />
    </a>
</div>
<ul class="thumbnails">
    <li>
        <a href="image/grand.jpg" data-standard="image/grand-b.jpg">
            <img src="image/grand-s.jpg" alt="" />
        </a>
    </li>
    <li>
        <a href="image/sandy.jpg" data-standard="image/sandy-b.jpg">
            <img src="image/sandy-s.jpg" alt="" />
        </a>
    </li>
    <li>
        <a href="image/sossusvlei.jpg" data-standard="image/sossusvlei-b.jpg">
            <img src="image/sossusvlei-s.jpg" alt="" />
        </a>
    </li>
    <li>
        <a href="image/winter.jpg" data-standard="image/winter-b.jpg">
            <img src="image/winter-s.jpg" alt="" />
        </a>
    </li>
</ul>
</body>
...
```

扫一扫

案例分析 10-1

　　上述代码指定easyzoom--with-thumbnails属性值实现图片的切换效果；指定easyzoom--overlay属
性值实现覆盖放大效果。运行程序后，页面中会首先显示一个缩略图展示框。它包含一个大图片展
示框和一个由4张缩略图组成的带状图片。当用户点击缩略图后，展示框中的图片切换为对应的原
始图。当鼠标指针在展示框中移动时，图片会以覆盖模式进行局部放大展示，效果如图10.6所示。

图 10.6　带状缩略图放大

< 161 >

# *10.3* jQuery UI插件

jQuery UI插件是一个以jQuery为基础、注重UI交互效果的插件。它是jQuery的官方插件。该插件源于一个名为interface的插件，后期经过API重构，重新命名为jQuery UI。jQuery UI插件主要包括交互、小部件、效果和使用程序4个模块。本节将详细讲解jQuery UI插件的相关内容。

## 10.3.1 jQuery UI插件基础

jQuery UI 插件基础

jQuery UI插件可以从其官方网页下载。开发者可以直接下载整个jQuery UI插件库文件，也可以根据需求选择开发需要的部分UI模块。点击"Download"按钮即可进行下载，如图10.7所示。

图 10.7    下载 jQuery UI 插件

使用jQuery UI插件需要依次引入jQuery库文件、jquery-ui.min.js和jquery-ui.min.css这3个文件，引入代码如下所示。

```
<script src="../jQ/jquery-3.6.0.min.js"></script>
<script src="../jQ/jquery-ui-1.13.2.custom/jquery-ui-1.13.2.custom/jquery-ui.min.
js"></script>
<link rel="stylesheet" href="../jQ/jquery-ui-1.13.2.custom/jquery-ui-1.13.2.custom/
jquery-ui.min.css" />
```

引入之后，就可以通过调用的形式使用插件提供的效果。其语法形式如下所示。

```
$("选择器").方法名()
```

其中，方法名为jQuery UI插件中模块对应的效果方法，如日期选择器、手风琴等效果方法。另外，有一些模块也需要利用CSS样式嵌套使用。这些方法支持option属性，以实现效果的自定义。

## 10.3.2 交互

jQuery UI插件的交互模块主要用于实现鼠标和页面之间的交互效果，包括Draggable插件、Droppable插件、Resizable插件、Selectable插件和Sortable插件。

### 1．Draggable插件

Draggable插件可提供draggable()方法，使用该方法可以让指定元素实现支持拖动的效果。该方法可以通过options属性对拖动效果进行自定义。options可选项介绍如下。

< 162 >

- addClasses：是否允许添加类。其默认值为true，如果设置为false，则阻止调用draggable()时添加类。
- appendTo：追加指定元素。拖动时可以指定将元素追加到目标元素中。
- axis：限制拖动到水平或垂直轴的范围，可选值为x或y。
- cancel：指定元素不能被渲染成可拖动控件。
- classes：指定要添加到小部件元素的其他类。
- connectToSortable：允许将可拖动对象拖动到指定的可排序对象上。
- containment：将拖动限制在指定元素或区域的范围内。
- cursor：拖动操作期间的鼠标指针样式。
- cursorAt：设置被拖动元素相对于鼠标指针的偏移量。坐标可以使用一个或两个键的组合作为散列给出，如{top,left,right,bottom }。
- delay：鼠标按键被持续按下后才能开始拖动的时间（以毫秒为单位）。
- disabled：如果设置为true，则禁止拖动。
- distance：mousedown事件发生后，鼠标指针移动到指定距离（以px为单位）后才能开始拖动。此选项可以用于防止点击元素时出现不必要的拖动。
- grid：元素在被拖动时被网格捕获，使用x和y以px为单位。
- handle：只能从开始位置拖动，除非在指定元素上发生mousedown事件。
- helper：允许使用辅助元素来显示拖动。
- iframeFix：防止iframe在拖动过程中捕获mousemove事件。
- opacity：设置元素被拖动时的不透明度。
- refreshPositions：如果设置为true，则在每次鼠标移动时计算所有可放置位置。
- revert：拖动停止时元素是否应回到其起始位置。
- revertDuration：还原动画的持续时间（以ms为单位）。
- scope：除了Droppable的accept选项，对可拖动和可放置的项目集进行分组。
- scroll：如果设置为true，则容器在被拖动时内容块支持自动滚动。
- scrollSensitivity：指针距视口边缘的最小距离（以px为单位），小于该距离后视口会发生滚动效果。
- scrollSpeed：用于设置窗口滚动的速度。
- snap：元素是否应该与其他元素对齐。
- snapMode：确定可拖动元素将捕捉到的元素的边缘类型，包括inner、outer和both。
- snapTolerance：发生捕获时鼠标指针与元素边缘的像素距离。
- stack：控制与选择器匹配的元素集的z-index关系，始终将当前拖动的元素放在前面。
- zIndex：被拖动时元素的z-index属性值。

可以通过初始化options属性值的方式对拖动效果进行设置。其语法形式如下所示。

```
$(选择器).draggable({属性:属性值});
```

初始化完成后，开发者可以对option属性值进行获取和设置，其语法形式如下所示。

```
var value=$(选择器).draggable("option","属性");        //获取对应options属性值
$(选择器).draggable("option","属性",属性值);           //设置对应options属性值
```

其中，option为关键字，不可修改。例如，初始化Div1元素拖动时的不透明度为0.5，然后设置该元素的不透明度为0.1，代码如下所示。

```
$("#Div1").draggable({opacity:0.5});              //设置不透明度为0.5
$( "#Div1" ).draggable( "option","opacity",0.1);   //设置不透明度为0.1
```

< 163 >

在拖动元素Div1时，它的不透明度为0.1，而不是0.5。

Draggable插件还可以通过固定的class属性设置交互效果。

**2．Droppable插件**

Droppable插件可提供droppable()方法，使用该方法可以实现从多个可拖动元素中指定可以放置在指定区域的元素。该方法的options可选项介绍如下。

- accept：控制接受哪些可拖动元素。默认值为"*"，表示所有元素。
- activeClass：如果指定该属性，则在拖动时将设置的类添加到可放置的对象元素中。
- addClasses：如果设置为false，则阻止ui-droppable类被添加。
- classes：指定要添加到小部件元素的其他类。
- disabled：如果设置为true，则禁用Droppable。
- greedy：设置为true，可放置对象的父元素不会接收该元素。
- hoverClass：设置该属性后，当可接受的拖动对象悬停在可放置对象上时，设置的类被添加到可放置对象上。
- scope：实现对可拖动和可放置的项目集进行分组。
- tolerance：用于测试可拖动对象是否悬停在可放置对象上的模式。备选值包括fit（Draggable与Droppable完全重叠）、intersect（Draggable在两个方向上至少与Droppable重叠50%）、pointer（鼠标指针与Droppable重叠）和touch（Draggable与Droppable任意重叠），默认值为intersect。

**3．Resizable插件**

Resizable插件可提供resizable()方法，该方法允许用户使用鼠标调整元素的大小。该方法的常用options可选项介绍如下。

- animate：设置调整大小是否使用动画效果，默认值为false。
- animateDuration：设置动画持续的时间。
- animateEasing：设置缓动动画，默认值为swing。
- aspectRatio：设置是否保持特定的纵横比，默认值为false。
- autoHide：当用户没有将鼠标指针悬停在元素上时，右下角的拖动标记是否应该隐藏，默认值为false。
- delay：设置开始调整大小的延时时间。只有超过该时间时，才开始响应用户动作。
- disabled：如果设置为true，则禁用可调整大小。
- distance：设置开始调整大小时的鼠标指针移动距离，只有超过该距离，才开始响应用户动作。
- grid：将调整大小的元素对齐到网格。
- handles：设置可以调整大小的方向。可选值包括n、e、s、w、ne、se、sw、nw、all。
- maxHeight：设置拖动调整的最大高度。
- maxWidth：设置拖动调整的最大宽度。
- minHeight：设置拖动调整的最小高度。
- minWidth：设置拖动调整的最小宽度。

**4．Selectable插件**

Selectable插件可提供selectable()方法，该方法允许通过鼠标在元素上拖出一个框来选择元素，也可以在按住Ctrl键的同时通过点击或拖动来实现多个非连续元素的选择。该方法的常用options可选项介绍如下。

- appendTo：应该将套索附加到哪个元素。
- autoRefresh：是否在每次选择操作开始时重新计算每个被选择者的位置和大小，默认值为

< 164 >

true。

- cancel：阻止从指定的元素开始选择。
- filter：筛选被选中元素中的子元素。默认值为"*"，表示全部子元素。
- tolerance：测试套索选择项目的模式，可选值有fit（套索完全覆盖项目）和touch（套索以任意数量与项目重叠）。

Selectable插件还允许通过固定的class属性名对选择交互效果进行设置，这些class属性的功能说明如下。

- ui-selecting：设置元素被套索选中状态的样式。
- ui-selected：设置选择成功后对应元素的样式。
- ui-unselecting：设置当元素失去被选中的状态后的样式。

#### 5．Sortable插件

Sortable插件可提供sortable()方法，该方法支持通过鼠标拖动的方式对选定的元素进行排序。该方法的常用options可选项介绍如下。

- axis：定义拖动方向，可选项为x或y。
- connectWith：列表中的项目应连接到的其他可排序元素的选择器。这是一种单向关系，如果希望项目在两个方向上连接，则必须在两个可排序元素上设置该选项。
- containment：定义可排序元素在拖动时，元素可以活动的最大范围。
- cursorAt：设置对拖动元素进行排序时，光标显示的位置。
- dropOnEmpty：默认值为true，如果设置为false，则无法将选定的元素移动到空的可排序对象上，即只能向非空的排序对象中添加元素。
- forceHelperSize：默认为false，如果设置为true，则强制助手（helper）具有大小。
- forcePlaceholderSize：如果设置为true，则强制占位符具有大小。
- items：设置指定元素内的哪些项目应该是可排序的。
- placeholder：应用于其他空白区域的类名。
- revert：设置是否应使用平滑动画恢复到新位置。
- scroll：如果设置为true，则页面在到达边缘时滚动。
- scrollSensitivity：定义鼠标指针必须离边缘多近才能开始滚动。
- scrollSpeed：设置滚动的速度。

【示例10-5】使用插件实现鼠标与元素的交互。

```
<title>使用插件实现鼠标与元素的交互</title>
<script src="../jQ/jquery-3.6.0.min.js"></script>
<script src="../jQ/jquery-ui-1.13.2.custom/jquery-ui-1.13.2.custom/jquery-ui.min.
js"></script>
<link rel="stylesheet" href="../jQ/jquery-ui-1.13.2.custom/jquery-ui-1.13.2.custom/
jquery-ui.min.css" />
<script>
$(document).ready(function() {                         //加载完文档后执行jQuery语句
    $( "#draggable>li" ).draggable();                  //设置可以拖动的元素
    $( "#Div1").droppable({drop:function(){alert( "放进来一个元素" );}});//设置元素放置区
    $( "li" ).resizable()                              //设置li元素可以调整大小
    $( "#selectable" ).selectable();                   //设置元素可选
    $( "#sortable" ).sortable();                       //设置元素可排序
});
</script>
<style>
#Div1{border:1px blue solid; width:200px; height:100px; float:left; margin-top:15px;
margin-left:30px;}
    ul{float:left;}
```

< 165 >

```
li{ border:1px red solid; width:100px; }
.ui-selecting { background:red; color:#FFFFFF;}         /*选择元素时元素背景色为红色*/
.ui-selected { background:blue;color:#FFFFFF;}          /*选择完成后元素背景色为蓝色*/
.ui-unselecting{ background:yellow;color:#FFFFFF;}      /*取消选择后元素背景色为黄色*/
</style>
...
<body>
<ul id="draggable">
    <li>可拖动 1</li>
    <li>可拖动 2</li>
    <li>可拖动 3</li>
    <li>可拖动 4</li>
    <li>可拖动 5</li>
</ul>
<div id="Div1">拖到这里</div>
<ul id="selectable">
    <li>可选择 1</li>
    <li>可选择 2</li>
    <li>可选择 3</li>
    <li>可选择 4</li>
    <li>可选择 5</li>
</ul>
<ul id="sortable">
    <li>可排序 1</li>
    <li>可排序 2</li>
    <li>可排序 3</li>
    <li>可排序 4</li>
    <li>可排序 5</li>
</ul>
</body>
...
```

上述代码使用Draggable插件设置元素可以拖动，使用Droppable插件设置放置元素区域，使用Resizable插件设置元素大小可以调整，使用Selectable插件设置元素可选择，最后使用Sortable插件设置元素可排序。运行程序，页面中会显示3个列表元素和一个div元素，如图10.8所示。

图 10.8    初始元素

其中，第一个列表元素支持拖动和调整大小；div元素可以接受元素拖动到其范围内，并通过弹窗显示文本内容"拖到这里"；第二个列表元素支持根据选择状态的不同修改背景色和文本颜色；第三个列表元素支持拖动、排序。使用鼠标拖动、修改、选择以及排序元素后效果如图10.9所示。

图 10.9    鼠标与元素的交互

⚠ 注意

在为同一个或一组元素添加多个插件时可能会导致部分插件功能无法实现。

## 10.3.3  小部件

小部件是jQuery提供的一个网页常用插件集合，包含的插件，如Accordion插件、Datepicker插

< 166 >

件等，都具有使用频率较高的特点。开发者只需要调用插件提供的方法，就能实现最基础的各种功能和效果。通过选项其他方法以及CSS样式，开发者还能对使用插件实现的效果进行自定义。

**1．Accordion插件**

Accordion插件由单个或多个面板组成。由于其内容可以展开和折叠，类似于手风琴，所以也被称为手风琴插件。Accordion插件可提供accordion()方法，其语法形式如下所示。

```
$(选择器).accordion()
```

其中，菜单中供选择的元素需要以手风琴的样式进行布局，其基础布局样式如下所示。

```
<div id="accordion">
    <h3>标题1</h3>
    <div>内容1</div>
….
    <h3>标题n</h3>
    <div>内容n</div>
</div>
```

扫一扫

小部件

accordion()方法支持通过选项自定义插件功能，常用的选项说明如下。

- active：设置要展开的面板。如果值设置为false，则表示折叠所有面板；如果值设置为数字，则表示对应面板展开，索引从0开始。
- animate：设置折叠和展开面板的动画效果。如果值设置为false，则表示禁用动画；如果值设置为数字，则表示动画持续时间；如果值设置为字符串，则表示使用缓动动画。开发者还可以将值设置为包括动画的各种属性的对象。
- collapsible：设置是否可以一次关闭所有面板，默认值为false。
- event：设置页面标题触发的事件。如果要指定多个事件，则使用空格分隔。
- header：设置标识标题元素的数据。
- heightStyle：设置每个面板的高度，可选项为auto（最高面板的高度）、fill（根据父元素的高度展开到可用高度）、content（面板的高度跟随其内容）。
- icons：用于标题的图标，与jQuery UI CSS框架提供的图标匹配。值设置为false时不显示图标。

Accordion插件也可以使用jQuery UI CSS框架来自定义其外观样式，自定义的CSS样式介绍如下。

- ui-accordion：折叠菜单外容器的样式。
- ui-accordion-header：折叠菜单标题样式。
- ui-accordion-header-icon：每个折叠菜单标题中的图标元素。
- ui-accordion-content：设置手风琴的内容面板样式。

**【示例10-6】**实现折叠菜单效果。

```
<title>实现折叠菜单效果</title>
<script src="../jQ/jquery-3.6.0.min.js"></script>
<script src="../jQ/jquery-ui-1.13.2.custom/jquery-ui-1.13.2.custom/jquery-ui.min.js">
</script>
<link rel="stylesheet" href="../jQ/jquery-ui-1.13.2.custom/jquery-ui-1.13.2.custom/
jquery-ui.min.css" />
<script>
$(document).ready(function() {              //加载完文档后执行jQuery语句
    $( "#accordion" ).accordion({           //调用折叠菜单方法
        active:2,                           //最后一个面板展开
        collapsible:true,                   //设置全部面板都可以折叠
        animate:1000                        //设置动画需要1s
    });
});
</script>
```

< 167 >

```
<style>
.ui-accordion{ border: 3px #0066CC solid; width:300px;}        /*外容器的样式*/
.ui-accordion-header{ background:#00CC99; color:#FFFFFF;}       /*标题样式*/
.ui-accordion-content{ background:#33CCFF; color:#FFFFFF; font-family:"楷体";} /*内容面
板样式*/
</style>
...
<body>
<div id="accordion">
    <h3>小池</h3>
    <div>
        <p>泉眼无声惜细流，树阴照水爱晴柔。小荷才露尖尖角，早有蜻蜓立上头。</p>
    </div>
    <h3>春日</h3>
    <div>
        <p>胜日寻芳泗水滨，无边光景一时新。等闲识得东风面，万紫千红总是春。</p>
    </div>
    <h3>咏柳</h3>
    <div>
        <p>碧玉妆成一树高，万条垂下绿丝绦。不知细叶谁裁出，二月春风似剪刀。</p>
    </div>
</div>
</body>
...
```

上述代码使用accordion()方法实现了一个折叠菜单，并通过选项和CSS样式自定义了折叠菜单的效果和样式。运行程序后，页面中会显示一个折叠菜单，其中最后一个面板为展开状态。当用户点击第一个面板后，最后一个面板折叠，第一个面板展开。当用户再次点击第一个面板后，第一个面板折叠，效果如图10.10所示。

图 10.10  折叠菜单

### 2. Datepicker插件

Datepicker插件可提供datepicker()方法。Datepicker插件是一个高度可配置的插件，使用它可以将日期选择器添加到页面中。datepicker()方法中常用选项的说明如下。

- dayNamesMin：使用数组设置日期选择器中星期的缩写名字，从星期日开始。
- duration：控制日期选择器出现的速度，可选项包括slow、normal、fast，默认值为slow。
- monthNames：使用数组设置日期选择器中月份的名字。
- dateFormat：设置日期显示的格式，默认格式为mm/dd/yy，用斜杠分隔。
- showAnim：设置用于显示和隐藏日期选择器的动画方式，可选项包括show、slideDown和fadeIn等，如果设置为空字符串，则表示禁用动画，默认值为show。
- yearRange：设置日期年的范围，设置的值用最小年份和最大年份表示。例如，"2002:2092"表示2002年到2092年。

如果需要对Datepicker插件的外观进行自定义，则可以使用jQuery UI CSS框架对应的CSS样式实现，常用的CSS样式设置选项说明如下。

- ui-datepicker：设置日期选择器的外部容器样式。
- ui-datepicker-header：设置日期选择器头部的容器样式。

< 168 >

- ui-datepicker-title：设置日期选择器标题的容器样式，包含月份和年份。
- ui-datepicker-calendar：设置日历本身的样式。

【示例10-7】实现日期选择。

```
<title>实现日期选择</title>
<script src="../jQ/jquery-3.6.0.min.js"></script>
<script src="../jQ/jquery-ui-1.13.2.custom/jquery-ui-1.13.2.custom/jquery-ui.min.
js"></script>
<link rel="stylesheet" href="../jQ/jquery-ui-1.13.2.custom/jquery-ui-1.13.2.custom/
jquery-ui.min.css" />
<script>
$(document).ready(function() {                          //加载完文档后执行jQuery语句
$( "#datepicker" ).datepicker({
    //设置月份名称
    monthNames:["一月","二月","三月","四月","五月","六月","七月","八月","九月","十月","十一月
","十二月"],
    dateFormat: "yy-mm-dd",                             //设置日期显示格式
    dayNamesMin: [ "日", "一", "二", "三", "四", "五", "六" ]          //设置星期短名称
    });
});
</script>
<style>
.ui-datepicker-header{color:#FFFFFF; background:#0066FF;}        /*设置标题容器*/
.ui-datepicker-title{ background:#99CC00; }                      /*标题月份和年份*/
/*设置日历本身的样式*/
.ui-datepicker-calendar{ border:3px red double; background:#FFCC00; color:#FFFFFF;}
</style>
…
<body>
选择出生日期: <input type="text"  id="datepicker" />
</body>
…
```

上述代码使用datepicker()方法将日期选择器添加到input元素上，并通过选项和CSS样式自定义日期选择器。运行程序，页面中会显示一个出生日期输入框，点击输入框后会显示日期选择器。点击相应的日期后，日期选择器会自动隐藏，输入框将显示所选的日期，效果如图10.11所示。

图 10.11　日期选择

**3．小部件中的其他插件**

除了Accordion插件和Datepicker插件，jQuery小部件中还包含很多其他实用的插件，这些插件对应的方法和功能如表10.2所示。

表10.2　插件的方法和功能

| 插件 | 方法 | 功能 |
| --- | --- | --- |
| Autocomplete | autocomplete() | 自动填充插件，使用预先填充到值列表中的值，对用户输入的内容进行补全和提示 |
| Button | button() | 按钮插件，为按钮元素增加悬停和活动样式 |
| Checkboxradio | checkboxradio() | 单选按钮复选框插件，为单选按钮和复选框类型增加悬停和活动样式 |
| Controlgroup | controlgroup() | 控制组插件，将多个按钮组合起来使用 |
| Dialog | dialog() | 对话框插件，可提供包含标题栏和内容区域的浮动对话框窗口 |

< 169 >

续表

| 插件 | 方法 | 功能 |
|------|------|------|
| Menu | menu() | 菜单插件，可提供带有用于导航且支持鼠标和键盘交互的主题菜单 |
| Progressbar | progressbar() | 进度条插件，用于显示确定或不确定进程的状态 |
| Selectmenu | selectmenu() | 选择菜单插件，将<select>标签转换为可自定义的控件 |
| Slider | slider() | 滑块插件，用于通过滑动元素选择值 |
| Spinner | spinner() | 数字步进器插件，支持用户输入一个值，或通过键盘、鼠标来修改数值 |
| Tabs | tabs() | 选项卡插件，具有多个面板的单个内容区域，每个面板与列表中的标题相关联 |
| Tooltip | tooltip() | 工具提示插件，可提供可定制的、可主题化的工具提示，以取代原生工具提示 |

## 10.3.4 效果

扫一扫

效果

效果是指jQuery UI团队为了完善颜色动画和类转换效果提供的一系列插件和方法。使用这些插件和方法可以在显示和隐藏元素时，打造更出色的用户视觉效果。jQuery UI的效果主要分为Effect、Visibility、Class Animation和Color Animation这4部分。

### 1．Effect

使用Effect效果可以将指定的动画效果添加到元素上。它提供了effect()方法，其语法形式如下所示。

```
effect(effect,options,duration,complete)
```

其中，每个属性的功能说明如下。

- effect：字符串类型，用于指定要添加的动画效果，可选项包括blind（消失）、bounce（弹跳）、clip（中心伸展）、drop（下坠）、explode（爆炸）、fade（淡出）、fold（折叠）、highlight（高亮）、puff（冒烟）、pulsate（脉动）、scale（缩小）、shakesize（左右摇晃）、slide（滑动）和transfer（转移）。
- options：通过选项自定义动画效果，可选项包括effect（动画效果）、easing（缓动动画）、duration（动画持续时间）、complete（完成后调用的函数）、queue（指定动画是否加入队列）。
- duration：动画持续的时间。
- complete：动画完成后调用的函数。

### 2．Visibility

Visibility效果用于控制元素的显示和隐藏，对jQuery中的show()、hide()和toggle()这3个方法做了进一步地完善。Visibility效果为这3个方法提供了更加丰富的动画选项，可以让元素隐藏和显示时有更多的动画效果，其语法形式如下所示。

```
方法名(effect,options,duration,complete)
```

其中，方法名包括show、hide和toggle。options用于自定义动画效果，duration用于指定动画持续时间，complete用于指定动画完成后调用的函数。

### 3．Class Animation

Class Animation效果基于jQuery对类的操作，在对类进行添加和删除的同时，通过选项为元素添加指定的动画效果。

（1）添加类使用addClass()方法，其语法形式如下所示。

```
addClass(className,duration,easing,complete)
```

其中，className用于指定要添加的类，easing用于指定缓动动画。

（2）删除类使用removeClass()方法，其语法形式如下所示。

< 170 >

```
removeClass(className,duration,easing,complete)
```

（3）对类进行添加或删除操作使用toggleClass()方法，其语法形式如下所示。

```
toggleClass( className,switch,duration,easing,complete)
```

其中，switch为布尔值，用于控制是否添加或删除指定的类。

（4）替换类使用switchClass()方法实现，其语法形式如下所示。

```
switchClass(removeClassName,addClassName,duration,easing,complete)
```

其中，removeClassName用于指定要删除的类，addClassName用于指定要添加的类，也就是将removeClassName指定的类替换为addClassName指定的类。

#### 4．Color Animation

使用Color Animation效果可以实现为元素添加颜色变化的动画效果。引入jQuery UI插件可以使用animate()方法设置元素颜色属性实现颜色变化的动画效果。

【示例10-8】显示和隐藏元素。

```
<title>显示和隐藏元素</title>
<script src="../jQ/jquery-3.6.0.min.js"></script>
<script src="../jQ/jquery-ui-1.13.2.custom/jquery-ui-1.13.2.custom/jquery-ui.min.
js"></script>
<link rel="stylesheet" href="../jQ/jquery-ui-1.13.2.custom/jquery-ui-1.13.2.custom/
jquery-ui.min.css" />
<style>
.Div{ border:1px #000000 solid; width:80px; height:80px;}
.toggleClass{ border:5px #00FF33 double; width:100px; height:100px;}
</style>
<script>
$(document).ready(function() {                         //加载完文档后执行jQuery语句
    $("button:eq(0)").click(function(){
        $("#Div1").animate({backgroundColor: "#aa0000"},3000);        //修改颜色
    });
    $("button:eq(1)").click(function(){
        $("#Div1").effect("explode",3000);                    //爆炸效果
    });
    $("button:eq(2)").click(function(){
        $("#Div1").toggle("clip",1000);                    //中间伸展
    });
    $("button:eq(3)").click(function(){
        $("#Div1").toggleClass("Div",1000);                //切换类Div
        $("#Div1").toggleClass("toggleClass",1000);        //切换类toggleClass
    });
});
</script>
…
<body>
<div id="Div1" class="Div"></div><br />
<button>变色</button><button>爆炸效果隐藏</button><br /><button>显示和隐藏</button><button>
修改样式</button>
</body>
…
```

上述代码使用不同的jQuery UI效果方法实现了颜色变化，添加了指定的动画效果以及类的切换效果。运行程序后，页面中显示1个div元素和4个按钮。当用户点击"变色"按钮后，div元素会填充颜色。当用户点击"爆炸效果隐藏"按钮后，div元素会被划分为9个部分然后慢慢隐藏。当用户点击"显示和隐藏"按钮后，div元素会以中心展开和中心折叠的方式实现隐藏和显示。当用户点击"修改样式"按钮后，div元素的边框和尺寸会改变，效果如图10.12所示。

< 171 >

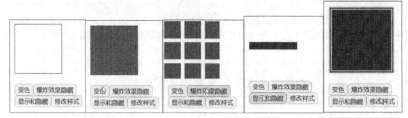

图 10.12　jQuery UI 效果

# 【案例分析10-2】选项卡

选项卡是十分常见的网页模块。通过选项卡可以将大量功能分为多类，然后在同一块区域中交替展示。使用这种展示方式可以在有限的空间中展现更多的内容。本案例使用jQuery UI插件中的选项卡插件实现多个面板的切换显示，代码如下所示。

```
<title>选项卡</title>
<script src="../jQ/jquery-3.6.0.min.js"></script>
<script src="../jQ/jquery-ui-1.13.2.custom/jquery-ui-1.13.2.custom/jquery-ui.min.
js"></script>
<link rel="stylesheet" href="../jQ/jquery-ui-1.13.2.custom/jquery-ui-1.13.2.custom/
jquery-ui.min.css" />
<style>
.ui-tabs{ height:200px;width:500px;}              /*设置jQuery UI CSS框架的.ui-tabs */
.lf{ float:left; margin-right:10px;}
</style>
<script>
$(document).ready(function() {                     //加载完文档后执行jQuery语句
    $( "#tabs" ).tabs({                            //使用选项卡插件
        event: "mouseover"                         //设置为mouseover事件触发选项卡切换
    });
});
</script>
...
<body>
<div id="tabs">
    <ul>
        <li ><a style="cursor:pointer;" href="#tabs-1">大峡谷</a></li>
        <li><a style="cursor:pointer;" href="#tabs-2">海滩</a></li>
        <li><a style="cursor:pointer;" href="#tabs-3">沙漠</a></li>
    </ul>
    <div id="tabs-1">
        <div><img class="lf" src="image/grand-s.jpg" /><span>峡谷是指谷坡陡峻、深度大于宽度
的山谷。它通常发育在构造运动抬升和谷坡由坚硬岩石组成的地段，当地面抬升速度与下切作用协调时，最易形成峡谷。</
span></div>
    </div>
    <div id="tabs-2">
        <div><img src="image/sandy-s.jpg" class="lf" /><span>海滩是指由海水搬运积聚的沉积
物（沙或石块），堆积而形成的海岸，海滩可分为砾石滩（卵石滩）、粗砂滩和细砂滩，有管理的海滩又称海水浴场。</
span></div>
    </div>
    <div id="tabs-3">
        <div><img src="image/sossusvlei-s.jpg" class="lf" /><span>沙漠主要是指地面完全被沙
所覆盖、植物非常稀少、雨水稀少、空气干燥的荒芜地区。沙漠地域中大多是沙滩或沙丘，沙下岩石也经常出现。有些沙漠
是盐滩，完全没有草木。沙漠的地貌一般是风成地貌。有的沙漠里会有可贵的矿床，近代在一些沙漠里也发现了很多石油。
</span></div>
    </div>
</div>
</body>
...
```

< 172 >

上述代码使用tabs()方法为div元素添加选项卡。运行程序后，显示一个拥有3个选项卡的模块。鼠标指针移动到对应的标签上会切换到对应的选项卡，效果如图10.13所示。

图 10.13　选项卡

# 【案例分析10-3】菜单

菜单模块多用于种类繁多的内容展示。通过菜单可以将各种内容按照树形结构展示，并且可以实现展开和折叠的功能，以节约网页空间。本案例使用菜单插件实现导航功能，代码如下所示。

扫一扫

案例分析 10-3

```html
<title>菜单</title>
<script src="../jQ/jquery-3.6.0.min.js"></script>
<script src="../jQ/jquery-ui-1.13.2.custom/jquery-ui-1.13.2.custom/
jquery-ui.min.js"></script>
<link rel="stylesheet" href="../jQ/jquery-ui-1.13.2.custom/jquery-ui-1.13.2.custom/
jquery-ui.min.css" />
<style>
.ui-menu{ width:100px; padding-left:20px; background:#33CCFF; color:#FFFFFF;}
.ui-menu-item{ background:#33CCFF; color:#FFFFFF;}
</style>
<script>
$(document).ready(function() {              //加载完文档后执行jQuery语句
    $( "#menu" ).menu();                    //使用菜单插件
});
</script>
...


<body>
<ul id="menu">
    <li>
        <div>图书</div><ul><li><div>计算机</div></li><li><div>百科</div></li><li><div>文
学</div></li></ul>
    </li>
    <li>
        <div>家电</div><ul><li><div>洗衣机</div></li><li><div>冰箱</div></li><li><div>电视</
div></li></ul>
    </li>
    <li>
        <div>服装</div><ul><li><div>男装</div></li><li><div>女装</div></li><li><div>童装
</div></li></ul>
    </li>
    <li>
        <div>食品</div><ul><li><div>休闲</div></li><li><div>进口</div></li><li><div>牛奶
</div></li></ul>
    </li>
</ul>
</body>
...
```

上述代码使用menu()方法实现了为ul元素添加菜单。运行程序，页面中会显示一个侧边栏，当鼠标指针移动到对应菜单上时，菜单右侧会展开子菜单内容，效果如图10.14所示。

图 10.14　菜单

【素养课堂】

　　jQuery插件的主要功能是提供更加丰富的网页交互效果，以增强用户的体验，其主要目的是节约开发成本，提高开发效率。jQuery插件的开发和使用方式都十分友好，这也造就了jQuery插件如今的地位。jQuery插件的成功归功于其开放、包容的开发方式，以及广大开发者的无私奉献。

< 173 >

在学习、生活中遇到各种问题时，应该遵从"三人行，必有我师焉"的精神，以开放的态度学习身边每个人的长处。切记闭门造车，事事亲力亲为，有很多事情通过合作才能处理得更加高效。

在面对挑战时，合作有时候是必然选择，要想成功完成目标，需要有宽广的胸怀，包容合作伙伴的缺点，发现合作伙伴的优点，通过合作达到共赢的目标。

总而言之，人是具有社会性质的，人与人之间只有通过不断地交流学习，才能快速地成长。所以，面对任何事情或任何人都要谦虚、宽容，这样才会得到帮助，早日到达成功的彼岸。

# 10.4 思考与练习

## 10.4.1 疑难解读

1. jQuery UI插件的优缺点有哪些？

jQuery UI插件的优点如下。

- 简单易用：继承了jQuery使用简易的特性，可提供高度抽象的接口，短期改善网页易用性。
- 开源免费：采用MIT&GPL双协议授权，可轻松满足自由产品至企业产品的各种授权需求。
- 广泛兼容：兼容各主流桌面浏览器，包括IE 6+、Firefox 2+、Safari 3+、Opera 9+、Chrome 1+。
- 轻便快捷：组件间相对独立，可按需加载，避免浪费带宽，拖慢网页打开速度。
- 标准先进：支持WAI-ARIA，可通过标准XHTML代码提供渐进增强，保证低端环境下的可访问性。
- 美观多变：提供近20种预设主题，并可自定义多达60项配置样式规则，还提供24种背景纹理选择。
- 开放公开：从结构规划到代码编写，全程开放，文档、代码、讨论，人人均可参与。
- 完整汉化：开发包内置包含中文语言包在内的40多种语言包。

jQuery UI插件的缺点如下。

- 代码不够健壮：缺乏全面的测试用例，部分组件bug较多，不能达到企业级产品的开发要求。
- 构架规划不足：组件间API缺乏协调，缺乏配合使用帮助。
- 控件较少：相对于Dojo、YUI、Ext JS等成熟产品，可用控件较少，无法满足复杂页面需求。

2. jQuery UI提供的缓动动画包括哪些？

通过缓动动画可以实现对动画执行速度的控制，jQuery UI提供的缓动动画包括linear、swing、default、easeInQuad、easeOutQuad、easeInOutQuad、easeInCubic、easeOutCubic、easeInOutCubic、easeInQuart、easeOutQuart、easeInOutQuart、easeInQuint、easeOutQuint、easeInOutQuint、easeInExpo、easeOutExpo、easeInOutExpo、easeInSine、easeOutSine、easeInOutSine、easeInCirc、easeOutCirc、easeInOutCirc、easeInElastic、easeOutElastic、easeInOutElastic、easeInBack、easeOutBack、easeInOutBack、easeInBounce、easeOutBounce、easeInOutBounce。每个缓动动画的名称都由多个单词组成，这些单词的含义如表10.3所示。

表10.3　缓动动画名称组成单词的含义

| 单词 | 含义 | 单词 | 含义 |
| --- | --- | --- | --- |
| linear | 线性 | Cubic | 三次方 |
| swing | 曲线 | Quart | 四次方 |
| easeIn | 从0开始加速的缓动 | Expo | 指数曲线 |

< 174 >

续表

| 单词 | 含义 | 单词 | 含义 |
|------|------|------|------|
| easeOut | 减速到0的缓动 | Sine | 正弦曲线 |
| easeInOut | 前半段从0开始加速，后半段减速到0的缓动 | Circ | 圆形曲线 |
| Quad | 二次方 | Elastic | 指数衰减正弦曲线 |
| Back | 超过范围的三次方 | Bounce | 指数衰减反弹 |

## 10.4.2　课后习题

### 一、填空题

1. 实现客户端的表单验证功能需要使用_____插件。

2. Growl插件可以实现通过覆盖层显示反馈消息，反馈消息包括_____、_____等。

3. Draggable插件可以让指定元素支持拖动，使用_____选项可以限制拖动的水平或垂直范围。

4. Resizable插件需要使用_____方法实现，该方法允许用户使用鼠标调整元素的大小。

5. 要实现使用鼠标对多个元素进行排序，需要使用到_____方法。

### 二、选择题

1. Accordion插件也被称为（　　）。
   A. 下拉插件　　　　B. 导航插件　　　　C. 树形插件　　　　D. 手风琴插件

2. 调用Accordion插件需要使用的方法为（　　）。
   A. validate()　　　B. accordion()　　　C. each()　　　　D. resizable()

3. 实现使用鼠标选择一个或多个元素的插件为（　　）。
   A. Selectable插件　B. Validate插件　　C. Droppable插件　　D. Resizable插件

4. 下列可以用于实现使用鼠标对图片指定位置放大的方法为（　　）。
   A. selectable()　　B. axis()　　　　C. resizable()　　　D. droppable()

5. 用于在元素中插入日期选择器的方法为（　　）。
   A. date()　　　　B. datepicker()　　C. droppable()　　　D. accordion()

### 三、上机实验题

1. 实现点击div元素后元素变成绿色，然后变成红色的动画效果。

【实验目标】掌握颜色动画效果。

【知识点】Color Animation效果、jQuery UI插件、animate()方法。

2. 实现通过鼠标对div元素进行排序的效果。

【实验目标】掌握Sortable插件的使用方法。

【知识点】Sortable插件。

< 175 >

# 第 11 章　综合实训：开发网络相册

通过网络相册功能可以将多个相片通过网络向用户展示。这个功能在各种电商网页和摄影网页十分常见。网络相册的优点是可以通过网络模拟相册的布局和功能，让用户不受地域限制直接通过网络进行浏览。本章将详细讲解如何实现网络相册功能。

【学习目标】
- 掌握HTM+CSS布局。
- 掌握jQuery核心库。
- 掌握jQuery UI插件。
- 掌握EasyZoom插件。

扫一扫

综合实训：开发
网络相册

## 11.1　分析页面

网络相册基本模拟实体的相册功能，需要使用到HTML、CSS、JavaScript和jQuery的相关知识。本节将从设计和功能两个方面对网络相册进行分析。

### 11.1.1　设计分析

网络相册的主要功能是以相册的形式展示相片。其基本布局分为3块：网页左侧为相册列表，右上方为标准相片展示框，右下方为相片缩略图列表。本案例中的相册基本布局如图11.1所示。

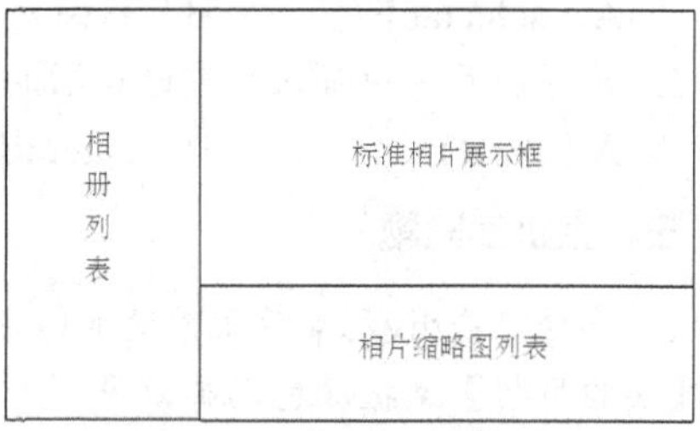

| 相册列表 | 标准相片展示框 |
| | 相片缩略图列表 |

图 11.1　网络相册的基本布局

### 11.1.2　功能分析

在网络相册中，用户点击相册可展开对应相片的缩略图。通过点击按钮的方式，缩略图可以左右滚动。点击缩略图之后，对应相片会显示为标准大小。当鼠标指针位于标准相片上时，用户可以放大相片局部，查看细节。

网络相册功能需要通过以下几步实现。

**1．准备资源**

本案例中需要用到4种尺寸的相片。其中，相册封面需要4张不同的相片。相册中的每张相片都需要缩略、标准和特大3种尺寸。

**2．添加静态页面**

静态页面用于添加相册布局时需要的标签、文本元素和图片元素。

**3．添加CSS样式**

CSS样式用于为网页元素添加指定的样式，包括元素的位置、外观等。

**4．添加交互代码**

交互代码通过JavaScript、jQuery核心库、jQuery UI插件以及jQuery第三方插件构建。可通过交互代码实现相册的排序、切换、打开，以及相片的移动、放大等效果。

# 11.2 模块拆分

整个网络相册以双列布局实现，可以划分为相册列表、标准相片展示框和相片缩略图列表3部分。本节将详细讲解这3部分的相关内容。

## 11.2.1 相册列表

整个网络相册的全部元素都默认居中显示。相册列表位于网络相册左侧，由一个ul元素和多个li元素组成，每个li元素中展示一个相册，效果如图11.2所示。

相册列表中要使用到div元素作为容器，使用ul元素和li元素实现相册排列显示。在li元素中添加img元素实现相册封面的添加，其HTML代码如下所示。

图11.2 相册列表

```
<div id="ph">
<h1>相册</h1>
<ul id="ph_list" class="thumbnails easyzoom--with-thumbnails">
    <li>
        <a href="image/spring/a.jpg" data-standard="image/
spring/a-b.jpg">
            <img src="image/spring/a-p.jpg" alt="spring"
/><span>春天</span>
        </a>
    </li>
    <li>
        <a href="image/summer/a.jpg" data-standard="image/
summer/a-b.jpg">
            <img src="image/summer/a-p.jpg" alt="summer"
/><span>夏天</span>
        </a>
    </li>
    <li>
        <a href="image/autumn/a.jpg" data-standard="image/
autumn/a-b.jpg">
            <img src="image/autumn/a-p.jpg" alt="autumn"
/><span>秋天</span>
        </a>
    </li>
    <li>
        <a href="image/winter/a.jpg" data-standard="image/winter/a-b.jpg">
            <img src="image/winter/a-p.jpg" alt="winter" /><span>冬天</span>
        </a>
    </li>
    </ul>
</div>
```

可通过CSS对相册列表的元素进行定位和样式添加，并实现相册居中显示、带有阴影效果的样式。当鼠标指针移动到相册上时，还要自动为相册添加边框，其CSS样式代码如下所示。

< 177 >

```
ul{ list-style-type:none;padding:0px;margin:0px;}         /*为ul元素清除默认样式*/
div{text-align:center; }                                   /*div元素中的文字居中*/
a {text-decoration:none; color:#000000;}                  /*取消下画线 黑色 */
#box{width:1080px; height:800px; margin:auto;}   /*网络相册容器的宽度、高度、元素居中显示*/
#ph{ width:280px; float:left;height:802px;  border:1px solid #000000; } /*相册容器*/
#ph_list{ width:200px; height:600px;  margin-left:40px;    }  /*ul元素的宽度、高度、左边距*/
/*li 边框 阴影*/
#ph_list li{ height:170px; width:200px; border:#009900 1px solid; margin-top:10px;
box-shadow:10px 10px 10px #999999;}
#ph_list li:hover{ border:5px #FF0000 solid;}              /*添加鼠标交互效果*/
```

## 11.2.2　标准相片展示框

标准相片展示框位于网络相册的右上方，用于展示标准尺寸的相片，效果如图11.3所示。

标准相片展示框由div元素、a元素和img元素组成，其HTML代码如下所示。

```
<div id="big" class="easyzoom easyzoom--overlay
easyzoom--with-thumbnails">
    <a href="image/spring/a.jpg">
            <img src="image/spring/a-b.jpg" alt="" />
    </a>
</div>
```

图 11.3　标准相片展示框

标准相片展示框需要在div元素的右上方显示，并且其中的相片居中显示，其CSS样式代码如下所示。

```
#big{width:796px;height:600px;float:left; border:1px solid #000000;  }
                                       /*宽度、高度、左浮动、边框*/
#big img{ margin-top:25px;}            /*设置上边距实现相片居中*/
```

## 11.2.3　相片缩略图列表

相片缩略图列表用于展示每个相册中存放的相片，本案例中每个相册中存放6张相片，在页面中直接显示4张，其余两张滚动显示，效果如图11.4所示。

图 11.4　相片缩略图列表

相片缩略图列表使用ul元素和li元素实现相片和按钮的展示，其HTML代码如下所示。

```
<div id="small">
    <span id="sp1" class="sp1 lf">《</span>
    <ul  id="sm_list"  class="thumbnails easyzoom--with-thumbnails">
        <li>
            <a href="image/spring/a.jpg" data-standard="image/spring/a-b.jpg">
                <img src="image/spring/a-s.jpg" alt="" />
            </a>
        </li>
        <li>
```

< 178 >

```
                <a href="image/spring/b.jpg" data-standard="image/summer/b-b.jpg">
                    <img src="image/spring/b-s.jpg" alt="" />
                </a>
        </li>
        <li>
                <a href="image/spring/c.jpg" data-standard="image/autumn/c-b.jpg">
                    <img src="image/spring/c-s.jpg" alt="" />
                </a>
        </li>
        <li>
                <a href="image/spring/d.jpg" data-standard="image/winter/d-b.jpg">
                    <img src="image/spring/d-s.jpg" alt="" />
                </a>
        </li>
        <li>
                <a href="image/spring/e.jpg" data-standard="image/winter/e-b.jpg">
                    <img src="image/spring/e-s.jpg" alt="" />
                </a>
        </li>
        <li>
                <a href="image/spring/f.jpg" data-standard="image/winter/f-b.jpg">
                    <img src="image/spring/f-s.jpg" alt="" />
                </a>
        </li>
    </ul>
    <span id="sp2" class="sp1 sp2 ">》</span>
</div>
```

可通过CSS实现相片缩略图列表的li元素水平显示，并且隐藏超出容器的元素，对两个span元素进行精准定位显示。其CSS样式代码如下所示。

```
/*不换行 隐藏超出内容*/
#small{width:796px; float:left;height:200px; border:1px solid #000000; white-
space:nowrap; overflow:hidden; }
#sm_list{ height:200px;}                        /*缩略图高度*/
/*行内块级元素  相对定位*/
#sm_list li{ width:140px; margin-left:15px; margin-top:30px; display:inline-block;
position:relative; }
#sm_list li:hover{ border:5px #FF0000 solid;}    /*鼠标指针移动到元素上设置红色边框*/
#xh{width:1080px; height:100px; margin:auto; border:#000000 solid 1px;}
.sp1{ line-height:200px;  cursor:pointer; font-size:36px; display:inline-
block; width:67px; height:200px;  background:#FFFFFF; padding-left:10px;
float:left;position:relative;z-index:3;}
.sp2{ float:right; position:relative; top:-200px;}
```

# 11.3 交互效果设计

网络相册的交互效果主要通过JavaScript、jQuery核心库、jQuery UI插件，以及其他jQuery插件实现。本节将详细讲解网络相册各部分交互效果的实现。

## 11.3.1 相册排序效果

通过拖动鼠标为相册排序需要使用jQuery UI插件中的Sortable插件。本案例会为相册列表引入该插件，让相册列表中的每一个相册都可以通过拖动鼠标来进行排序，效果如图11.5所示。

< 179 >

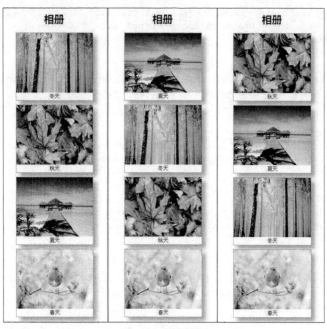

图 11.5　相册排序

实现相册通过拖动鼠标来进行排序的代码如下所示。

```
$( "#ph_list" ).sortable();                                      //设置元素可排序
```

## 11.3.2　相片轮播效果

相片缩略图列表由6张相片组成，其中两张相片处于隐藏状态，所以需要通过向左滚动和向右滚动的方式来展示缩略图中的所有相片，也就是实现相片轮播效果。

实现相片轮播效果需要实现的交互效果包括按钮交互效果、点击向左按钮后相片缩略图列表向左滚动、点击向右按钮后相片缩略图列表向左滚动。当相片缩略图列表位于最左端时，向左按钮无效；当相片缩略图列表位于最右端时，向右按钮无效。相片轮播效果如图11.6所示。

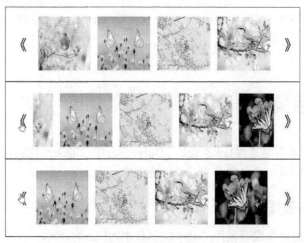

图 11.6　相片轮播

按钮交互效果是指，当按钮被按下后，按钮尺寸缩小，当鼠标按键被释放后，按钮尺寸恢复。实现按钮交互效果的代码如下所示。

< 180 >

```
//按钮交互效果
$("#sp1,#sp2").mousedown(function(){                          //为按钮添加点击事件
    $(this).css("font-size","24px");                         //按钮放大
});
$("#sp1,#sp2").mouseup(function(){
    $(this).css("font-size","36px");                         //按钮恢复尺寸
});
```

上述代码为两个按钮添加了相应的鼠标事件，根据鼠标状态修改按钮尺寸。相片向左/向右缓慢滚动轮播的代码如下所示。

```
//相片轮播效果
var index=0;                                                 //初始化位置变量
//向左滚动
$("#sp1").click(function(){                                  //为向左按钮添加点击事件
    if(index==2){                                            //判断位置是否在左端
    }else{
        ++index;                                             //记录位置移动
        $("#small li").animate({left:index*(-165)},1000,"swing");   //向左移动li元素
    }
});
//向右滚动
$("#sp2").click(function(){                                  //为向右按钮添加点击事件
    if(index==0){                                            //判断位置是否在最右端
    }else{
        --index;                                             //记录位置
        $("#small li").animate({left:"+=165px"},1000,"swing");   //向右移动li元素
    }
});
```

上述代码使用index变量记录缩略图的位置（当遍历的值为2时，相片缩略图列表位于最左边，当index遍历的值为0时，相片缩略图列表位于最右边），并且为两个按钮添加点击事件，通过向左按钮实现列表以动画形式向左滚动，通过向右按钮实现列表以动画形式向右滚动。

### 11.3.3 切换缩略图效果

切换缩略图效果是指，当用户点击左侧的相册后，相片缩略图列表中的相片自动切换为对应相册中的相片，其效果如图11.7所示。

图 11.7 切换缩略图

实现切换缩略图效果的代码如下所示。

```
//切换缩略图效果
var seasonimg=["a.jpg","a-b.jpg","a-s.jpg","b.jpg","b-b.jpg","b-s.jpg","c.jpg","c-b.jpg","c-s.jpg","d.jpg","d-b.jpg",
    "d-s.jpg","e.jpg","e-b.jpg","e-s.jpg","f.jpg","f-b.jpg","f-s.jpg"];        //相片数据
```

< 181 >

```
$("#ph_list a").click(function(){
    index=0;                                          //设置索引为0
    var j=0;                                           //初始化属性计数变量
    var season =$(this).find("img").attr("alt");      //获取当前相片的alt属性
    var seasonsrc="image/"+season+"/";                //设置链接固定样式
    for( i=0;i<6;i++)                                  //替换缩略图
    {
        $("#sm_list a:eq("+i+")").attr("href",seasonsrc+seasonimg[j]); //设置href属性
        ++j;
        $("#sm_list a:eq("+i+")").data("standard",seasonsrc+seasonimg[j]);
                                                       //为元素添加数据
        ++j;
        $("#sm_list img:eq("+i+")").attr({"src":seasonsrc+seasonimg[j]});//设置src属性
        ++j;
    }
});
```

上述代码通过获取数组中的字符串内容，以固定格式修改相片缩略图列表中对应元素的属性值，从而达到切换缩略图的效果。

> ⚠ **注意**
>
> 在设置自定义属性data-standard的值时需要使用data()工具函数，并且函数使用的参数为"standard"。

## 11.3.4 相片切换和局部放大效果

实现相片切换和局部放大效果需要使用到EasyZoom插件。使用该插件可以将指定的相片在特定位置进行切换，并且支持使用鼠标对相片的细节进行放大，效果如图11.8所示。

图 11.8　相片切换和局部放大

相片切换和局部放大效果的实现代码如下所示。

```
//实现相片切换和局部放大效果
var $easyzoom = $('.easyzoom').easyZoom();                      //实例化插件方法
var api1 = $easyzoom.filter('.easyzoom--with-thumbnails').data('easyZoom');
                                                               //设置缩略图实例
$('.thumbnails').on('click', 'a', function(e) {                //添加点击事件
    var $this = $(this);                                       //获取当前元素
    e.preventDefault();                                        //删除默认操作
    api1.swap($this.data('standard'), $this.attr('href'));     //交换链接
});
```

上述代码首先获取当前点击缩略图中a元素的href属性和自定义属性data-standard的值，然后替换到标准尺寸相片展示框中，从而实现相片的切换和局部放大效果。

< 182 >

**注意**

在获取自定义属性时需要使用到data()工具函数。

# 11.4　网络相册效果展示

网络相册整体要实现相册排序、相片轮播、切换缩略图，以及相片切换和局部放大效果，实现整个网络相册的代码如下所示。

```
<!DOCTYPE html>
<html xmlns="http://www.w3.org/1999/xhtml">
<head>
<meta http-equiv="Content-Type" content="text/html; charset=utf-8" />
<title>综合实训：网络相册</title>
</head>
<style>
ul{ list-style-type:none;padding:0px;margin:0px;}
div{text-align:center; }
a {text-decoration:none; color:#000000;}
#box{width:1080px; height:800px; margin:auto; }
#ph{ width:280px; float:left;height:802px;  border:1px solid #000000; } /*相册div元素*/
#ph_list{ width:200px; height:600px;  margin-left:40px;  }
                                          /*ul元素的宽度、高度、左边距*/
/*li元素的边框、阴影*/
#ph_list li{ height:170px; width:200px; border:#009900 1px solid; margin-top:10px;
box-shadow:10px 10px 10px #999999;}
#ph_list li:hover{ border:5px #FF0000 solid;}          /*添加鼠标交互效果*/
#big{width:796px;height:600px;float:left; border:1px solid #000000; }
#big img{ margin-top:25px;}
#small{width:796px; float:left;height:200px; border:1px solid #000000; white-
space:nowrap; overflow:hidden; }
#sm_list{ height:200px;}
#sm_list li{ width:140px; margin-left:15px; margin-top:30px; display:inline-block;
position:relative; }
#sm_list li:hover{ border:5px #FF0000 solid;}
#xh{width:1080px; height:100px; margin:auto; border:#000000 solid 1px;}
.sp1{ line-height:200px;  cursor:pointer; font-size:36px; display:inline-
block; width:67px; height:200px;  background:#FFFFFF; padding-left:10px;
float:left;position:relative;z-index:3;}
.sp2{ float:right; position:relative; top:-200px; }
</style>
<script src="../jQ/jquery-3.6.0.min.js"></script>
<script src="../jQ/EasyZoom-master/EasyZoom-master/src/easyzoom.js"></script>
<link href="../jQ/EasyZoom-master/EasyZoom-master/css/easyzoom.css" rel="stylesheet"
type="text/css" />
<script src="../jQ/jquery-ui-1.13.2.custom/jquery-ui-1.13.2.custom/jquery-ui.min.
js"></script>
<link rel="stylesheet" href="../jQ/jquery-ui-1.13.2.custom/jquery-ui-1.13.2.custom/
jquery-ui.min.css" />
<script>
$().ready(function() {                              //加载完文档后执行jQuery语句
    $( "#ph_list" ).sortable();                     //设置元素可排序
    //按钮交互效果
    $("#sp1,#sp2").mousedown(function(){            //为按钮添加点击事件
        $(this).css("font-size","24px");           //按钮放大
    });
    $("#sp1,#sp2").mouseup(function(){
```

< 183 >

```
            $(this).css("font-size","36px");                                //按钮恢复尺寸
        });
        //相片轮播效果
        var index=0;                                                        //初始化位置变量
        //向左滚动
        $("#sp1").click(function(){                                         //为向左按钮添加点击事件
            if(index==2){                                                   //判断位置
            }else{
                ++index;                                                    //记录位置移动
                $("#small li").animate({left:index*(-165)},1000,"swing");   //向左移动li元素
            }
        });
        //向右滚动
        $("#sp2").click(function(){                                         //为向右按钮添加点击事件
            if(index==0){                                                   //判断位置
            }else{
                --index;                                                    //记录位置
                $("#small li").animate({left:"+=165px"},1000,"swing");      //向右移动li元素
            }
        });
        //实现图片放大
        var $easyzoom = $('.easyzoom').easyZoom();                          //实例化插件方法
        // 设置缩略图实例
        var api1 = $easyzoom.filter('.easyzoom--with-thumbnails').data('easyZoom');
        $('.thumbnails').on('click', 'a', function(e) {                     //添加点击事件
            var $this = $(this);                                            //获取当前元素
            e.preventDefault();                                            //删除默认操作
            api1.swap($this.data('standard'), $this.attr('href'));         // 交换链接
        });
        //切换缩略图
        var easonimg=["a.jpg","a-b.jpg","a-s.jpg","b.jpg","b-b.jpg","b-s.jpg","c.
jpg","c-b.jpg","c-s.jpg","d.jpg","d-b.jpg"
        ,"d-s.jpg","e.jpg","e-b.jpg","e-s.jpg","f.jpg","f-b.jpg","f-s.jpg"];  //相片数据
        $("#ph_list a").click(function(){
            index=0;                                                        //设置索引为0

            var j=0;                                                        //初始化属性计数变量
            var season =$(this).find("img").attr("alt");                    //获取当前相片的alt属性
            var seasonsrc="image/"+season+"/";                             //设置链接固定样式
        for( i=0;i<6;i++)                                                   //替换缩略图
            {                                                               //设置href属性

            $("#sm_list a:eq("+i+")").attr("href",seasonsrc+seasonimg[j]);
            ++j;                                                            //为元素添加数据
            $("#sm_list a:eq("+i+")").data("standard",seasonsrc+seasonimg[j]);
            ++j;                                                            //设置src属性值
            $("#sm_list img:eq("+i+")").attr({"src":seasonsrc+seasonimg[j]});
            ++j;
            }
        });
    });
</script>
<body>
<div id="box">
    <div id="ph">
    <h1>相册</h1>
        <ul id="ph_list" class="thumbnails ">
            <li>
                <a href="image/spring/a.jpg" data-standard="image/spring/a-b.jpg">
                    <img src="image/spring/a-p.jpg" alt="spring" /><span>春天</span>
                </a>
            </li>
```

< 184 >

```
            <li>
                <a href="image/summer/a.jpg" data-standard="image/summer/a-b.jpg">
                    <img src="image/summer/a-p.jpg" alt="summer" /><span>夏天</span>
                </a>
            </li>
            <li>
                <a href="image/autumn/a.jpg" data-standard="image/autumn/a-b.jpg">
                    <img src="image/autumn/a-p.jpg" alt="autumn" /><span>秋天</span>
                </a>
            </li>
            <li>
                <a href="image/winter/a.jpg" data-standard="image/winter/a-b.jpg">
                    <img src="image/winter/a-p.jpg" alt="winter" /><span>冬天</span>
                </a>
            </li>

        </ul>
    </div>
    <div id="big" class="easyzoom easyzoom--overlay easyzoom--with-thumbnails">
        <a href="image/spring/a.jpg">
            <img id="bimg" src="image/spring/a-b.jpg" alt="" />
        </a>
    </div>
<div id="small">
    <span id="sp1" class="sp1 lf">《</span>
    <ul id="sm_list" class="thumbnails  ">
        <li>
            <a href="image/spring/a.jpg" data-standard="image/spring/a-b.jpg">
                <img src="image/spring/a-s.jpg" alt="" />
            </a>
        </li>
        <li>
            <a href="image/spring/b.jpg" data-standard="image/spring/b-b.jpg">
                <img src="image/spring/b-s.jpg" alt="" />
            </a>
        </li>
        <li>
            <a href="image/spring/c.jpg" data-standard="image/spring/c-b.jpg">
                <img src="image/spring/c-s.jpg" alt="" />
            </a>
        </li>
        <li>
            <a href="image/spring/d.jpg" data-standard="image/spring/d-b.jpg">
                <img src="image/spring/d-s.jpg" alt="" />
            </a>
        </li>
        <li>
            <a href="image/spring/e.jpg" data-standard="image/spring/e-b.jpg">
                <img src="image/spring/e-s.jpg" alt="" />
            </a>
        </li>
        <li>
            <a href="image/spring/f.jpg" data-standard="image/spring/f-b.jpg">
                <img src="image/spring/f-s.jpg" alt="" />
            </a>
        </li>
        </ul>
    <span id="sp2" class="sp1 sp2 ">》</span>
</div>
</div>
</body>
</html>
```

< 185 >

在浏览器中，网络相册的效果如图11.9所示。

图 11.9　网络相册

【素养课堂】

　　人们的工作、学习以及生活都受到了网络的影响。面对网络的出现，有些人认为利大于弊，有些人则认为弊大于利。其实任何事物都是存在两面性的，所以要辩证地看待网络的出现。

　　对于网络要从两个方面看待，利用网络我们可以十分便利地获取资料，实现远程信息交流。利用网络人们获取信息和发送信息更加方便和高效，这将直接提高社会生产力，提高人们的生活水平。但是，网络在带来便利的同时，也会产生很多负面影响。例如，网络诈骗、网络暴力、过量的信息和不正确的信息容易让人们产生价值观的扭曲等。

　　接受网络信息的主体是人，所以在当今社会已经无法远离网络的前提下，要注意对网络信息进行科学辨别，学习网络信息中正确的、有效的内容，摒弃网络信息中虚假的、负面的内容，恪守本心，从自身出发合理利用网络，让网络作为助你飞翔的"翅膀"。

　　古语有云，"三人行，必有我师焉。择其善者而从之，其不善者而改之。"网络就像集合了所有内容的"老师"，我们面对它要积极地学习其长处，摒弃其短处，要学会科学上网，健康生活。

# 11.5　思考与练习

## 11.5.1　疑难解读

**1. 使用jQuery插件时要注意什么问题？**

　　jQuery插件可以由jQuery官方或其他公司以及个人提供维护。所以，在使用jQuery插件前首先要确定对应插件的提供者和维护者，这样才能获取到最新的插件库文件。其次，每个插件的使用方法不同，最简单的是直接调用对应的方法，复杂的还需配合不同选项、属性以及CSS类才能实现相应的功能。所以，在使用jQuery插件时一定要查阅对应插件的官方使用文档，充分了解对应插件的使用规则。

< 186 >

**2．什么是标签自定义属性？**

标签自定义属性是指使用data-\*属性为标签自定义一个新属性，在该属性中可以存储临时数据。data-\*属性的语法形式如下所示。

---

```
data-自定义属性名="数据"
```

---

其中，自定义属性名由用户自定义。data-前缀在使用时会被客户端自动忽略，其数据类型为字符串类型。

在jQuery中可以使用data()方法为标签获取和添加临时数据，同样使用该方法也可以读取通过data-\*属性为标签添加的数据，在获取数据时，方法传递的实参要忽略data-前缀。例如，使用data()方法获取data-zdy属性存放的数据的代码如下所示。

---

```
选择器.data('zdy');
```

---

## 11.5.2　课后习题

### 一、填空题

1．实现相册排序效果需要使用jQuery UI插件中的＿＿＿＿＿＿＿＿插件。

2．实现以动画效果修改元素属性的方法为＿＿＿＿＿＿＿＿。

3．获取和设置元素的属性值可以使用＿＿＿＿＿＿＿＿方法实现。

4．标签自定义属性是指使用＿＿＿＿＿＿＿＿属性为标签自定义一个新属性，在该属性中可以存储临时数据。

5．在标签中实现添加数据可以通过＿＿＿＿＿＿＿＿属性实现。

### 二、选择题

1．下列选项中可以用于实现div元素居中显示的为（　　　　）。
   A．padding:0px　　　B．margin:auto　　　C．display:inline-block　　　D．position:relative

2．用于实现对标签进行临时数据添加和获取的方法为（　　　　）。
   A．animate ()　　　B．accordion ()　　　C．data ()　　　D．axis ()

3．用于实现图片局部放大的插件为（　　　　）。
   A．Selectable插件　　　B．Validate插件　　　C．EasyZoom插件　　　D．Resizable插件

4．下列选项中可以用于实现触发鼠标按键被按下事件的为（　　　　）。
   A．mouselive()　　　B．mouseup()　　　C．mousemove ()　　　D．mousedown ()

5．在标签中添加自定义属性使用到的前缀为（　　　　）。
   A．standard-　　　B．date-　　　C．data-　　　D．left-

### 三、上机实验题

1．实现图片轮播广告框效果。要求有3张图片进行轮播，每次展示一张图片。

【实验目标】掌握使用jQuery对元素进行控制的方法。

【知识点】鼠标事件、animate()方法。

2．实现商品展示框效果。

【实验目标】掌握EasyZoom插件的使用方法。

【知识点】EasyZoom插件。

< 187 >

# 第12章  综合实训：开发汽车销售门户网页

随着时代的发展，汽车销售行业不单拥有线下销售渠道，还增加了很多线上销售渠道。汽车线上销售的渠道包括网页销售、App销售等。本章将详细讲解如何开发汽车销售门户网页。

【学习目标】
- 掌握HTM+CSS布局。
- 掌握jQuery页面滚动事件。
- 掌握jQuery常用方法。

扫一扫

综合实训：开发汽车销售门户网页

## 12.1  网页分析

汽车销售门户网页使用以大图为主、文字为辅的布局方式对汽车商品进行展示。通过大图可以更加清晰地展示商品细节，给用户带来更加强烈的视觉冲击。同时，以大图为主、文字为辅的布局方式，可以让信息展示更加直接、准确，使用户在理解信息时不会因为信息过多而产生困扰。本节将详细讲解关于首页和详情页面的布局分析。

### 12.1.1  首页布局分析

首页主要用于展示汽车品牌下的各种汽车信息、汽车品牌推出的活动和新款汽车。在首页部分，通过下拉菜单的模式实现各种类型汽车的信息展示，然后通过图片轮播的效果实现新款汽车的展示，最后通过四宫格的方式展示最新推出的品牌活动、售后服务及网站信息。整体的页面采用单列布局，如图12.1所示。

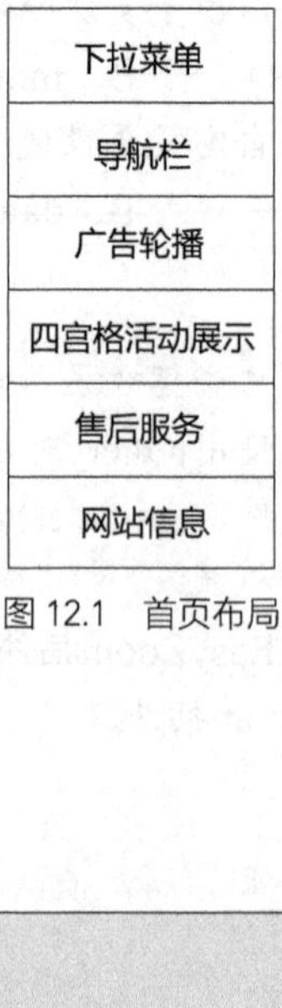

### 12.1.2  详情页面布局分析

详情页面主要用于展示某一款汽车的各种信息，包括它的动力、油耗、价格等。在详情页面部分，通过多张大图的形式，分别展示汽车的各项信息，并以表格的形式实现汇总。整体的页面采用单列布局，如图12.2所示。

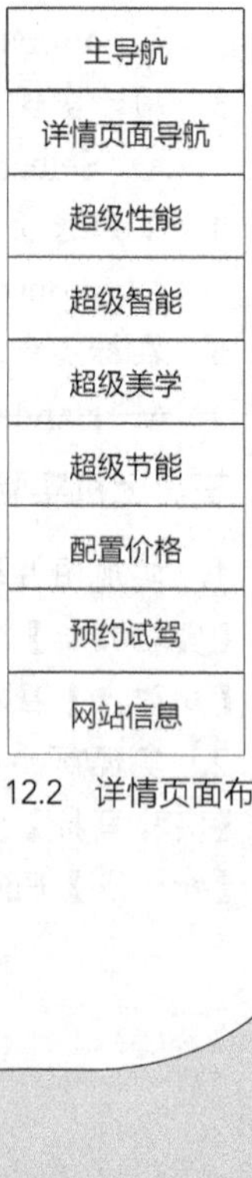

| 主导航 |
| :---: |
| 详情页面导航 |
| 超级性能 |
| 超级智能 |
| 超级美学 |
| 超级节能 |
| 配置价格 |
| 预约试驾 |
| 网站信息 |

| 下拉菜单 |
| :---: |
| 导航栏 |
| 广告轮播 |
| 四宫格活动展示 |
| 售后服务 |
| 网站信息 |

图 12.1  首页布局　　图 12.2  详情页面布局

# *12.2* 网页结构设计

汽车销售门户网页的元素布局由HTML+CSS实现。本节将详细讲解首页和详情页面的静态布局的相关内容。

## 12.2.1 首页元素布局

首页主要由div元素进行区域划分，用ul元素实现列表展示，其HTML代码如下所示。

```
<div id="box">
<div id="dcolumn">
    <div id="dleft">
    <ul class="dul1">
        <li class="dli"><img class="dimg " src="image/dcolumn/s1.png" /><p class="dp">
经济双开门轿车</p><span class="dspan">✔</span></li>
        <li class="dli"><img class="dimg" src="image/dcolumn/s2.png" /><p class="dp">
豪华巴士</p><span class="dspan">✔</span></li>
        <li class="dli"><img class="dimg" src="image/dcolumn/s3.png" /><p class="dp">
家用两箱轿车</p><span class="dspan">✔</span></li>
        <li class="dli"><img class="dimg" src="image/dcolumn/s4.png" /><p class="dp">
新能源EV</p><span class="dspan">✔</span></li>
        <li class="dli"><img class="dimg" src="image/dcolumn/s5.png" /><p class="dp">
双人跑车</p><span class="dspan">✔</span></li>
        <li class="dli"><img class="dimg" src="image/dcolumn/s6.png" /><p class="dp">
四人跑车</p><span class="dspan">✔</span></li>
        <li class="dli"><img class="dimg" src="image/dcolumn/s7.png" /><p class="dp">
公交车</p><span class="dspan">✔</span></li>
        <li class="dli"><img class="dimg" src="image/dcolumn/s8.png" /><p class="dp">
皮卡</p><span class="dspan">✔</span></li>
        <li class="dli"><img class="dimg" src="image/dcolumn/s9.png" /><p class="dp">
商务轿车</p><span class="dspan">✔</span></li>
        <li class="dli"><img class="dimg" src="image/dcolumn/s10.png" /><p class="dp">
经济轿跑</p><span class="dspan">✔</span></li>
    </ul>
    </div>
    <div id="dright">
        <h1>探索车型<span id="close" style="margin-left:200px;">✖</span></h1>
        <ul id="drul">
            <li style="margin-bottom:30px; "><span style="color:#3366FF; font-
size:24px; width:120px; ">¥155,800 </span><span style="color:#3366FF;">起</span></li>
            <li><span class="xxspan">外形尺寸</span><span>4605*1878*1643</span></li>
            <li><span class="xxspan">发动机</span><span>1.5TD</span></li>
            <li><span class="xxspan">轴距</span><span>2700</span></li>
            <li><span class="xxspan">变速箱</span><span>7DCTH</span></li>
            <li><span class="xxspan">百公里耗油</span><span>1.2L</span></li>
        </ul>
        <div class="lydiv" id="ljdiv">了解详情 </div>
        <div class="lydiv" id="yydiv">快速预约</div>
    </div>
</div>
<div id="header">
    <div id="nev"><div id="logo"><img src="image/header/logo.png" /><span>××汽车</
span></div>
        <ul id="nevul"><li>车型总展</li><li>品牌历史</li><li>购车支持</li><li>官方商城</
li><li>商务合作</li></ul>
    </div>
    <div id="banner">
        <a href="汽车销售二级页面.html"><img src="image/header/1.jpg" /></a>
            <ul id="bul">
```

< 189 >

```
                        <li class="bulb"><a href="#"></a></li>
                        <li><a href="#"></a></li><li><a href="#"></a></li><li><a href="#"></
a></li><li><a href="#"></a></li><li><a href="#"></a></li><li><a href="#"></a></li> <li><a
href="#"></a></li><li><a href="#"></a></li>
                    </ul>
            </div>
        </div>
        <div id="content">
            <h1 align="center">市场活动</h1>
            <hr width="30px;" color="#3366FF" />
            <div class="fdiv">
                <img src="image/content/1.jpg"/>
                <div class="op"></div>
            <div class="hdxx">
                <p class="p1">压力清0 梦想先行 10万定额24期免息新车开回家</p>
                    <p class="p2">活动时间：5月1日—8月31日</p>
                    <p class="p3">享10万定额24期免息贷；4.5年或12万公里免费基础保养；5年或15万公里免费
质保；动力电池终身</p>
                    <span><a href="汽车销售二级页面.html">了解详情 ></a></span>
            </div>
            </div>
            <div class="ml fdiv">
                <img src="image/content/2.jpg"/>
                <div class="op"></div>
            <div class="hdxx">
                <p class="p1">购置税全免</p>
                    <p class="p2">活动时间：8月1日—8月31日</p>
                    <p class="p3">市场指导价：10.28万起【启程置换礼】增换购补贴高至 4000 元【启程质保
礼】发动机主要零部件终身质保 </p>
                    <span><a href="汽车销售二级页面.html">了解详情 ></a></span>
            </div>
            </div>
            <div class="fdiv">
                <img src="image/content/3.jpg" />
                <div class="op"></div>
            <div class="hdxx">
                <p class="p1">Hi·P超级电混Hi享好礼</p>
                    <p class="p2">活动时间：8月1日—8月31日</p>
                    <p class="p3">Hi享质保礼（首任车主）：终身免费三电质保；6年或15万公里整车质保；Hi享金
融礼：36期0息 Hi享置换礼</p>
                    <span><a href="汽车销售二级页面.html">了解详情 ></a></span>
            </div>
            </div>
            <div class="ml fdiv">
                <img src="image/content/4.jpg" />
                <div class="op"></div>
            <div class="hdxx">
                <p class="p1"> 起步绝不让步</p>
                    <p class="p2">活动时间：9月1日—9月30日</p>
                    <p class="p3">购车享购置税减半；先享后付，首年月付833元，拥车1年后再结尾款或3年月付；
定金1000元抵3000元；价值2289元全车保养</p>
                    <span><a href="汽车销售二级页面.html">了解详情 ></a></span>
            </div>
            </div>
        </div>
        <div id="service">
            <h1 align="center">售后服务</h1>
            <hr width="30px;" color="#3366FF" />
            <ul id="sul">
                <li><img src="image/content/fw.jpg" /><span>服务活动</span></li>
                <li><img src="image/content/bj.jpg" /><span>售后维修</span></li>
                <li><img src="image/content/cx.jpg" /><span>店面查找</span></li>
                <li><img src="image/content/dh.jpg" /><span>远程支援</span></li>
```

< 190 >

```
        <li><img src="image/content/email.jpg" /><span>邮箱服务</span></li>
        <li><img src="image/content/jxs.jpg" /><span>关爱课堂</span></li>
        <li><img src="image/content/kt.jpg"/><span>车主联网</span></li>
        <li><img src="image/content/xx.jpg" /><span>车主交流群</span></li>
        <li><img src="image/content/gd.jpg" /><span>更多</span></li>
    </ul>
</div>
<div id="footer">
    <ul><h1>品牌天地</h1>
            <li><a href="#">集 团 概 述</a></li><li><a href="#">集 团 新 闻</a></li><li><a
href="#">企业文化</a></li><li><a href="#">技术品牌</a></li>
    </ul>
    <ul><h1>购车支持</h1>
            <li><a href="#">预 约 试 驾</a></li><li><a href="#">市 场 活 动</a></li><li><a
href="#">经销商查询</a></li><li><a href="#">网店查询</a></li>
    </ul>
    <ul><h1>车主服务</h1>
            <li><a href="#">服 务 活 动</a></li><li><a href="#">服 务 介 绍</a></li><li><a
href="#">服务点查询</a></li><li><a href="#">备件价格查询</a></li>
    </ul>
    <ul><h1>热门车型</h1>
            <li><a href="#">家 用 轿 车</a></li><li><a href="#">时 尚 跑 车</a></li><li><a
href="#">大型公交</a></li><li><a href="#">家用SUV</a></li>
    </ul>
    <ul><h1>商务合作</h1>
        <li><a href="#">研发中心</a></li> <li><a href="#">招商加盟</a></li><li><a
href="#">采购平台</a></li><li><a href="#">合作伙伴</a></li>
    </ul>
    <p> © ××控股集团公司 版权所有　备110xxxxxxxx8号-x<br />互联网诚信示范单位 </p>
</div>
</div>
```

## 12.2.2　首页样式添加

通过CSS可以将元素以固定的样式显示，并且可以设置对应元素的显示和隐藏状态，CSS样式的代码如下所示。

```
<style>
/*通用样式*/
ul{list-style-type:none;padding:0px;margin:0px;}
a{ text-decoration:none; color:#000000; cursor:pointer;}
.dispin{ display:inline-block;}
#box{ width:100%; margin:auto;}
/*隐藏下拉列表*/
#dcolumn{ display:none;}
#dleft{ width:70%;float:left; }
.dul1{ height:400px;}
.dli{ width:240px; height:150px;  float:left; margin-left:20px; margin-top:30px; }
.dimg{ width:50%; height:50%; margin-left:60px; margin-top:30px;}
.dp{ text-align:center;   }
#dright{width:28%; float:left; border-left:1px solid #999999;height:380px; padding-
left:30px;  }
#dright ul{  height:280px; margin-top:5px;}
#dright li{ height:30px; margin-top:5px;}
#dright span{ display:inline-block; width:150px;   }
.xxspan{ color:#999999;}
.lydiv{ width:100px; line-height:40px; text-align:center; border-radius:25px;
color:#FFFFFF; margin-top:-30px;}
#ljdiv{ background:#CC9900; float:left;}
#yydiv{ background:#39F;float:left; margin-left:100px;}
/*汽车选择交互*/
```

< 191 >

```
        .dspan{ position:relative; border:1px solid #39F; background:#39F;  width:25px;
height:25px;  border-radius:25px; font-size:24px;  text-align:center; line-height:25px;
color:#FFFFFF; position:relative; top:-165px; left:100px; display:none;}
        .carb{   box-shadow: 0 4px 8px 0 rgba(0, 0, 0, 0.2), 0 6px 20px 0 rgba(0, 0, 0,
0.19);}
        #close:hover{ color:#FF0000; font-size:24px; cursor:pointer;}
        /*头部*/
        #header{ height:1000px; width:100%;  float:left; }
        /*导航*/
        #nev{ width:100%; height:60px; float:left; margin-left:5px; left:0; top:0; z-index:3;
background:#FFFFFF;}
        .fix{position:fixed; }
        #logo{ width:300px;height:60px; float:left;}
        #logo img{height:100%;float:left; padding-left:30px;   }
        #logo span{ display:inline-block; width:200px; height:60px; line-height:60px;
float:left; margin-left:5px; font-size:24px; font-family:"楷体";   }
        #nevul{ float:left; width:60%; margin-left:100px;}
        #nevul li{ float:left; width:200px; text-align:center; line-height:60px; font-
size:24px;}
        #nevul li:hover{ color:#FF0000; font-size:26px; cursor:pointer;}
        /*广告轮播*/
        #banner{ width:100%; height:900px; float:left; }
        #banner img{ width:100%; height:100%; };
        #banner span{ }
        #bul{ float:left; position: relative; left:45%; top:-10%; }
        #bul li{display: inline-block; border-radius:10px; border:2px solid #FFFFFF;}
        #bul li a{display: block; padding-top: 8px; width: 8px;height: 0;  border-radius: 50%;  }
        .bulb{ background:#FF0000; }
        /*四宫格内容*/
        .ml{ margin-left:10px;}
        .fdiv{ position:relative;width:49.6%; height:500px; float:left; border:1px solid
#000000; margin-top:30px; overflow:hidden;}
        #content img{ width:100%; height:100%; position:relative;}
        .op{opacity:0.5; background:#666666; position:absolute; top:0px; z-index:3;width:100%;
height:100%; display:none;}
        .hdxx{ position:absolute; top:0px; z-index:3;width:100%; height:100%; display:none; }
        .hdxx p{ color:#FFFFFF;  margin-left:80px; width:80%;}
        .p1{ margin-top:100px; font-size:24px;}
        .p2{ font-size:18px;}
        .p3{ font-size:18px;}
        .hdxx span{ border:1px #3366FF solid;  border-radius:10px; display:inline-block;
width:100px; height:30px;  background:#0099FF; text-align:center; line-height:30px;
margin-left:80px; margin-top:10px; }
        .hdxx a{color:#FFFFFF;}
        /*售后服务*/
        #service{ margin-top:10px; float:left; width:100%; height:300px; }
        #service ul{ width:100%; float:left;margin:auto;}
        #service li{ width:100px; float:left; margin-left:99px;}
        #service img{ width:100%; height:100%; position:relative;}
        #service li{width:100px; display:inline-block; text-align:center; line-height:30px;}
        /*网站信息*/
        #footer{ width:100%; height:300px; background:#0F7ECD; float:left;}
        #footer ul{ width:150px; float:left; margin-left:200px;}
        #footer h1{ color:#00CCFF;}
        #footer li{ line-height:30px;}
        #footer a{ color:#FFFFFF; font-family:"黑体";font-size:16px;}
        #footer p{ clear:left;  margin-left:200px;color:#FFFFFF; font-size:18px; padding-
top:40px;}
        </style>
```

< 192 >

## 12.2.3 详情页面元素布局

详情页面元素主要用img元素实现大图的展示，使用span元素实现文字内容的展示。详情页面的头部导航栏与页脚的布局和首页的布局相同。详情页面其他部分的HTML代码如下所示。

```
<div id="box">
<div id="qnev">
    <div id="qdiv1"></div>
    <div id="qdiv2">
        <a href="#">油电混动超跑</a> <a href="#gs">车型概述</a><a href="#xn">超级性能</a><a
href="#zn">超级智能</a><a href="#mx">超级美学</a><a href="#jn">超级节能</a><a href="#jg">配置价
格</a><a href="#sj">预约试驾</a><hr id="hr1" />
    </div>
</div>
<div id="gs" class="xq">
    <p>超级混动轿跑 <br/><br/>综合补贴后售价        ¥129,800～¥145,800</p>
    <div class="xdiv">
        <span> 4735mm<br />整车长度</span><span>1815mm<br />整车宽度</
span><span>2700mm<br />轴距</span>
    </div>
</div>
<div id="xn" class="xj">
    <h1 class="xh1">超级性能</h1>
    <h2 class="xh2">开创节能+性能超混新时代</h2>
    <span class="xspan">□  查看更多</span>
    <div id="ximg" class="xq">
        <div class="xdiv">
            <span> 63mm<br />百公里</span><span>1.5T<br />发动机</span><span>电池<br/>中
心布局</span>
        </div>
    </div>
</div>
<div id="zn"  class="xj">
    <h1 class="xh1">超级智能</h1>
    <h2 class="xh2">智能超混新时代</h2>
    <span class="xspan">□  查看更多</span>
    <div id="zimg" class="xq">
        <div class="xdiv">
            <span>8核 CPU<br />GPU3D 渲染</span><span>数字座舱<br/>中央悬浮大屏</
span><span>智能车载计算机<br />全新UI设计</span>
        </div>
    </div>
</div>
<div id="mx"  class="xj">
    <h1 class="xh1">超级美学</h1>
    <h2 class="xh2">开启能量风暴超级美学新时代</h2>
    <span class="xspan">□  查看更多</span>
    <div id="mimg" class="xq">
        <div class="xdiv">
            <span> 数字流光大灯<br />128色氛围灯</span><span>20寸戈型轮毂<br/>温带沙漠主题布
局</span><span>贯穿式尾灯<br />沙漠亲肤真皮座椅</span>
        </div>
    </div>
</div>
<div id="jn"  class="xj">
    <h1 class="xh1">超级节能</h1>
    <h2 class="xh2">混动+能量回收+超长续航</h2>
    <span class="xspan">□  查看更多</span>
    <div id="jimg" class="xq">
        <div class="xdiv">
            <span> 1.2 L<br />超低油耗</span><span>2500公里<br/>超长续航</span>    <span>3
档混动电驱<br />随心切换</span>
```

< 193 >

```
                </div>
            </div>
        </div>
        <div id="jg"  class="xj">
            <h1 class="xh1">配置价格</h1>
            <table id="pice">
                <tr><th>车型</th>    <td>Super One</td><td>Super Plus</td><td>Super double</td></tr>
                <tr> <th>指导价</th><td>12555</td> <td>13555</td> <td>15555</td></tr>
                <tr> <th>长（mm）×宽（mm）×高（mm）</th><td colspan="3">4735×1815×1495</td></tr>
                <tr> <th>轴距（mm）</th><td colspan="3">2900</td></tr>
                <tr> <th>轮距（mm）</th>   <td colspan="3">1751/1755</td>            </tr>
                <tr><th>最小离地间隙（空载）(mm)</th><td colspan="3">210</td></tr>
                <tr> <th>最小转弯半径（m）</th><td colspan="3">5.5</td></tr>
                <tr> <th>油箱容积（L）</th><td colspan="3"> 100</td> </tr>
                <tr> <th>亏电油耗（NEDC)(L/100km）</th><td colspan="3">3.8</td> </tr>
                <tr><th>综合续航里程（km）</th><td colspan="3">2500</td></tr>
            </table>
        </div>
        <div id="sj">
            <h1>预约试驾</h1>
            <form id="form1" action="#" method="get">
                <input type="text" value="请填写姓名" /><input type="text" value="请填写电话" />
                <input type="checkbox" />我已阅读并了解本网站的<span style="color:#0000CC;">【隐私
政策】</span><input type="submit" value="□  快速预约" />
            </form>
        </div>
    </div>
```

## 12.2.4 详情页面样式添加

通过CSS修饰详情页面的对应元素，让元素的展示效果更加丰富多彩。详情页面的CSS样式代码如下所示。

```
    /*快速导航*/
    #qnev{ width:100%; height:80px; float:left; text-align:center; position:relative;
z-index:2; top:0;}
    #qdiv1{ width:99%; height:80px; float:left;  }
    #qdiv2{ width:100%; height:80px; float:left; margin-top:-60px;position:relative;
z-index:3;}
    #qdiv2 a{ display:inline-block; width:200px; text-align:center; line-height:50px;
font-size:24px; color:#FFFFFF;}
    #hr1{ width:85%;float:left; margin-left:7%; position:relative; z-index:2;color:#FFFFFF;
position:relative; z-index:3;}
    .bg{ background:#666666; opacity:0.5; }
    /*详情展示通用样式*/
    .xj{ float:left; width:100%; text-align:center; padding-top:100px;  }      /*分类基础布局*/
    .xq{width:100%; height:1280px;float:left; margin-top:30px;background-repeat:no-repeat;}
                                                                /*分类内容基础布局*/
    .xh1{  color:#3366FF; font-size:36px; opacity:0;}
    .xh2{ font-size:24px; opacity:0;}
    .xspan{ width:150px; border: solid 1px #CCCCCC; word-spacing:pre; display:inline-
block; font-size:18px; line-height:50px; border-radius:25px;opacity:0;}
    .xdiv{ width:900px;  color:#FFFFFF; float:left;  position:relative; top:80%; left:30%;
opacity:0;}
    .xdiv span{ display:inline-block; float:left; width:240px; font-size:24px; text-
align:center; border-left:1px #FFFFFF solid;}
    /*详情展示*/
    #gs{margin-top:-80px;  background-image:url(image/xx/1.jpg);  }
    #gs p{ margin-top:250px; float:right; font-size:36px; color:#FFFFFF; font-family:"黑体
"; margin-right:100px;text-shadow: 4px 2px #999999;opacity:0;}
    /*详情展示背景*/
    #ximg{ background-image:url(image/xx/2.jpg); }
```

< 194 >

```
#zimg{ background-image:url(image/xx/3.jpg);}
#mimg{ background-image:url(image/xx/4.jpg);}
#jimg{ background-image:url(image/xx/5.jpg);}
/*数据表格*/
#jg{ margin:auto; text-align:center;}
#pice{ width:80%; margin:auto; border: 1px solid #3300CC; border-collapse: collapse;}
#pice th{border: 1px solid #3300CC; width:20%; background:#0099CC; color:#FFFFFF;
height:30px;}
#pice td{ width:25%;border: 1px solid black; }
.jgb{ background-color:green;}
/*预约登记*/
#sj{ width:100%; background:#333333; height:300px; float:left; margin-
top:100px;color:#FFFFFF; }
#sj h1{ width:200px; margin-left:200px;}
#form1{ margin-left:180px; margin-top:100px;}
#sj input[type=text]{ font-size:18px; padding:10px 10px; width:400px; margin-
left:20px;}
#sj input[type=checkbox]{ margin-left:100px;}
#sj input[type=submit]{ color:#FFFFFF; margin-left:100px; height:60px; width:200px;
font-size:24px; background:#0F7ECD; border:#0F7ECD;}
```

# 12.3　首页交互效果设计

首页主要使用下拉菜单自动显示、汽车信息列表切换、点击按钮关闭下拉菜单、广告图片自动轮播等效果。本节将详细讲解这些交互效果的实现过程。

## 12.3.1　下拉菜单自动显示效果

下拉菜单位于整个网页顶端，用户进入网页后会自动显示，当用户向下滚动页面时，下拉菜单会隐藏。当页面滚动到网页顶端时下拉菜单也会自动显示。下拉菜单在隐藏和显示的同时，网页其他部分的透明度会发生改变。下拉菜单的效果如图12.3所示。

图 12.3　下拉菜单

打开网页自动显示下拉菜单的代码如下所示。

```
//自动显示下拉菜单
$(".dli:eq(0)").addClass("carb");                    //添加样式
$(".dspan:eq(0)").css("display","inline-block");     //修改CSS样式
$("#header").fadeTo(1000,0.5);                        //修改其他部分的透明度
$("#dcolumn").toggle(1000);                           //显示下拉菜单
```

通过滚动页面实现下拉菜单的显示和隐藏状态切换的代码如下所示。

```
//滚动隐藏和显示下拉菜单
```

< 195 >

```
$(window).scroll(function(){
    if($(document).scrollTop()<=0){                              //网页位于顶端
            $("#dcolumn").show(1000);                            //显示下拉菜单
        $("#header").animate({opacity:"0.5"},3000,"swing");      //修改其他部分的透明度
        $("#nev").removeClass("fix");                            //设置导航栏可移动
    }else{
            $("#dcolumn").hide(1000);                            //隐藏下拉菜单
        $("#header").animate({opacity:"1"},3000,"swing");        //透明度恢复
        $("#nev").addClass("fix");                               //导航栏相对于浏览器固定定位
    }
})
```

## 12.3.2　汽车信息列表切换效果

下拉菜单由ul元素和li元素组成。在下拉菜单中，用户可以根据需求选择不同车型；在下拉菜单右侧会显示对应车型的具体信息，实现该功能的代码如下所示。

```
//车型数据
var price=["¥171,700","¥129,800","¥69,900","¥109,900","¥175,800","¥119,800","¥103,600",
"¥112,800","¥102,800","¥219,800"];
var size=["4770*1895*1689","4735*1815*1495","4638*1820*1460","4330*1800
*1609","4330*1800*1609","4330*1800*1609","4835*1900*1780","4544*1831*1713",
"4519*1831*1694","4638*1820*1460"];
var motor=["1.5TD","1.5TD","2.0T","1.5TD","2.0T","1.5TD","1.8TD","2.0T","1.8TD","2.0T"];
var wheel=["2700","4700","2650","2600","2600","2600","2815","2670","2600","2815"];
var gearbox =["DHT pro","DHT Pro","5MT/8CVT","7DCT","6DCT","7DCT","7DCT","7DCT","5MT/8
CVT","7DCT"];
var oil=["4.3L","3.8L","6.2/6.5L","5.8L","6.3L","1.2L","7.8L","7.7L","6.3L","3.8L"];
//点击添加样式切换数据
$("#dleft li").click(function(){
    $(this).addClass("carb");
    $(this).children("span").css("display","inline-block");
    $(this).siblings().removeClass("carb");
    $(this).siblings().children("span").css("display","none");
//根据索引设置对应数据
    var index=$(this).index();
    $("#drul span:eq(0)").text(price[index]);
    $("#drul span:eq(3)").text(size[index]);
    $("#drul span:eq(5)").text(motor[index]);
    $("#drul span:eq(7)").text(wheel[index]);
    $("#drul span:eq(9)").text(gearbox[index]);
    $("#drul span:eq(11)").text(oil[index]);
});
```

## 12.3.3　点击按钮关闭下拉菜单效果

在下拉菜单的右上角有一个关闭按钮，用户可以点击该按钮关闭下拉菜单，其实现代码如下所示。

```
//点击按钮关闭下拉菜单
$("#close").click(function(){                    //点击关闭按钮触发事件
    $("#dcolumn").toggle(1000);                  //隐藏下拉菜单
    $("#header").fadeTo(1000,1);                 //恢复其他部分的透明度
});
```

## 12.3.4　广告图片自动轮播效果

广告图片自动轮播是网页中十分常见的一种展示效果。使用广告图片轮播效果可以在网页焦点位置有限的网页空间中展示多个内容。本案例中的广告图片会以间隔3s的频率进行自动轮播，效果如图12.4所示。

< 196 >

图 12.4　广告图片自动轮播效果

　　在本案例中，实现广告图片自动轮播效果只需要添加一个img元素，然后修改img元素的scr属性。为了方便切换，可以将图片的名称设置为有序的数字。本案例中的图片以数字1～9命名，通过for循环实现图片路径修改，实现代码如下所示。

```
//定时轮播广告图片
var i=1;
var j=0;
var key=setInterval(function clock()                    //设置定时器
{
    $("#banner img").attr("src","image/header/"+i+".jpg");      //定时切换图片
    $("#bul li:eq("+j+")").addClass("bulb");            //设置对应li元素样式
    $("#bul li:eq("+j+")").siblings().removeClass("bulb");      //取消其他li元素样式
    i++;
    j++;
    if(i==9)                                            //判断图片是否轮播到末尾
    {
        i=1;                                            //设置图片路径为第一张
        j=0;                                            //设置添加样式的元素为第一个li元素
    }
},3000);
```

### 12.3.5　点击列表切换广告图片效果

　　在广告图片自动轮播过程中，如果用户对某个广告有兴趣，可以通过点击列表按钮的方式停止广告图片自动轮播，并可以点击对应的列表按钮对广告图片进行切换，其实现代码如下所示。

```
//手动切换广告图片
$("#bul li").click(function(){                          //为li列表添加点击事件
    clearInterval(key);                                //停止图片轮播定时器
    $(this).addClass("bulb");                          //为当前li元素添加红色背景
    $(this).siblings().removeClass("bulb");            //清除其他兄弟li元素的红色背景
    var index=$(this).index()+1;                       //根据当前li元素的索引加1设置图片路径
    $("#banner img").attr("src","image/header/"+index+".jpg");  //切换为对应的图片
});
```

### 12.3.6　图片放大和文字显示效果

　　在四宫格展示模块中，当鼠标指针移动到图片上时，图片从中心向四周放大并且会被添加一个半透明遮罩，遮罩上会显示对应的文字内容，其效果如图12.5所示。

< 197 >

图 12.5　图片放大和文字显示效果

　　图片放大是通过修改图片尺寸实现的，但是在修改图片尺寸实现图片放大时，图片默认会从左上角进行放大。因此，要实现图片从中心向四周放大的效果，需要注意图片位置的设置。文字的显示使用动画效果即可实现。图片放大和文字显示效果的实现代码如下所示。

```
//四宫格交互效果，图片变大，添加遮罩
$(".fdiv").hover(function(){                                    //添加hover事件
    var wValue=1.5 * $(this).children("img").width();          //增大图片宽度
    var hValue=1.5 * $(this).children("img").height();         //增大图片高度
    $(this).children("img").animate({                          //动画效果修改图片尺寸
        "width":wValue,                                        //修改宽度
        "height":hValue,                                       //修改高度
        "left":("-"+(0.5 * $(this).width())/2),                //修改图片水平位置
        "top":("-"+(0.5 * $(this).height())/2)},1000);         //修改图片垂直位置
    $(this).children("div:eq(0)").css("display","block");      //显示遮罩
    $(this).children("div:eq(1)").show("clip",1000);           //显示文本内容
},function(){
    //恢复图片大小
    $(this).children("img").animate({"width":"100%","height":"100%","left":0,
"top":0},1000);
    $(this).children("div:eq(0)").css("display","none");       //隐藏遮罩
    $(this).children("div:eq(1)").hide("clip",1000);           //隐藏遮文本内容
});
```

## 12.3.7　按钮交互效果

　　售后服务模块的按钮列表也实现了鼠标指针移动到按钮上对应按钮放大的交互效果，如图12.6所示。

图 12.6　售后服务

　　实现按钮交互效果的代码如下所示。

```
//售后服务按钮交互效果
$("#sul img").hover(function(){                                //为标签添加hover事件
    var wValue=1.2 * $(this).width();                          //设置图标宽度
    var hValue=1.2 * $(this).height();                         //设置图标高度
    $(this).animate({                                          //添加动画效果
        "width":wValue,                                        //设置宽度
        "height":hValue,                                       //设置高度
        "left":("-"+(0.2 * $(this).width())/2),                //设置水平位置
        "top":("-"+(0.2 * $(this).height())/2)},1000);         //设置垂直位置
},function(){
```

< 198 >

```
//恢复大小
$(this).animate({"width":"100%","height":"100%","left":0,"top":0},1000);
});
```

# 12.4 详情页面交互效果设计

详情页面的交互效果包括滚动页面切换导航栏效果、点击元素滚动页面效果、滚动页面显示对应元素效果以及表格交互效果。本节将详细讲解这些交互效果的实现。

## 12.4.1 滚动页面切换导航栏效果

详情页面会提供两个导航栏，第一个导航栏是主导航栏，用于整个网页中的页面导航。第二个导航栏是页面导航栏，用于详情页面的位置导航。当页面位于网页顶端时，两个导航栏都会显示，当页面向下滚动时，主导航栏隐藏，页面导航栏会添加一个半透明遮罩并设置导航栏相对于浏览器窗口固定显示，其效果如图12.7所示。

图 12.7　滚动页面切换导航栏效果

滚动页面切换导航栏效果的代码如下所示。

```
//滚动页面切换导航栏效果
$(window).scroll(function(){                              //为页面添加滚动事件
    if($(document).scrollTop()<=0){                       //页面位于顶端
        $("#header").show(1000);                          //展示主导航栏
        $("#qnev").css("position","relative");            //设置页面导航位置
        $("#qdiv1").removeClass("bg");                    //删除遮罩效果
    }else{
        $("#header").hide(1000);                          //隐藏主导航栏
        $("#qdiv1").addClass("bg");                       //添加半透明遮罩
        $("#qnev").css("position","fixed");               //相对于窗口固定显示
    }
})
```

## 12.4.2 点击元素滚动页面效果

对于详情页面中的页面导航栏，可以通过锚点定位的方式实现点击导航栏中的元素，让页面滚动到指定位置的效果。例如，点击"超级性能"菜单后，页面会自动滚动到"超级性能"模块，效果如图12.8所示。

图 12.8　页面滚动到指定位置

< 199 >

实现页面滚动到指定位置需要使用<a>标签的锚点属性。只需要在<a>标签中设置id属性锚点，那么当<a>标签被点击时，页面就会自动跳转到拥有对应id属性值的位置。其实现代码如下所示。

```
<!--设置锚点-->
<a href="#xn">超级性能</a>
<!--id锚点-->
<div id="xn"  class="xj">…</div>
```

### 12.4.3　滚动页面显示相应元素效果

在详情页面中，每个模块的标题和图片的解释文本内容默认都是隐藏的。只有页面滚动到相应元素所在的位置时，元素才会以动画的形式展示。这样可以通过动态效果，引导用户读取对应的文本信息。其效果如图12.9所示。

图 12.9　滚动页面显示相应元素效果

实现滚动页面显示相应元素效果需要判断元素是否已经出现在浏览器窗口中。需要对元素位置、浏览器窗口高度以及页面滚动过的高度进行获取和判断，其实现代码如下所示。

```
//滚动页面显示相应元素效果
$(window).scroll(function(){                                         //添加滚动事件
    if($("#gs p").offset().top <= $(window).height() + $(window).scrollTop()){
                                                                    //判断元素是否出现在窗口中
        $("#gs p").fadeTo(2000,1);                                  //设置p元素显示
    }
    for(var i=0;i<6;i++){
    //通过循环显示图片介绍元素
        if($(".xdiv").eq(i).offset().top <= $(window).height() + $(window).scrollTop()){
            $(".xdiv").eq(i).fadeTo(1000,1);
        }
    //通过循环显示模块标题元素
        if($(".xh1").eq(i).offset().top <= $(window).height() + $(window).scrollTop()){
            $(".xh1").eq(i).fadeTo(2000,1);
            $(".xh2").eq(i).fadeTo(2000,1);
            $(".xspan").eq(i).fadeTo(2000,1);
        }
    }
});
```

### 12.4.4　表格交互效果

使用表格交互效果是为了更好地显示鼠标指针所指的对应数据。当鼠标指针指向数据表中的对应行之后，对应的行会被添加指定的背景色，其效果如图12.10所示。

< 200 >

| 车型 | Super One | Super Plus | Super double |
|---|---|---|---|
| 官网价 | 12555 | 13555 | 15555 |
| 长 (mm)×宽 (mm)×高 (mm) | 4735×1815×1495 | | |
| 轴距 (mm) | 2900 | | |
| 轮距 (mm) | 1757/1755 | | |
| 最小离地间隙 (空载) (mm) | 210 | | |
| 最小转弯半径 (m) | 5.5 | | |
| 油箱容积 (L) | 100 | | |
| 马力油耗 (NEDC) (L/100km) | 3.8 | | |
| 综合续航里程 (km) | 2500 | | |

图 12.10　表格交互效果

实现表格交互效果只需要为触发hover事件的当前tr元素添加背景色即可，其实现代码如下所示。

```
//表格交互效果
$("#pice tr").hover(function(){          //为表格的tr元素添加hover事件
    $(this).css("background","#996600")  //修改触发事件的元素背景色
    },function(){
    $(this).css("background","none")     //设置背景色为空
});
```

# 12.5　汽车销售网页效果展示

首页的效果如图12.11所示。

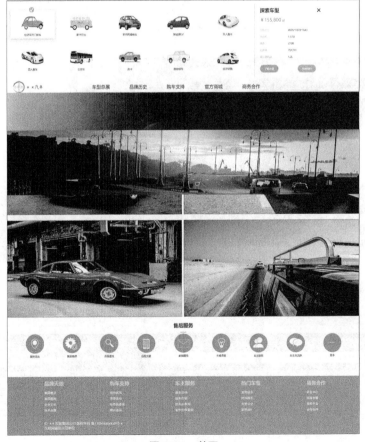

图 12.11　首页

< 201 >

　　详情页面的效果如图12.12所示。

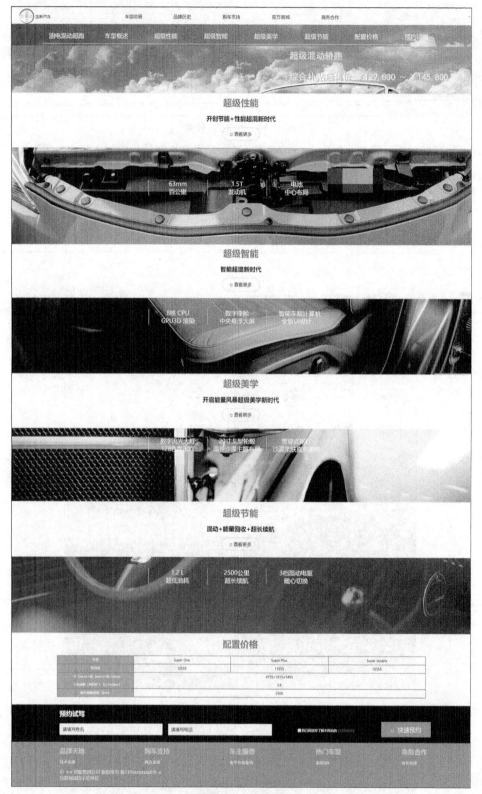

图 12.12　详情页面

< 202 >

**【素养课堂】**

　　汽车销售网页需要展示的信息量十分巨大，但是网页的展示空间十分有限。因此，在整个网页布局中使用了化繁为简的方式，以大图划分信息，以精简的文字阐述产品信息。两者结合，一方面有强烈的视觉冲击，另一方面有高效的文字信息传递方式，从而带给用户非常好的体验。这种化繁为简的布局方式虽然看起来简单，但是离不开对大量信息的归纳总结以及对整体的把控。

　　在学习、生活中，面对大量的知识和信息，如何能快速地上手整理，将知识点之间的关系厘清，并以合理的方式表达，是个人处理事务能力的最直接体现。

　　在学习、生活中要注意提升这种处理事务的能力，要从基础知识开始积累，注意培养对知识自身规律的观察总结。将知识连成知识线，将知识线整理为知识树。从全局出发，做到快速提炼知识的"骨干内容"，并且可以将"骨干内容"进行更深一步地解释。

　　总而言之，合理、科学地归纳总结，一方面可以帮助我们更加科学地掌握知识点，另一方面还可以培养我们从大局出发快速处理大量信息的能力。

# 12.6　思考与练习

## 12.6.1　疑难解读

### 1. 如何判断元素处于浏览器可视化窗口范围内？

　　判断元素在浏览器窗口中是否可视，需要获取元素的位置、浏览器窗口高度，以及页面滚动后隐藏的高度。获取元素在页面中的位置的语法形式如下所示

```
$('元素').offset().top
```

　　其中，元素为元素选择器，表示要判断位置的元素。通过offset()方法的top属性可以获取指定元素到浏览器窗口顶端的距离。获取浏览器窗口或某个容器的高度的语法形式如下所示。

```
$(window).height();
```

　　其中，height()表示浏览器窗口的高度，该值受到屏幕分辨率和浏览器窗口尺寸的影响。获取用户滚动页面的距离的语法形式如下所示。

```
$(window).scrollTop();
```

　　使用scrollTop()方法可以获取页面向上滚动时，页面超出浏览器窗口部分的高度。当元素与浏览器窗口顶端的距离小于浏览器窗口高度与用户滚动的页面高度之和时，就可以判断元素出现在浏览器窗口中，用户可以看到，其语法形式如下所示。

```
$('元素').offset().top <= $(window).height() + $(window).scrollTop();
```

### 2. 为什么在滚动页面显示相应元素时使用fadeTo()方法而不用show()方法？

　　利用页面滚动触发相应元素显示的功能需要计算元素的位置。如果使用show()方法，则需要将对应的元素直接隐藏，此时就无法获取元素的位置信息。而使用fadeTo()方法，只需要将对应元素设置为完全透明，不会影响元素位置的获取。

< 203 >

## 12.6.2 课后习题

### 一、填空题

1. 元素以动画形式显示可以使用_____方法实现。
2. 使用animate ()方法实现对元素透明度进行动画控制的CSS属性为_____。
3. 将元素以动画形式隐藏，并且可以指定动画时间的方法为_____。
4. 在设置元素位置时设置元素相对于浏览器窗口定位的语句为_____。
5. 用于实现向指定元素添加class属性的方法为_____。

### 二、选择题

1. 下列选项中可以用于实现为文档添加滚动事件的为（　　　　）。
   A. $(window).scroll()　　　　　　　　B. $("p").scroll()
   C. $("#div"). scroll()　　　　　　　　D. $(document). scroll()
2. 用于实现为指定元素删除对应class属性的选项为（　　　　）。
   A. removeClass()　　B. deleteClass()　　C. backClass()　　　　D. addClass()
3. 下列可以用于实现删除定时器的选项为（　　　　）。
   A. deleteInterval(key)　　　　　　　　B. setInterval(key)
   C. easyInterval(key)　　　　　　　　　D. clearInterval(key)
4. 下列选项中可以用于实现选择兄弟元素的方法为（　　　　）。
   A. find()　　　　　B. siblings()　　　　C. childer()　　　　　D. borther()
5. 可以用于获取浏览器窗口高度的选项为（　　　　）。
   A. $(window).scrollTop()　　　　　　　B. offset().left
   C. offset().top　　　　　　　　　　　　D. $(window).height()

### 三、上机实验题

1. 实现元素滚动到指定位置的显示效果。
【实验目标】掌握使用滚动事件控制元素的显示的方法。
【知识点】滚动事件、fadeTo()方法。
2. 实现鼠标指针位于图片上，图片以动画形式放大，鼠标指针离开图片，图片以动画形式缩小。要求图片从中心向四周放大。
【实验目标】掌握通过hover事件修改元素尺寸和位置的方法。
【知识点】hover事件、animate()方法。

< 204 >